天然气工程技术培训丛书

采 气 工 程

杨川东 主编

石油工业出版社

内 容 提 要

本书是《天然气工程技术培训丛书》之二。

采气工程是气田开发的一门重要学科。本书着重介绍了天然气的主要物理化学性质；常规、非常规的气藏开采生产系统；对气井的增产措施，气井修井等工艺详细地进行了剖析；同时给出了采气工程方案设计的工作思路。

本书可供气田开发与开采工程技术人员及石油大专院校师生参考。

图书在版编目（CIP）数据

采气工程/杨川东主编．

北京：石油工业出版社，2001.2

（天然气工程技术培训丛书）

ISBN 978-7-5021-3214-9

Ⅰ．采…

Ⅱ．杨…

Ⅲ．天然气开采－技术培训－教材

Ⅳ．TE37

中国版本图书馆 CIP 数据核字（2000）第 79004 号

石油工业出版社出版

(100011 北京安定门外安华里二区一号楼)

北京中石油彩色印刷有限责任公司排版印刷

新华书店北京发行所发行

*

787×1092 毫米 16 开本 16.5 印张 419 千字

2001 年 2 月北京第 1 版 2014 年 7 月北京第 5 次印刷

定价：56.00 元

《天然气工程技术培训丛书》编委会

主　任：何　炽
副主任：周志斌　刘同斌　许可方
　　　　宣祥庆　欧阳异发
委　员：傅　东　王治培　钟孚勋　李联奎
　　　　苏建华　刘庆新　陈元发　严宗源

《采气工程》编写组

主　　编：杨川东

编写人员：杨川东　熊寿春　杨　涛　伍红梅

主　　审：李联奎

参　　审：熊寿春

终　　审：刘同斌

序

　　从能源发展的角度来说，有专家称 21 世纪是天然气世纪，随着国家西部大开发战略的实施和西气东输工程的建设，天然气工业发展呈现了广阔的发展前景。为了适应天然气工业发展的需要，加强天然气工业技术队伍的培训，我们组织有关专家和技术人员编写了《天然气工程技术培训丛书》。

　　该丛书总结了四川 50 年来在天然气开发、集输和营销方面的理论和经验，着重放在理论和实践的结合上，在编写中突出培训教材的特点，强调针对性和实用性，同时注意吸收各专业正在推广和发展的新理论、新工艺和新技术汇编其中。该丛书可作为培训高级技工的教科书，也可供有关专业技术人员学习和参考。

　　对我国来说，天然气工业正处在发展阶段，天然气开发、集输和营销也正处在发展中，我们的工艺技术和实践经验有一定的局限性，加之首次编写这类丛书，缺乏经验，难免存在不足和疏漏，请予以批评指正。

《天然气工程技术培训丛书》编委会
2000 年 11 月

前　言

天然气是国民经济赖以生存和发展的特殊能源与战略资源之一，就环保和优质能源的开发而言，未来的21世纪将是天然气世纪。纵观当今世界，能源与环境正日益成为举世关注的时代课题，使用清洁能源成为了世界潮流，全球能源趋势已呈现"煤—石油—天然气转换的过程"。我国政府和中国石油天然气集团公司十分重视天然气的勘探、开发，要求把加快天然气工业的发展作为国民经济新的增长点，并规划了在2010年我国天然气年产量达到$700\times10^8\sim800\times10^8 m^3$，在2020年达到$1000\times10^8\sim1100\times10^8 m^3$的发展战略目标，以及加快实现"西气东输"的发展战略。为了加快天然气采输工程专业人才的培训，实现我国天然气发展的跨世纪宏伟目标，四川石油管理局组织了有关单位的专家和教师，编写了《天然气工程技术》培训系列丛书。

《采气工程》是《天然气工程技术培训丛书》的第二分册。在编写过程中，本书以培养职工的创新精神和实践能力为重点，以对人才的素质要求和人的发展为本，努力引导职工学会探索，学会发现，学会动手，学会创新，并通过学习，能较全面地了解和掌握天然气的物理性质及地下流体在储层中的分布规律和流动规律，了解天然气开发和开采的全过程，在合理利用资源的原则下尽可能采用各种先进的工艺技术手段，把埋藏在地下的天然气资源最有效地开采出来，以实现气田长期高产、稳产，获得较高的经济采收率，从而确保我国天然气工业跨世纪发展宏伟目标的实现。

本分册全书共分八章。由中油股份公司西南油气田分公司采气工艺研究所杨川东教授和四川石油管理局职工大学熊寿春、杨涛、伍红梅等共同完成。由杨川东担任主编并撰写前言、第一章、第四章、第五章、第八章；由熊寿春、杨涛分别撰写第二章与第七章，并共同撰写第三章（其中第一、二节由熊寿春撰写，第三、四、五、六节由杨涛撰写）；由伍红梅撰写第七章。全书由中油股份公司西南油气田分公司采气工艺研究所李联奎教授担任主审，由四川石油管理局刘同斌教授担任终审。本分册在编写的过程中，得到了中油股份公司西南油气田分公司、四川石油管理局及教育处、开发处、职工大学、钻采工艺技术研究院、川南矿区等单位有关领导和工程技术人员的大力支持和帮助，在此致以由衷的感谢。

鉴于编者水平有限，书中难免存在有错、漏、不当之处，由衷希望使用本书的广大教师、学生及广大现场工程技术人员批评指正。

目 录

第一章 绪论 ·· (1)
  第一节 采气工程的主要任务和技术发展 ·· (1)
  第二节 采气工程的主要特点 ·· (4)
  第三节 采气工程设计方案与采气工程师的主要职责 ······································ (5)
  参考文献 ·· (7)

第二章 天然气主要理化性质 ··· (8)
  第一节 天然气及其分类 ·· (8)
  第二节 天然气的组成、视相对分子质量和密度 ·· (9)
  第三节 天然气的偏差系数 ··· (16)
  第四节 天然气的等温压缩率 ·· (23)
  第五节 天然气的体积系数 ··· (26)
  第六节 天然气的粘度 ··· (28)
  参考文献 ·· (34)

第三章 天然气在井筒中的流动和气井生产系统分析 ······································· (36)
  第一节 气体稳定流动能量方程 ·· (36)
  第二节 气井井底压力计算 ··· (41)
  第三节 气井动态曲线 ··· (58)
  第四节 节点分析的基本原理和设计程序 ·· (62)
  第五节 生产系统分析在气井生产中的应用 ·· (64)
  第六节 气井生产系统分析实例 ·· (68)
  参考文献 ·· (71)

第四章 常规气藏的开采 ··· (72)
  第一节 气井合理产量的确定 ·· (72)
  第二节 气井的生产工作制度 ·· (76)
  第三节 气井的分类开采 ·· (81)
  第四节 常规气藏气井的生产管理 ·· (92)
  参考文献 ·· (99)

第五章 非常规气藏的开采 ··· (100)
  第一节 产水气藏气井的开采 ·· (100)
  第二节 凝析气藏气井的开采 ·· (141)
  第三节 含硫气藏气井的开采 ·· (146)
  参考文献 ·· (154)

第六章 气井增产措施 ··· (155)
  第一节 水力压裂 ··· (155)
  第二节 酸化 ··· (176)

  第三节 现场质量控制……………………………………………………………（190）
  参考文献…………………………………………………………………………（193）
第七章 气井修井……………………………………………………………………（194）
  第一节 气井修井应遵循的基本原则…………………………………………（194）
  第二节 工艺井常规修井作业………………………………………………（195）
  第三节 气井不压井起下油管作业…………………………………………（200）
  第四节 气井小修………………………………………………………………（205）
  第五节 气井大修………………………………………………………………（212）
  第六节 修井综合应用实例…………………………………………………（220）
  参考文献…………………………………………………………………………（223）
第八章 采气工程方案设计…………………………………………………………（224）
  第一节 采气工程方案设计的特点…………………………………………（224）
  第二节 采气工程方案设计的前期工作………………………………………（225）
  第三节 采气工程方案设计的基本任务和主体工艺……………………………（227）
  第四节 采气工程方案设计程序……………………………………………（228）
  第五节 采气工程方案设计应用气藏实例……………………………………（245）
  参考文献…………………………………………………………………………（254）

第一章 绪 论

第一节 采气工程的主要任务和技术发展

一、采气工程的主要任务

采气工程是指在天然气开采工程中有关完井作业、试井及生产测井工艺技术、增产措施、天然气生产、井下作业与修井、地面集输与处理等工艺技术和采气工程方案设计的总称，是天然气开采工程中一个占有主导地位之一的系统工程，对天然气气田的高效益、高采收率开发具有举足轻重的作用。

采气工程的主要任务是：

（1）针对气藏的地质特征和储层特点，编制满足气田开发要求的采气工程方案，对气藏实施高效益、高采收率的开发；

（2）研究、发展适合气藏特点的采气工程工艺技术，并配套形成生产能力；

（3）对气井进行生产系统节点分析，优化采气工艺方式，提高气井的采气速度；

（4）推广、应用各种新技术、新装备，解决气田开发的工程技术问题；

（5）研究、制定、完善采气工程方面的有关标准、规程、规范，使采气工程技术、施工操作有章可循，实现标准化、规范化作业，确保优质、安全生产。

二、国外采气工程发展现状及趋势

国外气田采气工程方面的技术 90 年代以来有了很大的发展。新气藏开发从发现、进行综合评价、决定开发策略开始，直到开发结束，形成了完整的气藏开发科学决策体系。特别是采气工艺方面，国外长期以来十分重视从气田开发系统工程出发，并运用计算机科学、渗流力学、开发地质学等现代科学综合技术以有序的发展采气工艺理论，指导采气工艺实践，为重大技术措施提供科学的决策依据。前苏联早在 80 年代就研制完成一个包括地层—井筒—地面开采设备—集输整个系统工程的计算机仿真技术体系，利用最优化原理求出产气储层或流体参数在气藏平面上的分布，对整个气田开发过程进行监控，对包括采气工艺在内的整个开发系统进行分析、预报、优化处理和调控，构成了一个现代化气田开发系统决策工程。近年来国内外气藏单井数值仿真技术发展很快，形成了具有智能化特色的单井模拟器，其特点是计算机的计算速度加快，内存容量大，能够解决复杂的气藏工程和采气工程从产层到井筒、地面的动态仿真；仿真程序成为可综合交互使用的软件工程；产生了"专家系统"软件，使数据易于输入；仿真软件向大型化、综合化和平台化方向发展；数值仿真模型能适应不同特性的气田开发开采工程要求，仿真技术已广泛用于气田开发方案、采气工艺方案设计及动态预测中。在采气工艺其它技术领域，国内外近年来也有很大进步。采气工艺方式选择方面，坚持以气藏工程成果作为采气工艺的决策依据，前苏联对 36 个气田在弹性水驱条件下的开采特征进行了分析和研究，总结出了一套气井与地层协调工作的参数；在完井方面，从系统工程角度出发，国外 90% 的气井采用了优化射孔完井方法和无伤害完井作业；针对含硫气藏，发展了适合含硫气井、具有新型抗硫材质的油管与套管、三向载荷套管强度解析设计方法与采气全过程的防腐、防垢、防水合物等一系列配套技术；在气水动力学监测的数值模拟检测技术方面，对底水气藏已由两维两相单井模型，发展到三维水锥模型、三维产层模型。对于双重介质，发展了以改进的黑油模型程序模拟低渗透气藏天然和人工裂缝中的气水渗流特征，可有效地监测不同采气工艺方式下底水上升和边水沿高渗透层横向推进的动态，成为当前检测和预测边、底水锥进最先进的综合方法。在低渗改造方面，增产工艺已从对单井的增产处理发展为对整个气田进行总体改造，发展、应用了大型水力压裂、高能气体压裂、改变压力场压裂、注二氧化碳压裂、氮压裂和多种新型酸压裂等压裂技术，美国对井深大于4000m的砂岩气井进行大型压裂的最高加砂量达到了1500m^3，是我国目前加砂量水平的5~7倍，且压裂投产后，可数年不再进行措施，并广泛使用电子计算机加快了水力裂缝数值模拟的研究和全三维压裂设计软件的开发、应用，突出了以效益为中心的特点，提出酸化压裂经济学设计模式，使许多原先认为不具商业价值的低渗致密大型气田投入了开发。据统计，美国56%的钻井要采取水力压裂措施投产，20%~30%的低渗储层的可采储量靠水力压裂获得，仅1987年美国从低渗砂岩气藏中就开采出283.2×10^{8}m^{3}的天然气。在成组气田开发方面，国外发展了一井平行双管、三管，同心双管开采技术。美国有10%的生产井为一井多层开采，其中85%、10%分别采用双管、三管开采，这样就大大加快了开采速度，使一井多层开采工艺技术成为合理开发成组气藏的重要工艺技术；在有水气藏开采方面，将计算机网络技术用于制定有水气藏二次开采方案，发展了气藏治水的开采模式和对复杂地界条件及多井组网络系统进行整个系统的优化设计。就单项工艺而言，在普遍采用小油管、泡排、常规气举、柱塞气举、机抽、电动潜油泵、射流泵、螺杆泵等排水工艺方法的基础上，实现了排水采气工艺技术与装备、井下作业、修井技术的系列配套，研究应用了液压气泵、利用气压开采的井下排水系统、喷射气举、腔式气举、射流泵和气举组合开采及气水井下分离、回注开采等新工艺、新技术，发展了胶带传动游梁式、旋转驴头式、双驴头式、数控游梁式、无游梁式等多类型开采抽油机及连续钢带抽油装置，开发了可实施气举等各种用途的新型天然气压缩机组和气举阀、耐高温（232℃）、耐H_2S腐蚀、防气的大功率（最大功率735kW、排液能力达4800m^3/d）电动潜油泵和高抗腐蚀、高耐磨性的特制陶瓷射流泵，以及智能人工举升配套装置，使人工举升生产操作逐步向遥控、集中、高度自动化的智能化举升方向发展。在水处理方面，开发应用了气井井下水处理装置与井下螺旋分离技术。在修井工艺方面发展了低密度、轻损害修井液和保护产层的连续油管不压井修井工艺技术，过油管修井工艺技术，第三代长、短冲程式液压式不压井修井工艺技术。围绕气藏的高效益科学开发，以提高气藏经济采收率为目的，进一步加强特殊天然气气藏开发的工艺技术和上下游一体化为重点的研究、应用攻关，仍然是当前乃至21世纪采气工程与采气工艺技术发展的总趋势。

三、我国采气工程的技术发展

新中国成立以来，我国的采气工程技术取得了举世瞩目的迅速发展。60年代前，我国最大的天然气生产基地四川气田，还处于气井压力相对较高的开采初期和无水采气阶段，采气工程的主要内容是相对较为简单的气井试井，地面集输，气井管理和酸化原理、酸液配方、现场施工技术探索等工艺技术；六七十年代，我国采气工程技术系列有了新的进步，它已经包含了气体稳定流动能量方程在气井生产系统中的应用和天然气脱硫、脱水等工艺技术，基本解决了解堵酸化的装备和工艺技术问题，但所研究的气井生产大系统，仍然主要是一次开采的自喷采气、较为简单的单相流动规律和产层增产改造的常规工艺技术，70年代以来，特别是90年代，针对天然气生产规模扩大、产水气田和产水气井与进入低压开采阶段的气藏和低压开采气井以及年久待修的老井逐年增多、二次勘探井和开发补充井中遇到的低渗透层和区块也越来越多的新情况，为了实现老气田稳产，依靠科学技术进步，加快了采气工程配套工艺技术系列的研究，促进了采气工程系统的建立和采气工程工艺技术水平的长足进步。在气井的完井保护气层方面，从储层评价方法、完井液研究、完井方式研究、固井及水泥添加剂研究、高效射孔到投产措施等方面的技术，都获得了重要成果；在采气增产工艺技术方面，针对低渗透储层改造，在解堵酸化基础上发展了前置液压裂酸化、胶凝酸压裂酸化、降阻酸压裂酸化、泡沫酸压裂酸化、堵塞球压裂酸化、封隔器分层压裂酸化六项压裂酸化工艺技术，并使压裂酸化技术由单井转向区块，开展了区块改造总体优化设计研究，引进了NOWSCO和HALLIBURTON公司技术服务和具有国际先进水平的压裂酸化实验室与HQ2000型压裂车组，单井最高施工压力可达100MPa，单井最大施工液量可达1400m^3，形成了压裂酸化储层描述、室内试验、机理研究、优化设计、压裂液及酸液体系、压裂酸化效果评价系统配套的低渗透区块整体改造技术，能满足勘探开发多井况、多层系压裂酸化施工要求。针对产水气藏，发展了二次开采的排水采气工艺技术，开展了排水采气工艺技术评价指标体系的研究，形成了各种工艺优化设计的软件包与数据库，使单井排水采气工艺逐步发展到气藏排水采气工艺和区块整体治理的配套工艺技术系列，达到了20世纪90年代国际先进水平。针对低压气井开采，还发展了以高低压分输、天然气喷射器和压缩机增压输送及负压开采的采、集、输配套工艺技术。从而形成了采气工程增产的三大技术系列，在气田开发中发挥了重要的作用；在气井的生产方式方面，推广、应用了生产系统节点分析技术，摸索和总结了不同类型气藏的开采工艺模式；在气井维修和井下作业方面，上试补孔应用了过油管传输为主的深穿透负压射孔技术，一井两层分采工艺技术研制、使用了以插管封隔器为主的完井井下工具，清砂应用了新冲砂工艺，排液应用了连续油管和液氮排液技术，提高了井下作业和修井的效率；在防腐蚀方面，逐步发展了含硫气田的一次性完井管柱和开采、防腐新技术。当历史进入20世纪的90年代，我国的天然气已经形成的年生产能力达到230×10^8m^3。不仅四川盆地在原有天然气探明储量的基础上，又新增天然气探明储量近3000×10^8m^3；而且在鄂尔多斯盆地发现了天然气探明储量达2900×10^8m^3的长庆大气田，在青海的柴达木盆地发现了天然气探明储量达1343×10^8m^3的涩北大气田。在新疆塔里木、准噶尔、吐哈三大盆地和东海、南海北部大陆架都发现了多个天然气储量上百亿立方米的大中型气田。其中，仅塔里木盆地已探明、控制和预测地质储量就达到5679×10^8m^3。从而在我国形成了东部（黑龙江、辽宁、吉林、山东）、中部（川渝、陕甘宁）、西部（新疆、青海）、海域四大气区，累计天然气（气层气）探明储量达到了16977.96×10^8m^3，再加上在21个盆地探明的溶解天然气储量9477.18×10^8m^3，使目前天然气探明储量超过了2.5×$10^{12}m^3$，大中小气田数达到了281个，为我国天然气工业的发展打下了良好的基础。采气工程方面，在重点发展并形成生产能力的10项工艺配套技术的基础上，开展了采气工程方案设计程序和设计方法的研究。特别是近几年来，在四川盆地、青海和新疆油田成功进行了四川盆地大天池构造带石炭系气藏开发概念设计、四川盆地川东地区温泉井、黄龙场、渡口河区块开发概念设计、四川盆地沙坪场构造带石炭系气藏采气工程设计、四川天然气开发建设项目技术经济评价、新疆吉拉克凝析气田采油工程方案设计、青海涩北气藏采气工程方案设计，逐步形成了以开发井钻井工程、完井工程、生产全过程的气井保护技术、生产方式选择、增产工艺技术、生产动态监测、天然气生产、井下作业与修井为主体内容的采气工程配套技术系列。使采气工程方案设计逐步成为了气田开发总体建设方案设计的重要组成部分和核心。所有这些，都展示出我国的天然气工业和采气工程技术系列的发展，进入了一个崭新的历史阶段。

第二节 采气工程的主要特点

充分认识我国采气工程技术系列的特点，是发展采气工程技术系列的前题和依据。我国的采气工程技术系列主要有以下几个方面的基本特点。

一、地质和储层的特殊性

我国已发现的天然气藏的地质和储层的特殊性，给采气工程技术带来了很大的困难。从勘探部门提供的资源评价结果看，古生界预测的天然气资源量约占62%，而世界天然气资源量中，古生界不到30%。地层越老，埋藏越深。我国已探明的气田其埋藏深度大多在3000~6000m之间，埋深大于3500m的天然气资源为58.39%，而美国有近70%的天然气资源埋藏在3000m以内，前苏联有60%的天然气储量埋藏在2000m以内。开发埋藏较深的气田必须要有水平较高的采气工程技术；我国的天然气储层大多属于中低渗透储层，而且低和特低渗透储层占有相当的比例，而美国、前苏联等国的气田一般都具有高孔、高渗的特点。低渗气藏的气层增产的改造难度大；我国已投入开发的气田中，产水气田和低压气田占有相当的比例。截止1997年，四川盆地已钻获的83个已投入开发的气田中，就有72个产水，占气田总数的86.7%以上。有效开发产水气田，国外资料较少，如人工举升等常见工艺技术的国外资料大都针对油田，不能生搬硬套、简单借用，需要通过实践，发展一套有中国特点的采气工程技术；已探明的气田多属中小气田。在全国目前已探明的281个气田中，平均每个气田地质储量仅为$60.42×10^8m^3$，地质储量大于$1000×10^8m^3$的只有为数几个（表1—1）。其中，剩余可采量大于$500×10^8m^3$的盆地，陆上有川渝、陕甘宁、柴达木盆地；海域有莺歌海、琼东南盆地。而美国、前苏联等主要天然气生产国都拥有储量上万×10^8m^3的大气田作为天然气开采的支柱。以中小气田为主这一特点，决定了我国天然气开发的高度分散性和复杂性，致使气田产出气的利用及其同步配套关系较为严格，它不仅涉及气田内部的生产集输配套，也涉及到气田外部用户的一系列配套，并从生产、输送到外销，都受到时间、季节因素及用户生产检修的直接影响，给管理工作增加了很大难度。

表1—1 我国主要油气区气田平均储量规模[①]

地 区	东部区	中部区	西部区	南方区	陆上合计	海域区	全国
气田个数	120	114	32	4	270	11	281
探明储量	2336.11	8149.18	3703.98	22.93	14212.20	2778.07	16977.96
平均规模	19.47	71.48	115.75	5.73	52.64	252.55	60.42

①储量单位：10^8m^3。

二、气藏产水的严重危害性

采气工程与采油工程在开采的方式上有较大的差异，油藏多以人工保持能量方式开采，开采速度和最终采收率相对较低。天然气多以消耗能量的衰竭方式开采，开采速度和最终采收率比油藏相对要高得多，一般纯气驱气藏的最终采收率可高达90%以上。但是，对产水气藏而言，则较之气驱气藏或油藏的开采工程技术的难度都要大得多。气藏产水后，水气在渗流通道和自喷管柱内形成两相流动,增大了气藏和气井的能量损失,降低了气的相渗透率,并分割气藏形成了死气区,从而使采气速度和一次开采的采收率大大降低,平均采收率仅为40%~60%。也就是说,有30%~50%的储量,需要依靠二次开采的排水采气工艺技术,并投入较大的工作量才能开采出来。有的水淹气井,虽经多种工艺措施排出大量地层水,只要未能复产,就存在着无效投入的可能性。因此,采气工程技术具有显著的风险性、艰巨性。

三、流体性质的高腐蚀性

气藏中,不仅地层水的氯离子含量可高达$1\sim 10\times 10^4$ppm❶,而且相当一部分气井所产的天然气中还含有高腐蚀性的硫化氢、二氧化碳等酸性气体。据统计,仅四川盆地气田的硫化氢含量大于200mg/m³(标)的天然气储量就占探明储量的70%,需脱硫处理后才能外输的气量占总产气量的64%左右。四川盆地卧龙河气田嘉五^1、嘉四^{3}气藏硫化氢含量的体积比为5.92%~9.55%,中坝气田雷口坡气藏为5.67%~10.11%,都属于硫化氢含量在5%以上的高含硫气田。华北油田赵兰庄特高含硫气藏,含硫高达92%。吉林油田万金塔气藏的万2—2井,二氧化碳和硫化氢合计含量高达99.77%。天然气气藏中含有的硫化氢、二氧化碳酸性气体不仅可以严重危及人、畜,而且严重腐蚀气井的设备和管线,随时严重威胁气井的生产。四川盆地威远气田几乎两至三年必须更换一次井下油管,川中磨溪气田雷一^{1}气藏及川东地区部分石炭系气藏也连续发现井下管串严重腐蚀的情况,从而给采气工程作业及配套装备提出了苛刻的要求。

四、天然气的可爆性和高压的危险性

天然气气藏一般具有较高的压力。特别是一些深层天然气气藏,常常形成某些高压和超高压层段。四川盆地气田的川西北和川东南存在着两个高压异常区,压力系数高达2.2以上,中原油田文东沙三中气藏压力系数在1.6以上。天然气又是一种易燃、易爆性气体,天然气与空气的混合物在封闭系统中遇到明火,可发生剧烈燃烧,即爆炸。在常温常压下,天然气的可爆性限为5%~15%,随着压力升高,可爆性限极剧上升,当压力为1.5×10^7Pa时,其可爆性上限高达58%。天然气的单位体积重量不到水的1‰,密度小,具有很大的可压缩性和膨胀性,使气井井口压力不仅远远高于具有相同井深和井底压力的油井井口压力,而且对气井的井下工艺作业的防火、防爆措施要求更为严格。井下修井作业也要求采用不压井修井工艺技术或采用吊灌的安全作业措施。由于气藏的压力系数很高,液柱压力一旦与之失去平衡,则其释放速度非常迅猛,将会造成强烈井喷。有些强烈井喷,倾刻即可将井架喷倒,引起熊熊大火,从而增加了采气工程作业的难度和危险性。

针对这些基本特点,我国的广大采气工程工作者将进一步研究发展具有我国天然气开采特色的采气工程技术系列。

第三节 采气工程设计方案与采气工程师的主要职责

一、采气工程设计方案

采气工程是一个以气藏工程研究成果为基础的复杂系统工程。每个气田的开发和开采,

---

❶ 1ppm=1mg/L。

都离不开气藏内部的多孔、多相渗流大系统和气井井筒举升与地面集输、分离的气井生产大系统。这两个大系统把产层—气井—地面建设工程结合成为一个有机的统一整体。两个大系统相互联系、相互作用的过程，就是气田开发和气藏开采的过程。对气藏大系统的研究，是气藏工程的任务，主要着重于产层，解决合理开发好气藏的问题。对于气井生产大系统的研究，是采气工程技术系列的重要任务之一，主要着重于气井，解决合理开采好气井的问题。两个大系统虽然着重点不同，却又紧密联系、紧密相关。气井是产层的出口，是采气工作者用以控制气藏生产的手段。气井开采不好，必然影响整个气藏的开发；反之，如果气藏气水关系恶化，那么气井也很难实现稳定及正常生产。因此，要合理开发好一个气藏，必须建立在依靠采气工程技术系列去科学开采好每一口气井的基础上；要合理开采好气井，也必须以气藏工程为基础，从整个气藏的地质特点和储层特性等地质情况着眼，去指导采气工程技术系列整体方案的制定和实施。因而，采气工程方案设计已成为指导气田科学开发的重要原则之一。一方面，由于每一个气田和气藏都有它的特殊性，这就不仅决定了整个气藏开发上所采取的采气工程方案措施的特点，而且也决定了气井实施的采气工程技术系列措施的特点；另一方面，一个气藏在气藏工程研究的基础上，能否投入高效、高采收率的开发，也需要采气工程通过所编制的方案设计为气藏开发的全过程提供成熟可靠、能有效应用于气藏的整体配套工艺技术；气井能否正常生产，需要采气工程设计方案提供优化的气井保护技术和开采工艺方式，有效的动态监测技术、强有力的气井作业手段以及增产措施；天然气能否合理处理与输送，需要采气工程设计方案提供有效的分离、计量输送技术和除去有害物质的有关技术；气田的开采能否降低生产成本，提高综合经济效益，需要采气工程设计方案解决好投入与产出的技术关键。

二、采气工程师的主要职责

采气工程师是采气工程方案设计的决策人和实施人。因此，采气工程师必须至少具备有两个方面的知识。一是具备气藏工程的基本知识；二是必须全面具备采气工程的技术知识。采气工程师只有以适应气藏地质特点和储层特性要求的气藏工程研究成果为基础，才能指导解决气田开发、开采中出现的各种新问题；也只有针对气藏的地质特点和储层特性，并以气藏工程研究成果为指导，才能充分了解气井生产系统现状，较好的预测气井生产系统的未来动态，编制好气田开发的采气工程方案，研究、发展适合于中国气藏特点的采气工程技术系列，并配套形成生产能力。

从我国已开发气藏的总体地质特点和储层特性出发，采气工程师主要肩负着三项重要任务：一是在具体气藏的条件下，根据气藏工程总体部署方案的要求，解决好钻什么样的井、采取什么样最有效的气层保护方法、完井方法、套管程序和开采的方式，以确保把气藏的储量最大限度的控制和动用起来；二是从气井投入开采到枯竭的整个阶段，要以最经济、最有效的方式，在井筒建立合理的采气生产压差，以获得较长的无水采气期和带水生产自喷期、较高的采气速度和气田开采的最高采收率，这是采气工程技术的核心；三是要以最低的消耗完成产出天然气的采集输和气水分离、净化回收，为用户提供气质合格的商品天然气。

对优质能源开发和环保而言，21世纪是天然气的世纪，中国的天然气面临着跨世纪发展的战略任务。加大天然气勘探、开发力度，积极开发我国的天然气资源；增加天然气生产和消费，稳定实现国家提出的优化能源结构、环境控制规划目标；坚持天然气的开发和利用协调、稳步发展，充分考虑市场条件，处理好上、中、下游一体化的关系；积极开发加快天然气工业发展的人才培养和一系列科技攻关工作，是实现中国天然气跨世纪发展历史的必由之路。为实现我国天然气这一跨世纪发展的宏伟战略目标作出更大的贡献。

思考题

1．采气工程的主要任务是什么？

2．我国采气工程的主要特点是什么？试述在对气井实施采气工程设计、施工时应遵循的基本原则？

3．为什么生活燃烧用气必须遵循先点火、后开气的原则？

4．新中国成立以来，我国的采气工程技术在那些方面取得了举世瞩目的发展？

5．采气工程师的职责是什么？采输工程学员为什么必须学好采气工程？如何才能学好采气工程？

6．为什么说21世纪是天然气世纪，我国天然气工业跨世纪的宏伟发展战略目标是什么？

7．试述"西气东输"发展战略的重要意义？

参 考 文 献

C. U. Ikoku. Natural Gas Production Engineering. John Wiley Sons，& Sons，INC，1984

第二章 天然气主要理化性质

第一节 天然气及其分类

一、天然气的定义

广义而言,自然界里的天然气态烃和一些杂质的混合物统称为天然气。本书所指的天然气,仅指从地下油气藏中开采出来的可燃气体,它是以石蜡族低分子饱和烃类气体和少量非烃类气体组成的混合气。按其化学组成,甲烷占绝大部分(70%~98%),乙烷、丙烷、丁烷等含量不多。此外,天然气中还含有少量的非烃类气体,如硫化氢、有机硫(硫醇 RSH 硫醚 RSR 等)、二氧化碳、一氧化碳、氮及水汽,有时也有微量的稀有气体,如氖和氩等。表2—1给出了典型的天然气组成。

表 2—1　典型的天然气组成表　　单位:体积百分数

组　分	天然气	产自油井的气
甲烷	70~98	50~92
乙烷	1~10	5~15
丙烷	痕迹~5	2~14
丁烷	痕迹~2	1~10
戊烷	痕迹~1	痕迹~5
己烷	痕迹~0.5	痕迹~3
庚烷以上	痕迹~无	无~0.5
氮	痕迹~5	
二氧化碳	痕迹~1	痕迹~4
硫化氢	偶然痕迹	无~痕迹~6

在标准状态下,甲烷和乙烷是气体。丙烷、正丁烷($n—C_4H_{10}$)和异丁烷($i—C_4H_{10}$)也是气体,但经压缩冷凝后极易液化,家用液化气(LPG)就是这类组分。戊烷以上(常用符号 C_{5+} 表示)的轻质油称为天然汽油(NG)。在天然气的烃类气体中,除甲烷外,通称天然气液烃(NGL),因为通过一定的液化装置(露点装置或深冷装置)都能使它们液化。

二、天然气的分类

1. 按矿场分类

1)纯气田气

气藏中烃类以单相存在,甲烷含量约在90%以上,乙烷、丙烷、丁烷含量少,戊烷以上组分含量极少,相对密度大约为0.5~0.6,在开采过程中没有或较少天然汽油凝析出来的天然气称为纯气田气。

2)油田伴生气

油藏中,烃类以液相或气液两相共存,在开采过程中与液态石油一起开采出来的天然气,称为油田伴生气或油田气。该种天然气甲烷含量一般小于60%,乙烷、丙烷、丁烷的含量约为20%~30%。相对密度较大,有时甚至大于1。有的高压油田中溶解的气态烃,与石油一起开采出来,称为油溶性天然气,也是油田伴生气的一种。

3) 凝析气田气

气藏中甲烷的含量约为60%~90%,戊烷以上组分含量较多,相对密度约为0.7~0.9,在开采过程中有较多的天然汽油凝析出来,但没有较重组分的原油同时采出的天然气,称为凝析气田气。

2. 按含硫量分类

1) 洁气

常将不含硫或硫化氢体积含量小于0.0014%,而不需要净化处理即可管输和利用的天然气,称为洁气,又叫甜气。

2) 酸气

天然气中的硫化氢和二氧化碳都是酸性气体组分。当天然气中硫化氢或二氧化碳的当量体积含量小于0.0014%时,统称为酸性天然气。

3. 按烃类组成分类

1) 干气和湿气

戊烷以上可凝结组分含量低于$100g/sm^3$的天然气常称为干气,干气的甲烷含量一般都在90%以上,乙烷、丙烷、丁烷的含量不多,戊烷以上的组分很少。大部分气田气都是干气。四川盆地气田天然气大多是干气。

戊烷以上可凝结组分含量高于$100g/sm^3$的天然气称为湿气。湿气的甲烷含量一般在80%以下,戊烷以上组分含量较高,即可同时回收大量天然汽油(凝析油),一般油田伴生气和部分凝析气田气可能是湿气。

2) 贫气和富气

需要回收和提炼天然汽油时,通常称进入回收加工装置的含油天然气为富气,而回收天然汽油后含戊烷组分较少的天然气称为贫气。

贫气一般是干气,富气不一定是湿气。如每sm^3天然气仅含几十克天然汽油,进入回收装置时,也叫富气。

凝析气田气和油田伴生气中分离出戊烷以上天然汽油以后,含有一定量的丙烷和丁烷,是生产液化气的主要原料。

第二节 天然气的组成、视相对分子质量和密度

一、天然气的组成

1. 天然气的组成分类

化验分析证实,不同地区、不同类型的天然气,所含的组分不同。各类天然气中包含的组分有100多种,大致可以分为三类。

1) 烃类组分

只有碳氢两种元素组成的有机化合物,称为碳氢化合物,简称为烃类化合物。大多数天然气中烃类组分含60%~90%,是天然气最主要的组分。其中大多数是低相对分子质量的烷烃,也常有少量烯烃,炔烃,环烷烃和芳香烃。

(1) 烷烃：

烷烃的通式为 C_nH_{2n+2}，烷烃分子中碳—碳原子之间单键相连，四阶碳原子的其余价键被氢饱和，烷烃又称为饱和烃。最简单的烷烃是甲烷。大多数天然气，甲烷的含量都很高，通常为 70%～90%。甲烷是无色无臭比空气轻的可燃气体，是优良的气体燃料和能源。甲烷的化学性质相当稳定。甲烷经过热裂解，水蒸汽转化，卤化及硝化等反应后可制出化肥、塑料、橡胶和人造纤维等。所以，甲烷是用途广泛的化工原料。天然气中甲烷含量相当高，常可把天然气看作甲烷来处理。

除甲烷外，还有乙烷，丙烷和丁烷（包括异丁烷和正丁烷）。

它们在常温常压下都是气体。天然气中大都含有这些气态饱和烃，有些天然气中乙烷、丙烷和丁烷的含量较高。丙烷、丁烷常可适当加压或降温而液化，称为液化石油气（简称液化气），是很宝贵的化工原料和燃料。

天然气中常含有一定量的戊烷、己烷、庚烷、辛烷、壬烷和癸烷等含碳量更高的烷烃，简记为碳 5 以上的组分（C_{5+}），它们在常温常压下是液体，是汽油的主要成分，在天然气开发中，这些组分凝析为液态而被回收，称为凝析油，是一种天然汽油。更高级的烷烃在天然气中含量很少。

(2) 烯烃和炔烃：

碳—碳原子间以双键结合，四价碳原子的其余价键与氢结合的碳氢化合物称为烯烃，通式为 C_nH_{2n}。天然气中有时含少量低分子烯烃，如乙烯和丙烯等。

碳—碳原子间以叁键相结合，四价碳原子的其余价键与氢结合的碳氢化合物称为炔烃，通式为 C_nH_{2n-2}。天然气中有时含有极微量的炔烃，如乙炔等。烯烃和炔烃通称为不饱和烃，简记为乙烯以上组分（$C=C^+$）。在天然气中不饱和烃总量大多数少于 1%。

(3) 环烷烃和芳香烃：

碳键首尾相连的烷烃称为环烷烃。有的天然气中含有少量环戊烷（C_5H_{10}）和环己烷（C_6H_{12}）。

分子中含有苯环的碳氢化合物称为芳香烃。天然气中的芳香烃多为苯、甲苯和二甲苯，它们常常可以和凝析油一起从天然气中分离出来。我国四川盆地气田的凝析油中含芳香烃 20% 以上。

2）含硫组分

天然气中的含硫组分可分为无机硫化合物和有机硫化合物两类。

(1) 硫化氢：

天然气中的无机硫化合物，只有硫化氢。硫化氢是一种比空气重、可燃、有毒、有臭鸡蛋味的气体。硫化氢的水溶液叫氢硫酸，显酸性，故称硫化氢为酸性气体。在有水存在时，硫化氢对金属具有强烈的腐蚀作用，硫化氢还会使工业生产中常用的催化剂中毒而失去活性。因此，天然气中的硫化氢必须经过净化处理加以脱除方可进行管道输送和利用。脱除硫化氢的脱硫工艺可将 H_2S 回收，并转化为硫磺和生产其它化工产品。

(2) 有机硫化合物：

含碳原子的有机化合物分子中同时含硫原子的化合物称为有机硫化合物。

天然气中有时含有少量的硫醇（主要是甲硫醇 CH_3SH 和乙硫醇 C_2H_5SH），硫醚（主要是甲硫醚 CH_3SCH_3）和乙硫醚（$C_2H_5SC_2H_5$）、二硫化合物（如二甲基二硫化合物 $CH_3S_2CH_3$）、硫氧化碳（COS）、二硫化碳（CS_2）、硫酚（C_6H_5SH）等有机硫化物。

有机硫化物对金属腐蚀性并不严重,但对催化剂的毒害作用很大,它们大多有毒,具有臭味,会污染大气,通常应尽量脱除。

3) 其它组分

(1) 二氧化碳和一氧化碳：

天然气中通常含有相当数量的二氧化碳。个别气井二氧化碳高达10%以上。四川盆地气田天然气中二氧化碳一般低于10%,二氧化碳是无色无臭比空气重的不可燃气体。二氧化碳溶于水生成中等酸性的碳酸。所以,二氧化碳也是一种酸性气体。有水生成时,二氧化碳对金属的腐蚀相当严重,通常在天然气脱硫工艺中与硫化氢一起尽量脱除。

一氧化碳在天然气中的含量甚微。

(2) 氧和氮：

在个别天然气藏中发现有微量氧。但是大多数天然气中都含有氮。氮在天然气中的含量一般在10%以下,也有高达50%,甚至高达94%的气井。氮无毒害,一般不必将天然气中的氮脱除。

(3) 氢、氦和氩：

天然气中的氢、氦和氩的含量甚低,一般低于1.0%。氦是惰性气体,比氢稍重,比空气轻很多,不可燃,无臭也无色。在高频弧光下发出金黄色的辉光。它在气象、潜水、焊接、航空、军事和宇航等多方面都有广泛的用途。世界上氦的含量有限。因此,天然气中的氦是极为重要的氦资源。可用深度冷冻等工艺提取天然气中的氦。

(4) 水汽：

从井下采出的天然气,大多含有饱和水蒸汽,即水汽,在降温时会冷凝为液态水。

2. 天然气组成的表示方法

天然气的组成是指天然气中各组分所占的比率。根据所用的数量单位不同,有质量组成、体积组成和摩尔组成三种表示方法,每种组成的数值可用分数（或小数）表示,也可用百分数表示。

1) 质量组成

若天然气由 n 种气体组成,则天然气的总质量 m 等于各组分质量 m_1, m_2, $\cdots$, m_n 之总和,即

$$m = m_1 + m_2 + \cdots + m_n = \sum_{i=1}^{n} m_i \tag{2—1}$$

式中 i 组分的质量 m_i 与总质量 m 之比值即为该组分的质量分数用 W_i 表示,即:

$$W_i = \frac{m_i}{m} = \frac{m_i}{\sum_{i=1}^{n} m_i} \tag{2—2}$$

显然 $\sum_{i=1}^{n} W_i = 1$。

用质量百分数表示:

$$（质量百分数）i = \frac{m_i}{\sum_{i=1}^{n} m_i} \times 100\% \tag{2—3}$$

2) 体积组成

若天然气由 n 种气体组成,在标准状态下,气体的总体积 V 等于各组分体积 V_1, V_2, $\cdots$, V_n 之总和,即:

$$V = V_1 + V_2 + \cdots + V_n = \sum_{i=1}^{n} V_i \qquad (2-4)$$

式中，在标准状态下，第 i 组分的体积 V_i 与总体积 V 之比值即为该组分的体积分数。用 y_i 表示，即：

$$y_i = \frac{V_i}{V} = \frac{V_i}{\sum\limits_{i=1}^{n} V_i} \qquad (2-5)$$

显然 $\sum\limits_{i=1}^{n} y_i = 1$。

用体积百分数表示：

$$(体积百分数)i = \frac{V_i}{\sum\limits_{i=1}^{n} V_i} \times 100\% \qquad (2-6)$$

3）摩尔组成

若天然气由 n 种气体组成，则总摩尔数 n 等于各组分摩尔数 n_1，n_2，…，n_n 之总和，即：

$$n = n_1 + n_2 + \cdots + n_n = \sum_{i=1}^{n} n_i \qquad (2-7)$$

式中，第 i 组分的摩尔数 n_i 与总摩尔数 n 之比值，即为该组分的摩尔分数。用 y_i 表示，即：

$$y_i = \frac{n_i}{n} = \frac{n_i}{\sum\limits_{i=1}^{n} n_i} \qquad (2-8)$$

显然 $\sum\limits_{i=1}^{n} y_i = 1$。

用摩尔百分数表示：

$$(摩尔百分数)i = \frac{n_i}{\sum\limits_{i=1}^{n} n_i} \times 100\% \qquad (2-9)$$

对于理想气体，体积分数等于摩尔分数，所以式（2—5）和式（2—8）都用同一符号表示。但在高压下的气体偏离理想气体，体积分数与摩尔分数不再是同一数值。质量组成与体积组成（或摩尔组成）之间可以相互换算，换算时所用的基本公式是：

$$m_i = n_i M_i \text{ 或 } n_i = \frac{m_i}{M_i} \qquad (2-10)$$

式中 m_i——第 i 组分的相对分子质量，其值可查表 2—2。

这时：

$$y_i = \frac{(W_i/M_i)}{\sum\limits_{i=1}^{n}(W_i/M_i)}$$

或

$$W_i = \frac{y_i M_i}{\sum\limits_{i=1}^{n}(y_i M_i)} \qquad (2-11)$$

表 2—2 天然气中常见组分主要物理化学性质表

组分	分子式	相对分子质量	临界温度 K	临界压力 MPa	沸点 (0.101325MPa) ℃	偏心因子
甲烷	CH_4	16.043	190.55	4.604	−161.52	0.0126
乙烷	C_2H_6	30.070	305.43	4.880	−88.58	0.0978
丙烷	C_3H_8	44.097	369.82	4.249	−42.07	0.1541
正丁烷	$n-C_4H_{10}$	58.124	425.16	3.797	−0.49	0.2015
异丁烷	$i-C_4H_{10}$	58.124	408.13	3.648	−11.81	0.1840
正戊烷	$n-C_5H_{12}$	72.151	469.6	3.369	36.06	0.2524
异戊烷	$i-C_5H_{12}$	72.151	460.39	3.381	27.84	0.2286
己烷	C_6H_{14}	86.178	507.4	3.012	68.74	0.2998
庚烷	C_7H_{16}	100.205	540.2	2.736	98.42	0.3494
氦	He	4.003	5.2	0.277	−268.93	0
氮	N_2	28.013	126.1	3.399	−195.80	0.0372
氧	O_2	31.977	154.7	5.081	−182.962	0.0200
氢	H_2	2.016	33.2	0.297	−252.87	−0.219
二氧化碳	CO_2	44.010	304.19	7.382	−78.51	0.2667
一氧化碳	CO	28.010	132.92	3.499	−191.49	0.0442
硫化氢	H_2S	34.076	373.5	9.005	−60.31	0.0920
水汽	H_2O	18.015	647.3	22.118	100.00	0.3434

二、天然气的视相对分子质量和相对密度

天然气是多组分的混合气体，本身没有一个分子式。因此，不能象纯气体那样，由分子式计算出恒定的相对分子质量。为了工程上使用方便，人为地将标准状态下 1 摩尔体积天然气的质量，定义为天然气的"视相对分子质量"，又叫平均相对分子质量。一般干气田的天然气视相对分子质量约为 16.82～17.98。天然气的视相对分子质量随组成不同而变化，没有一个定值。它可以根据天然气各组分的体积组成加权平均而求出，可用公式表示为：

$$M_g = \Sigma y_i M_i \tag{2—12}$$

式中　M_g——天然气的视相对分子质量，g/mol 或 kg/kmol；
　　　y_i——天然气组分 i 的分数，小数；
　　　M_i——组分 i 的相对分子质量，g/mol 或 kg/kmol。

众所周知，干燥空气也是由氧、氮等气体组成的混合气，其通用的视相对分子质量也是由式（2—12）确定的。公认值为 28.97，工程上常取 29。

本书后面提到的天然气和空气的视相对分子质量不再冠以"视"字，简称为相对分子质量，但是应清楚理解天然气和空气的相对分子质量，毕竟是人们设想的概念。

在相同的压力、温度条件下，天然气的密度与干燥空气的密度之比称为天然气的相对密度。定义为：

$$\gamma_g = \frac{\rho_g}{\rho_{air}} \tag{2—13}$$

式中 γ_g——天然气的相对密度；

ρ_g——天然气的密度，kg/m^3；

ρ_{air}——干燥空气的密度，kg/m^3。

因为在物理标准条件下，1mol 任何气体都占有约 22.4l 的体积，而 1mol 气体的质量等于该气体的摩尔质量，数值上等于相对分子质量。所以气体的相对密度等于该气体的摩尔质量与空气的摩尔质量的比值，也等于相对分子质量的比值，空气的视相对分子质量等于 28.97，故天然气的相对密度：

$$\gamma_g = \frac{M_g}{28.97} \tag{2—14}$$

天然气的相对密度变化较大，对于一般干气，其相对密度约为 0.58～0.62。也有相对密度大于 1 的天然气。

例 2—1 已知天然气的摩尔分数如表 2—3 所示：

表 2—3

组　　分	摩尔分数 y_i
CH_4	0.97
C_2H_6	0.015
C_3H_8	0.005
C_4H_{10}	0.005
C_5H_{12}	0.005

要求：(1) 换算为质量分数； (2) 再由质量分数换算为体积分数；
(3) 求天然气的相对分子质量； (4) 求天然气的相对密度。

解：(1) 由所给出的摩尔分数换算为质量分数的计算过程如表 2—4：

表 2—4

组　　分	摩尔分数 y_i	相对分子质量 M_i	每摩尔气中组分 i 的质量，$m_i = y_i M_i$	质量分数 $W_i = m_i / \Sigma m_i$
CH_4	0.97	16.042	15.561	0.922
C_2H_6	0.015	30.07	0.451	0.027
C_3H_8	0.005	44.10	0.221	0.013
C_4H_{10}	0.005	58.124	0.291	0.017
C_5H_{12}	0.005	72.151	0.361	0.021
合计			16.885	1.000

(2) 由所得质量分数换算为体积分数计算过程如表 2—5：

表 2—5

组　分	质量分数 W_i	相对分子质量 M_i	每1kg气中组分 i 的摩尔数，$n_i = W_i/M_i$	体积百分数 $(n_i/\Sigma n_i) \times 100\%$
CH_4	0.922	16.042	0.0575	97
C_2H_6	0.027	30.07	0.0009	1.5
C_3H_8	0.013	44.10	0.0003	0.5
C_4H_{10}	0.017	58.124	0.0003	0.5
C_5H_{12}	0.021	72.151	0.0003	0.5
合计			0.0593	100

(3) 气体相对分子质量：
$$M_g = \Sigma y_i M_i = 16.885 \text{kg/kmol}$$

(4) 气体相对密度：
$$\gamma_g = \frac{M_g}{M_{air}} = \frac{16.885}{28.97} = 0.583$$

三、天然气的密度

天然气的密度定义为单位体积天然气气体的质量，在理想条件下可确定如下：

由气体状态方程知：
$$pV = Z\frac{m}{M}RT$$

或
$$pV = ZmbT \tag{2—15}$$

式中　Z——天然气的偏差系数。

在一定压力和温度条件下，一定质量的气体实际占有的体积与其在同温同压下作为理想气体所占有的体积之比，称为气体的偏差系数或 Z 系数。

偏差系数 Z 概括了真实气体与理想气体的一切偏差。它既考虑了分子间作用力的存在，又考虑了分子本身体积不可忽略这一事实。Z 是一个实验数据，无量纲，它不是一个常数，它随气体的组成、压力和温度变化。对于理想气体，$Z=1$。对于实际气体，$Z<1$ 或 $Z>1$。

根据天然气的密度的定义在标准状况下，可得：
$$\rho_g = \frac{m_g}{V} = \frac{M_g p_{sc}}{ZRT_{sc}} = 3486.6 \frac{\gamma_g p_{sc}}{ZT_{sc}} \tag{2—16}$$

式中　ρ_g——天然气的密度，kg/m^3；
　　　γ_g——天然气的相对密度，无量纲；
　　　m_g——天然气质量，kg；
　　　M_g——天然气的相对分子质量，kg/kmol；
　　　Z——天然气的偏差系数，无量纲。

如取标准状况下的 $p_{sc}=0.101325\text{MPa}$，$T_{sc}=293.15\text{K}$，则空气的密度为：
$$\rho_{air} = \frac{M_{air}p_{sc}}{RT_{sc}} = \frac{28.97 \times 0.101325}{0.008309 \times 293.15} = 1.205(\text{kg/m}^3)$$

根据相对密度的定义，在此标准状态下天然气的密度为：

$$\rho_g = 1.205\gamma_g \quad (2\text{—}17)$$

例 2—2 某气田天然气的相对分子质量为 16.5，H_2S 的含量为 $20mg/m^3$，求：(1) H_2S 在天然气中的体积百分数？(2) 某气井日产天然气 $50\times10^4 m^3$，问日产 H_2S 多少 kmol？

解：(1) 若 $V_g = 1m^3$ 则 $m_{H_2S} = 20\times10^{-6}$kg

由表 2—4 查得 $M_{H_2S} = 34.076$

标准状态 $p_{sc} = 0.101325$MPa，$T_{sc} = 293.15$K，$Z_{sc} = 1$，则由式（2—15）可得：

$$V_{H_2S} = m_{H_2S}RT_{sc}/M_{H_2S}p_{sc} = \frac{20\times10^{-6}\times0.008309\times293.15}{34.076\times0.101325} = 0.000014(m^3)$$

$$y_{H_2S} = \frac{V_{H_2S}}{V_g} = \frac{0.000014}{1} = 0.0014\%$$

(2) 由式（2—15）：

$$n = \frac{p_{sc}V_{H_2S}}{ZRT_{sc}} = \frac{0.101325\times0.000014\times50\times10^4}{0.008309\times293.15} = 0.29\text{kmol}(H_2S)$$

或由式（2—10）：

$$n = \frac{m}{M} = \frac{50\times10^4\times20\times10^{-6}}{34.076} = 0.29\text{kmol}(H_2S)$$

第三节　天然气的偏差系数

前一节已对天然气的偏差系数下了明确的定义，这里不再重复。本节主要讲述确定偏差系数的方法。

确定天然气偏差系数的方法很多，可通过恒质膨胀试验来测定，查 Standing 和 Katz 的图版或表函数，或用 Dranchuk，Robinson 和 Purvis 方法由计算机直接计算等等。

实验测定法在油层物理中已有讲述，本节着重介绍查图（表）或直接计算法。

一、根据 Standing 和 Katz 图或表确定 Z 系数

图表法的理论基础是对应状态原理，这里首先对对应状态原理作一简单介绍，再介绍如何确定 Z 系数。

1. 对应状态原理

范德华指出，根据临界点的性质 $(\frac{\partial p}{\partial V})_{T_c} = 0$，$(\frac{\partial^2 p}{\partial V^2})_{T_c} = 0$，可用临界性质 T_c、p_c 来表示范德华方程：

$$p = \frac{RT}{V-b} - \frac{a}{V^2} \quad (2\text{—}18)$$

式中的参数，即：

$$a = \frac{27}{64}\frac{R^2T_c^2}{p_c}; b = \frac{RT_c}{8p_c} \quad (2\text{—}19)$$

并可进一步用对比温度 $T_{pr}(T_{pr} = \frac{T}{T_c})$、对比压力 $p_{pr}(p_{pr} = \frac{p}{p_c})$ 和对比体积 $V_{pr}(V_{pr} = \frac{V}{V_c})$ 将范德华方程表示为：

$$p_{pr} = \frac{8}{3}\frac{T_{pr}}{(V_{pr}-\frac{1}{3})} - \frac{3}{V_{pr}^3} \qquad (2—20)$$

由于其中已不含任何与物质有关的特性参数，故称此种方程为普遍化的状态方程。

范德华由此引伸出对应状态原理，它是指：对于对比压力 p_{pr}、对比温度 T_{pr} 相同的两种气体，它们的 V_{pr} 也近似相同，则称这两种气体处于对应状态。当两种气体处于对应状态时，气体的许多内涵性质（即与体积大小无关的性质），如偏差系数 Z、粘度 μ 等也近似相同——即为"对应状态原理"。对于化学性质相似而临界温度相差不大的物质，该原理具有很高的精度。由于天然气中各组分大都属于烷烃，化学结构相似，因此，采用对应状态原理完全能满足工程要求而被广泛采用。

2. Z 系数的确定

对应状态原理表明，化学结构相似的烷烃气体，当它们处于对应状态时，具有极为近似的偏差系数。我们可以把偏差系数表示为：$Z = f(p_{pr}, T_{pr})$，称为两参数法，这样，我们根据对应状态原理，把对甲烷作出的 $Z = f(p_{pr}, T_{pr})$ 曲线应用于和甲烷化学结构相似的其

它烃类。不管在什么 p、T 条件下，只要相应的 p_{pr}，T_{pr} 相同，其它烃类气体的 Z 近似相等。

根据这个关系在实验室制定一些甲烷的偏差系数 Z 和 p_{pr}，T_{pr} 的关系曲线或图表。Standing 和 Katz 图、表就是其中的一种，如图 2—1。这样只要求出天然气的 p_{pr}^*，T_{pr} 便可以从图表中查出天然气的偏差系数。

然而对于多组分的天然气，试验测定临界参数既困难，也不可能每个气样都做到。为了确定所需的临界参数，设想并提出了拟临界压力和拟临界温度的概念。定义为：

$$T_{pc} = \Sigma y_i T_{ci},\ p_{pc} = \Sigma y_i p_{ci} \qquad (2—21)$$

式中　T_{pc}——拟临界温度，K；

p_{pc}——拟临界压力，MPa；

T_{ci}——i 组分的临界温度，K；

p_{ci}——i 组分的临界压力，MPa；

y_i——i 组分的摩尔分数。

已知天然气的摩尔组成或体积组成，利用式（2—21）可确定该气体的拟临界参数。有了拟临界参数，任何状况下的拟对比温度和拟对比压力就可以用下式确定：

$$T_{pr} = T/T_{pc},\ p_{pr} = p/p_{pc} \qquad (2—22)$$

如前所述，分析气体的组成要比测定其相对密度繁琐得多，如已测得天然气的相对密度。但缺乏全分析的组成数据，天然气的 T_{pc}、p_{pc} 也可直接从图 2—2 中查得。

如已知庚烷以上组分（C_{7+}）的相对密度和相对分子质量，也可由图 2—3 查得它的拟临界值。

根据 Standing 和 Katz 图、表，对于以烃为主要组成的任何一种天然气，都可以放心地用它确定气体的 Z 系数。但是对比状态定律不适宜于组分化学性质相差甚远的混合气。因此天然气中含有较多的非烃气体时，应用上述 Z 系数图和表，必须进行非烃校正。非烃校正主要是拟临界参数。就图 2—2 而言，可利用图中的插图进行校正。

典型的非烃校正方法，步骤如下：

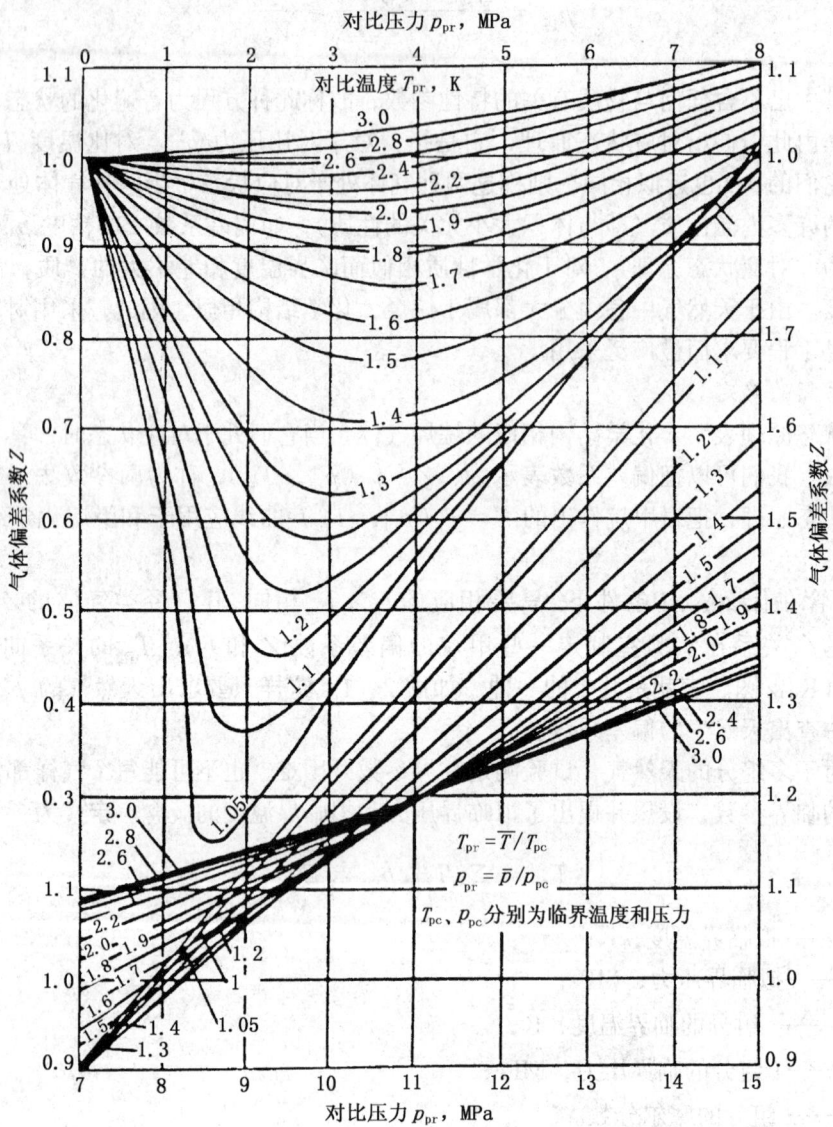

图2—1 天然气偏差系数图

(1) 用查图或计算方法确定 T_{pc} 和 p_{pc}；
(2) 用以下公式计算校正后的拟临界温度 T'_{pc} 和拟临界压力 p'_{pc}：

$$T'_{pc} = T_{pc} - \varepsilon \tag{2—23}$$

$$p'_{pc} = \frac{p_{pc} T'_{pc}}{T_{pc} + B(1-B)\varepsilon} \tag{2—24}$$

$$\varepsilon = [120(A^{0.9} - A^{1.6}) + 15(B^{0.5} - B^4)]/1.8 \tag{2—25}$$

式中 T'_{pc} ——校正后拟临界温度，K；

p'_{pc} ——校正后拟临界压力，MPa；

A——天然气中 H_2S 及 CO_2 摩尔分数之和；
B——天然气中 H_2S 摩尔分数；
ε——拟临界温度校正系数。

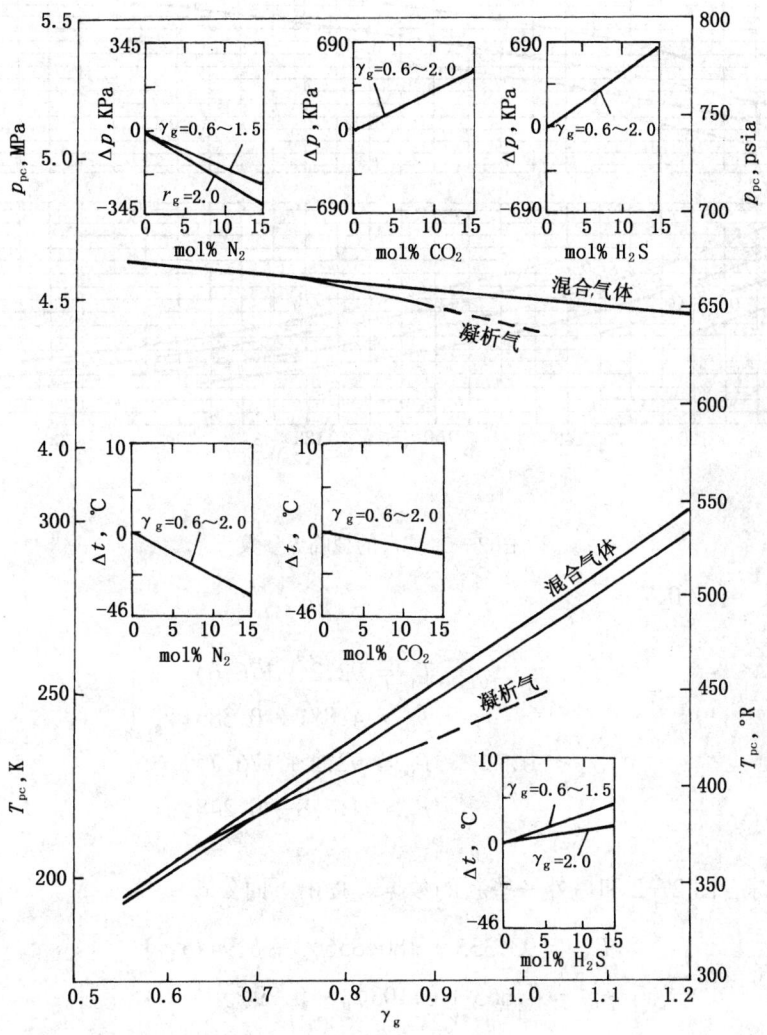

图 2—2 天然气拟临界参数

T'_{pc} 和 p'_{pc} 一经求出，即可用于计算对比参数 T_{pr} 和 p_{pr}。

为了便于编制计算程序，图 2—2 中的曲线已拟合成 $T_{pc}=f(\gamma_g)$ 和 $p_{pc}=f(\gamma_g)$ 计算公式。

对于凝析气 $\gamma_g \geqslant 0.7$

$$\left. \begin{array}{l} \gamma_g \geqslant 0.7 \quad \begin{array}{l} T_{pc}=132.2+116.7\gamma_g \\ p_{pc}=5.102+0.689\gamma_g \end{array} \\ \gamma_g < 0.7 \quad \begin{array}{l} T_{pc}=106.1+152.2\gamma_g \\ p_{pc}=4.778-0.248\gamma_g \end{array} \end{array} \right\} \qquad (2-26)$$

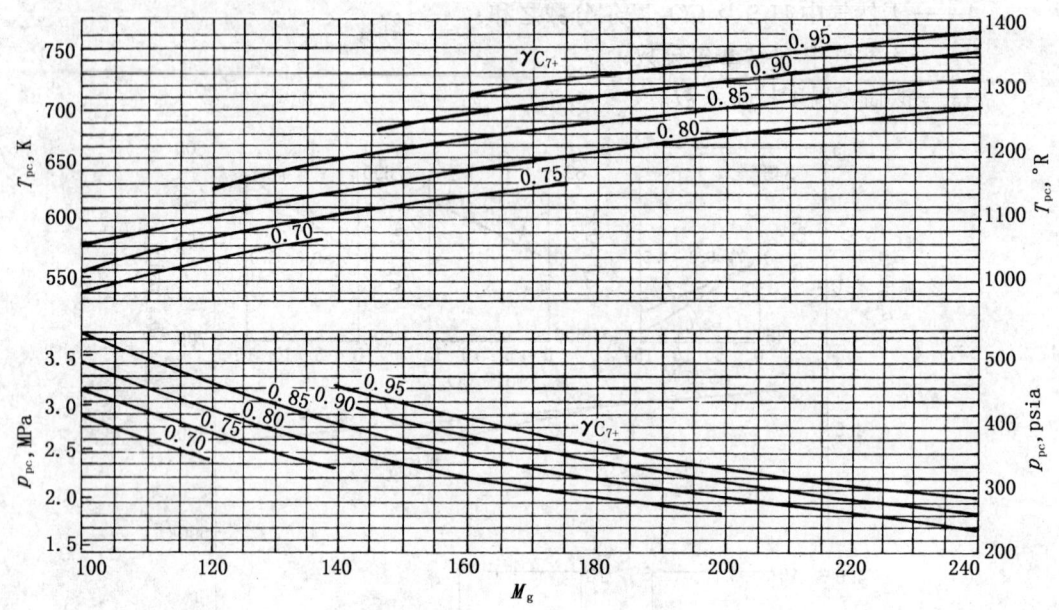

图 2—3 C_{7+} 的拟临界参数

对于干气 $\gamma_g \geq 0.7$

$$\left.\begin{array}{l} T_{pc} = 92.2 + 176.6\gamma_g \\ p_{pc} = 4.881 - 0.3861\gamma_g \end{array}\right\}$$
$$\gamma_g < 0.7 \quad \left.\begin{array}{l} T_{pc} = 92.2 + 176.7\gamma_g \\ p_{pc} = 4.778 - 0.248\gamma_g \end{array}\right\} \quad (2-27)$$

Thomas 综合图 2—2 和另外一些新的数据,提出下面公式:

对于干气
$$\left.\begin{array}{l} T_{pc} = 93.333 + 180.556\gamma_g - 6.944\gamma_g^2 \\ p_{pc} = 4.663 + 0.103\gamma_g - 0.29\gamma_g^2 \end{array}\right\} \quad (2-28)$$

使用式(2—28)的条件是 H_2S 含量<3%,N_2 含量<5%,或非烃气体总含量不超过7%。

对于凝析气
$$\left.\begin{array}{l} T_{pc} = 103.9 + 183.3\gamma_g - 39.7\gamma_g^2 \\ p_{pc} = 4.868 - 0.356\gamma_g - 0.077\gamma_g^2 \end{array}\right\} \quad (2-29)$$

综上所述,确定 Z 系数的步骤如下:
(1) 根据已知的天然气组成或相对密度,求 p_{pc} 和 T_{pc};
(2) 如含有非烃(H_2S、CO_2、和 N_2),应对假临界参数进行校正;
(3) 根据给定的 p、T 值计算 p_{pr}、T_{pr};
(4) 从图 2—1 查得 Z 值。

例 2—3 已知天然气的数据如表 2—6,求:
(1) $p = 4.827$MPa,$T = 47$℃时的 Z 系数,(2) 在 (1) 条件下的 kmol 体积。

表 2—6

组　　分	摩尔分数 y_i	临界温度 T_{ci}, K	临界压力 p_{ci}, MPa
C_1	0.94	190.6	4.604
C_2	0.03	305.4	4.880
C_3	0.02	369.8	4.294
nC_4	0.01	425.2	3.796

解：(1) $T_{pc} = \Sigma y_i T_{ci}$

$= 0.94 \times 190.6 + 0.03 \times 305.4 + 0.02 \times 369.8 + 0.01 \times 425.2$

$= 200.1$（K）

$p_{pc} = \Sigma y_i p_{ci}$

$= 0.94 \times 4.604 + 0.03 \times 4.880 + 0.02 \times 4.294 + 0.01 \times 3.796 = 4.598$（MPa）

(2) $T_{pr} = T/T_{pc}$

$= (273.15 + 47)/200.1 = 1.6$

$p_{pr} = p/p_{pc} = 4.827/4.598 = 1.05$

(3) 从图 2—1 查得 $Z = 0.92$

$$V_m = ZRT/p = \frac{0.92 \times 0.008314(273.15 + 47)}{4.827} = 0.507 (\text{m}^3/\text{kmol})$$

例 2—4 已知天然气的 $T_{pc} = 200$K，$p_{pc} = 4.600$MPa，含 3%CO_2 和 25% 的 H_2S，求 $T = 55℃$，$p = 6.895$MPa 时的 Z 系数。

解：$B = 0.25$

$A = 0.03 + 0.25 = 0.28$

$\varepsilon = [120 \times (0.28^{0.9} - 0.28^{1.6}) + 15 \times (0.25^{0.5} - 0.25^4)]/1.8 = 16.7$

$T'_{pc} = T_{pc} - \varepsilon = 200 - 16.7 = 183.3$(K)

$$p'_{pc} = \frac{T'_{pc} p_{pc}}{T_{pc} + B(1-B)\varepsilon} = \frac{4.600 \times 183.3}{200 + 0.25(1 - 0.25) \times 16.7} = 4.151 (\text{MPa})$$

$T_{pr} = T/T'_{pc} = (273 + 55)/183.3 = 1.79$

$p_{pr} = p/p'_{pc} = 6.895/4.151 = 1.66$

参考文献 [1] 查附录一，并用内插法求 Z 系数，见表 2—7。

表 2—7

p_{pr}	T_{pr}		
	1.7	1.79	1.8
1.65	0.908	0.927	0.929
1.66		0.927	
1.70	0.909	0.925	0.927

则得 $Z=0.927$。

二、Dranchuk、Purvis 和 Robinson 方法确定 Z 系数

1974 年 Dranchuk、Purvis 和 Robinson 用 BWR 状态方程拟合 Standing – Katz 的 Z 系数资料，从而提出了如下方程：

$$Z = 1 + (A_1 + A_2/T_{pr} + A_3/T_{pr}^3)\rho_{pr} + (A_4 + A_5/T_{pr})\rho_{pr}^2 + (A_5 A_6 \rho_{pr}^5)/T_{pr}$$
$$+ (A_7 \rho_{pr}^2/T_{pr}^3)(1 + A_8/\rho_{pr}^2)\exp(-A_8 \rho_{pr}^2) \tag{2—30}$$

$$\rho_{pr} = 0.27 p_{pr}/(Z T_{pr}) \tag{2—31}$$

式中　$A_1 = 0.31506237$；
　　　$A_2 = -1.0467099$；
　　　$A_3 = -0.57832729$；
　　　$A_4 = 0.53530771$；
　　　$A_5 = -0.61232032$；
　　　$A_6 = -0.10488813$；
　　　$A_7 = 0.68157001$；
　　　$A_8 = 0.68446549$。

已知 p、T 欲计算 Z 系数，可利用两式联立解 ρ_{pr}，再将 ρ_{pr} 回代到两式中的任何一式，即可求得 Z 系数。

由式 (2—31) 可得：

$$Z = 0.27 p_{pr}/(T_{pr} \cdot \rho_{pr})$$

把上式代入式 (2—30) 并整理得：

$$\rho_{pr} - 0.27 p_{pr}/T_{pr} + (A_1 + A_2/T_{pr} + A_3/T_{pr}^3)\rho_{pr}^2 + (A_4 + A_5/T_{pr})\rho_{pr}^3$$
$$+ (A_5 A_6 \rho_{pr}^6)/T_{pr} + (A_7 \rho_{pr}^3/T_{pr}^3)(1 + A_8 \rho_{pr}^2)\exp(-A_8 \rho_{pr}^2) = 0$$

上式为非线性方程，可用牛顿迭代法求解 ρ_{pr}，解题步骤如下：

(1) 赋初值，$\rho_{pr}^{(0)} = 0.27 p_{pr}/T_{pr}$；

(2) 利用下式计算牛顿函数 $F(\rho_{pr})$；

$$F(\rho_{pr}) = \rho_{pr} - 0.27 p_{pr}/T_{pr} + (A_1 + A_2/T_{pr} + A_3/T_{pr}^3)\rho_{pr}^2 + (A_4 + A_5/T_{pr})\rho_{pr}^3$$
$$+ (A_5 A_6 \rho_{pr}^6)/T_{pr} + (A_7 \rho_{pr}^3/T_{pr}^3)(1 + A_8 \rho_{pr}^2)\exp(-A_8 \rho_{pr}^2)$$

(3) 利用下式计算 $F'(\rho_{pr})$：

$$F'(\rho_{pr}) = 1 + (A_1 + A_2/T_{pr} + A_3/T_{pr}^3)(2\rho_{pr}) + (A_4 + A_5/T_{pr})(3\rho_{pr}^2)$$
$$+ (A_5 A_6/T_{pr})(6\rho_{pr}^5) + (A_7/T_{pr}^3)[3\rho_{pr}^2 + A_8(3\rho_{pr}^4) - A_8^2(2\rho_{pr}^6)]\exp(-A_8 \rho_{pr}^2)$$

(4) 利用牛顿迭代格式求解新的 ρ_{pr} 值：

$$\rho_{pr}^{K+1} = \rho_{pr}^K - \frac{F(\rho_{pr}^K)}{F'(\rho_{pr}^K)}$$

(5) 迭代，直到满足：$|\rho_{pr}^{K+1} - \rho_{pr}^K| < 0.0001$；

(6) 将满足精度要求的 ρ_{pr} 代回到式 (2—30) 或 (2—31)，即可求得 Z 系数。

例 2—5　已知 $p_{pr}=3$，$T_{pr}=1.5$，用 D—P—R 方法计算 Z 系数。

解：(1) 赋初值 $\rho_{pr}^{(0)} = 0.27 p_{pr}/T_{pr}$；

　　(2) 精度：$|\rho_{pr}^{K+1} - \rho_{pr}^K| < 0.0001$；

(3) $Z = 0.7756322$。

第四节 天然气的等温压缩率

一、天然气等温压缩率的定义

在油藏开发分析中，常常需要引入天然气等温压缩率的概念。在等温条件下，单位压力改变引起的体积变化率，称为天然气的等温压缩率，即：

$$C_g = -\frac{1}{V}\left(\frac{\partial V}{\partial p}\right)_T \tag{2—32}$$

式中天然气体积的变化率可按偏差系数状态方程来求，即：

$$V = nRT\frac{Z}{p}$$

从而

$$\left(\frac{\partial V}{\partial p}\right)_T = nRT\frac{p\frac{\partial Z}{\partial p} - Z}{p^2}$$

$$C_g = -\frac{1}{V}\left(\frac{\partial V}{\partial p}\right)_T$$

$$= \left[-\frac{p}{ZnRT}\right]\left[\frac{nRT}{P^2}\left(p\frac{\partial Z}{\partial p} - Z\right)\right]$$

$$= \frac{1}{p} - \frac{1}{Z}\frac{\partial Z}{\partial p} \tag{2—33}$$

特别地，对于理想气体，$Z = 1.00$，而 $\partial Z/\partial p = 0$，故：

$$C_g = \frac{1}{p}$$

在低压下，偏差系数 Z 随压力的增加而减小，故 $\frac{\partial Z}{\partial p}$ 为负，C_g 比理想气体时大；在高压时，Z 随压力增加而增加，$\partial Z/\partial p$ 为正，故 C_g 比理想气体时小。

从式（2—33）可见，欲求给定状态下的 C_g，必须求出给定状态下的偏差系数 Z。目前常用两参数法 $Z = f(p_{pr}, T_{pr})$ 图或表确定 Z 系数，因此，将式（2—33）中的状态参数改用对比参数来表示。

因

$$\frac{\partial Z}{\partial p} = \left(\frac{\partial Z}{\partial p_{pr}}\right)\left(\frac{\partial p_{pr}}{\partial p}\right)$$

而

$$p = p_{pc} \cdot p_{pr}$$

故

$$\frac{\partial Z}{\partial p} = \frac{1}{p_{pc}}\left(\frac{\partial Z}{\partial p_{pr}}\right)$$

所以

$$C_g = \frac{1}{p} - \frac{1}{Z}\left(\frac{\partial Z}{\partial p}\right)$$

$$= \frac{1}{p_{pc} \cdot p_{pr}} - \frac{1}{Z} \cdot \frac{1}{p_{pc}}\left(\frac{\partial Z}{\partial p_{pr}}\right)$$

$$= \frac{1}{p_{pc}}\left[\frac{1}{p_{pr}} - \frac{1}{Z}\left(\frac{\partial Z}{\partial p_{pr}}\right)\right]$$

令
$$C_{pr} = \frac{1}{p_{pr}} - \frac{1}{Z}\left(\frac{\partial Z}{\partial p_{pr}}\right) \quad (2-34)$$

则
$$C_g = \frac{1}{p_{pc}} \cdot C_{pr} \quad (2-35)$$

式中，C_{pr} 称为对比压缩率，无量纲。欲求天然气的 C_g，需求 C_{pr}；欲求 C_{pr}，首先求得 $\left(\frac{\partial Z}{\partial p_{pr}}\right)_{T_{pr}}$。

二、天然气等温压缩率的确定

1. 利用 Gopal 方程求 C_g

对于 Gopal 方程：
$$Z = p_{pr}(AT_{pr} + B) + CT_{pr} + D \quad (2-36)$$

系数 A、B、C、D 如表 2—8 所示。

对方程 (2—36) 取微分得：
$$\frac{\partial Z}{\partial p_{pr}} = AT_{pr} + B$$

故
$$C_{pr} = \frac{1}{p_{pr}} - \frac{AT_{pr} + B}{p_{pr}(AT_{pr} + B) + CT_{pr} + D} \quad (2-37)$$

于是
$$C_g = \frac{1}{p_{pc}}\left[\frac{1}{p_{pr}} - \frac{AT_{pr} + B}{p_{pr}(AT_{pr} + B) + CT_{pr} + D}\right] \quad (2-38)$$

表 2—8 Gopal 方程系数表

p_{pr}	T_{pr}	A	B	C	D
0.2~1.2	1.05~1.2	1.6643	-2.2114	-0.3647	1.4385
	1.2⁺~1.4	0.5222	-0.8511	-0.3647	1.0490
	1.4⁺~2.0	0.1391	-0.2988	0.0007	0.9969
	2.0⁺~3.0	0.0295	-0.0825	0.0009	0.9967
1.2⁺~2.8	1.05~1.2	-1.3570	1.4942	4.6315	-4.7009
	1.2⁺~1.4	0.1711	-0.3232	0.5869	0.1229
	1.4⁺~2.0	0.0984	-0.2053	0.0621	0.8580
	2.0⁺~3.0	0.0211	-0.0527	0.0127	0.9549
2.8⁺~5.4	1.05~1.2	-0.3278	0.4752	1.8223	-1.9036
	1.2⁺~1.4	-0.2521	0.3871	1.6087	-1.6635
	1.4⁺~2.0	-0.0284	0.0625	0.4714	-0.0011
	2.0⁺~3.0	0.0041	0.0039	0.0607	0.7927

已知：p、T 求 C_g，计算步骤如下：

(1) 根据所给 γ_g、p 和 T 计算 p_{pr} 和 T_{pr}；

(2) 根据 p_{pr} 和 T_{pr}，选择合适的公式，并确定 A、B、C 和 D 值；

(3) 由式 (2—38) 计算 C_g。

例 2—6 已知 $p_{pc}=4.5\text{MPa}$，$p_{pr}=2.0$，$T_{pr}=1.5$用 Gopal 方程计算 C_g：

解：(1) $p_{pr}=2.0$，$T_{pr}=1.5$

(2) 由 p_{pr}、T_{pr} 查表 2—8 得：$A=0.0984$，$B=-0.2053$，$C=0.0621$，$D=0.8580$

(3) $C_g=\dfrac{1}{4.5}\left[\dfrac{1}{2}-\dfrac{0.0984\times 1.5-0.2053}{2(0.0984\times 1.5-0.2053)+0.0621\times 1.5+0.8580}\right]$
$=0.126(\text{MPa}^{-1})$

2. 利用 Mattar–Brar–Aziz 方法求 C_g

Mattar，Brar 和 Aziz 对 DPR 公式（2—31）微分后，代入式（2—34）整理得：

$$C_{pr}=\dfrac{1}{p_{pr}}-\dfrac{0.27}{Z^2 T_{pr}}\left[\dfrac{(\partial Z/\partial \rho_{pr})_{T_{pr}}}{1+\dfrac{\rho_{pr}(\partial Z/\partial \rho_{pr})_{T_{pr}}}{Z}}\right] \quad (2-39)$$

$$\left(\dfrac{\partial Z}{\partial \rho_{pr}}\right)_{T_{pr}}=(A_1+A_2/T_{pr}+A_3/T_{pr}^3)+2(A_4+A_5/T_{pr})\rho_{pr}+5A_5A_6\rho_{pr}^4/T_{pr}$$
$$+\dfrac{2A_7\rho_{pr}}{T_{pr}^3}(1+A_8\rho_{pr}^2+A_8\rho_{pr}^4)\exp(-A_8\rho_{pr}^2) \quad (2-40)$$

已知 p、T，欲计算 C_g，步骤如下：

（1）根据已知 p、T，利用 DPR 公式求 Z 系数；

（2）代 Z 入式（2—31），求 ρ_{pr}；

（3）用式（2—39）计算 $\left(\dfrac{\partial Z}{\partial \rho_{pr}}\right)_{T_{pr}}$；

（4）用式（2—41）计算对比压缩率 C_{pr}；

（5）$C_g=\dfrac{C_{pr}}{p_{pc}}$。

例 2—7 已知 $p_{pr}=3$，$T_{pr}=1.5$，$p_{pc}=4.462\text{MPa}$，求 C_g。

按上述步骤计算，计算机打印结果：

$C_g=8.1865\times 10^{-2}\text{MPa}^{-1}$

3. 查图法求 C_g

Mattar 等人按式（2—39）进行电算，于 1975 年发表了图 2—4 和图 2—5，很适合手算应用。

根据已知 p、T 求得 C_{pr}、T_{pr} 后，从图中查得 $C_{pr}T_{pr}$，则：

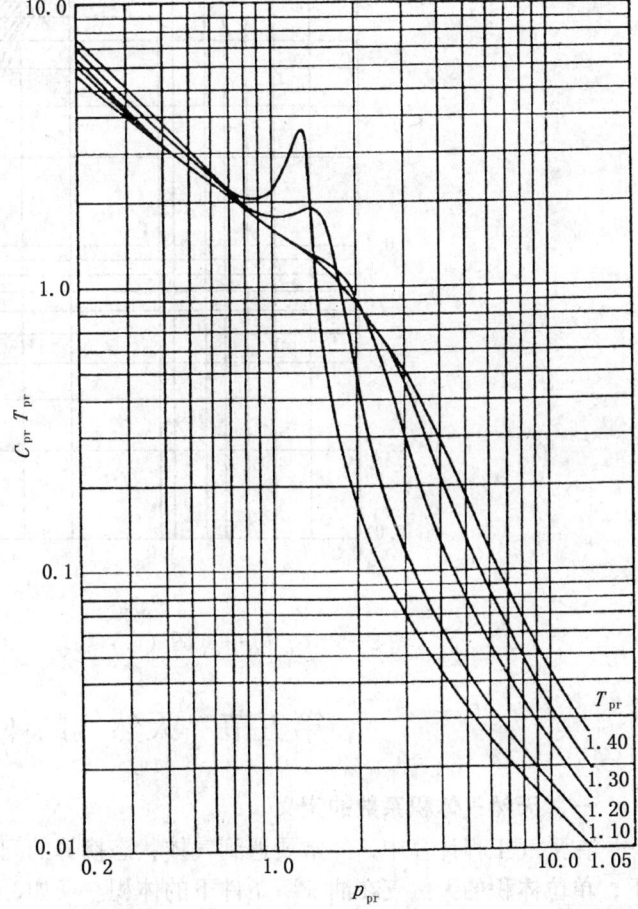

图 2—4 $C_{pr}T_{pr}-p_{pc}$ 图（$1.05\leqslant T_{pr}\leqslant 1.4$，$0.2\leqslant p_{pr}\leqslant 15.0$）

$$C_g = C_{pr}T_{pr}/(p_{pc}T_{pr}) \tag{2—41}$$

例 2—8 用查图法重作例 2—7。

解：由 $p_{pr}=3$，$T_{pr}=1.5$，查图 2—5 得：

$$C_{pr}T_{pr} = 0.55$$
$$C_g = C_{pr}T_{pr}/(p_{pc}T_{pr})$$
$$= 0.55/(4.462 \times 1.5)$$
$$= 8.2176 \times 10^{-2}(\text{MPa}^{-1})$$

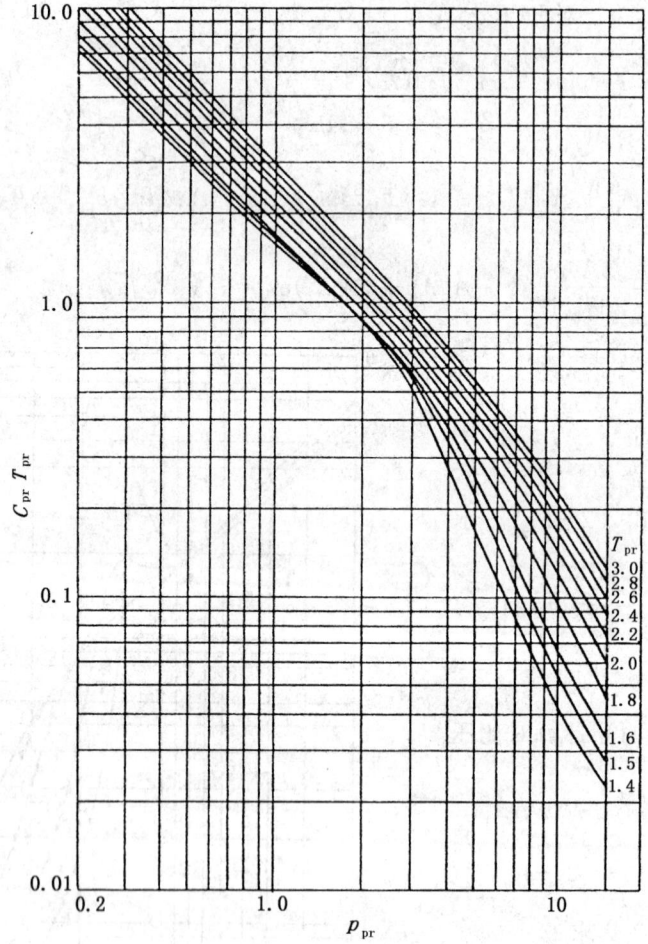

图 2—5 $C_{pr}T_{pr} - p_{pr}$ 图 （$1.4 \leqslant T_{pr} \leqslant 3.0$，$0.5 \leqslant p_{pr} \leqslant 15.0$）

第五节 天然气的体积系数

一、天然气体积系数的定义

在采气工程计算中，经常要遇到气体状态换算的问题。例如：经常要知道地面标准状况下，单位体积的天然气在油气藏条件下的体积。又如，已知地面标准状态下的气体流速，要知道油管某深度处的流速等。这就引出了天然气的地下体积系数的概念。我们规定：在标准状况下，天然气可近似看作理想气体。

即：
$$V_{sc} = \frac{nRT_{sc}}{p_{sc}} \tag{2—42}$$

在油气藏条件下，如压力为 p，温度为 t，则同样数量的天然气所占的体积 V，可按偏差系数状态方程求出，即：

$$V = ZnRT/p$$

天然气的体积系数可定义为：

$$B_g = \frac{V}{V_{sc}} = \frac{ZTp_{sc}}{T_{sc}p} \tag{2—43}$$

取标准状态为：$p_{sc}=0.101325\text{MPa}$，$T_{sc}=293.15\text{K}$

$$B_g = \frac{ZTp_{sc}}{T_{sc}p}$$
$$= \frac{0.101325Z(273.15+t)}{293p} = 3.458\times10^{-4}\frac{Z(273.15+t)}{p} \tag{2—44}$$

式中 B_g 表示的是天然气在油气藏条件下所占的体积与同样数量的气体在标准状况下所占的体积之比值。B_g 与气体所处的状况有关，凡提到它，都必须指明所处的状态才有意义。B_g 的单位是 m^3/sm^3。同时，式（2—44）仅适用于干气。

二、天然气体积系数的确定

在采气工程中，B_g 是十分有用的气体状态参数。例如，气体在油管、输油管内流动时，沿管线的 B_g 是变化的，可用于描述管内气体密度的变化。对于一定质量的气体，由物质不灭定律可以写出：

$$(\rho V)_{p,T} = (\rho V)_{sc}$$

所以
$$\rho_{p,T} = \rho_{sc}/B_g \tag{2—45}$$

第二节中介绍过计算天然气密度的公式（2—16），这里给出的式（2—45）与前式计算的结果等值。

例 2—9 地层压力 $p=16.548\text{MPa}$，地层温度 $t=138.9℃$，干气相对密度 $\gamma_g=0.64$，烃孔隙体积 $V_{HC}=1\times10^8\text{m}^3$，求干气储量。

解：（1）由 DPR 方法计算 $Z=0.923$。

（2）$B_g = 3.458\times10^{-4}\dfrac{Z(273+t)}{p}$

$= 3.458\times10^{-4}\cdot\dfrac{0.923\times411.9}{16.548}$

$= 0.007945\;(\text{m}^3/\text{sm}^3)$

干气储量 $G = \dfrac{V_{HC}}{B_g} = \dfrac{1\times10^8}{0.007945} = 1.259\times10^{10}(\text{sm}^3)$

例 2—10 用例 2—9 有关数据求气体密度，分别用式（2—16）和式（2—45）计算。

解：（1）用式（2—16）计算

$$\rho_g = 3486.6\frac{\gamma_g p}{ZT}$$
$$= 3486.6\frac{0.64\times16.548}{0.923\times411.9}$$

$$= 97.13 (\text{kg/m}^3)$$

(2) 用式（2—45）计算

$$\rho_g = \rho_{sc}/B_g$$
$$= \frac{1.205 \times 0.64}{0.007945}$$
$$= 97.067 (\text{kg/m}^3)$$

第六节 天然气的粘度

一、天然气的粘度及其特点

粘度是气体（或液体）的内部摩擦而引起的阻力。当气体内部有相对运动时，都会因分子的摩擦而产生阻力。气体粘度越大，阻力越大，气体流动就困难。粘度就表示气体流动的难易程度。

实验表明，流体中某一点的粘度与其内摩擦力成正比，与流速梯度成反比，这一粘度叫流体的动力粘度或绝对粘度。定义为

$$\mu = \frac{f}{du/dy} \tag{2—46}$$

式中　μ——流体的动力粘度，Pa·s；
　　　f——两层流体间的内摩擦力，$(f = F/A)$，N/m²；
　　　du/dy——速度梯度，s^{-1}。

动力粘度除以流体的密度称为流体的运动粘度。

$$\upsilon = \mu/\rho \tag{2—47}$$

式中　υ——流体的运动粘度，m²/s；
　　　ρ——流体的密度，kg/m³。

天然气的粘度与温度、压力和相对分子质量有关。在低压和高压下粘度各有其特点：
在低压下（＜0.98MPa）：
（1）气体的粘度几乎与压力无关；
（2）气体的粘度随温度的升高而增大；
（3）气体的粘度随相对分子质量的增大而减小；
（4）非烃类气体的粘度比烃类气体高。

低压下气体粘度的这种特性，主要是因为低压下分子之间的距离很大，分子间的相互作用力不明显，温度起着主导作用。温度升高，气体分子的平均动能增大，分子的碰撞机会增多，因此粘度随温度升高而增大，在某一温度下，动量级相同，气体相对分子质量大的速度小，发生碰撞的机会少，因而粘度就小；反之相对分子质量小的速度大，发生碰撞的机会多，粘度就大。

在高压下（大于 6.865MPa）：
高压下气体粘度特性近似液体粘度特性。
（1）气体粘度随压力的增加而增加；
（2）气体粘度随温度的增加而降低；
（3）气体粘度随相对分子质量的增加而增加。

高压下气体粘度的这种特性，是因为高压下气体分子间的相互作用力成为主导作用的结果。

二、天然气粘度的确定

1. 查图法

实验表明：

$$\mu = f(m_g 或 \gamma_g, T) \tag{2—48}$$

$$\mu_g/\mu_1 = f(T_{pr}, p_{pr}) \tag{2—49}$$

式中 μ——0.101325MPa下，天然气的粘度，mPa·s；

μ_g——高压下天然气的粘度，mPa·s。

以式（2—48）和式（2—49）为基础，Carr等人发表了天然气在大气压和高压下的粘度图版，如图2—6和图2—7，可用于计算天然气的粘度。

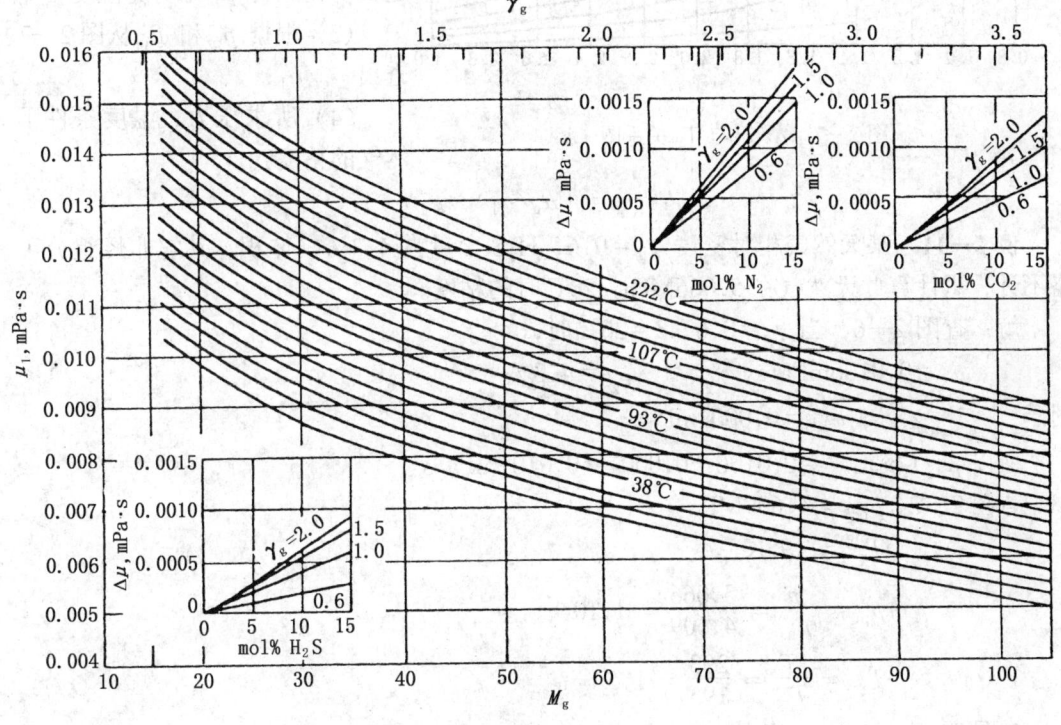

图2—6 大气压力下天然气的粘度

图2—6是在大气压下天然气的粘度与相对分子质量、相对密度、温度的关系曲线。图的右上角和左下角给出了N_2、CO_2和H_2S的粘度校正值。已知天然气的相对分子质量（或相对密度），即可求出各种温度下的粘度值μ_1或μ_1（校正）。

$$\mu_1(校正) = \mu_1 + \Delta\mu_{H_2S} + \Delta\mu_{CO_2} + \Delta\mu_{N_2} \tag{2—50}$$

式中 $\Delta\mu_{H_2S}$——H_2S的粘度校正值；

$\Delta\mu_{CO_2}$——CO_2的粘度校正值；

$\Delta\mu_{N_2}$——N_2的粘度校正值。

图2—7是高压下天然气的相对粘度（μ_g/μ_1）与对比压力、对比温度的关系曲线。已

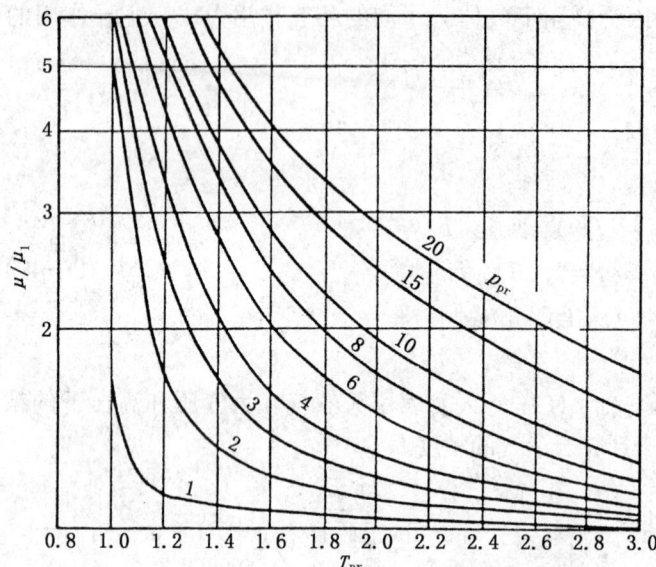

图 2—7 μ/μ_1 与 T_{pr} 关系图

知高压下天然气的对比参数，即可求出相对粘度。

用图 2—6 和图 2—7 确定任意压力、温度条件下气体粘度的方法如下：

（1）已知相对密度 γ_g（或相对分子质量 M_g）和温度 t，从图 2—6 查出在大气压下天然气的粘度 μ_1；

若天然气包含非烃组分，由非烃组分的含量确定 μ_1（校正）；

（2）根据天然气的相对密度确定其对比压力 p_{pr} 和对比温度 T_{pr}；

（3）根据 p_{pr} 和 T_{pr} 从图 2—7 中查出 μ_g/μ_1；

（4）所求压力、温度条件下天然气的粘度：

$$\mu_g = (\mu_g/\mu_1) \cdot \mu_1$$

例 2—11 某天然气相对密度 $\gamma_g = 0.6$，H_2S 含量占 4.3%（体积、其它非烃组分可忽略不计，试计算此天然气在 5.066MPa，20℃时的粘度。

解：查图 2—6，当 $\gamma_g = 0.6$，$t = 20$℃时，

$$\mu_1 = 0.0106 \text{mPa} \cdot \text{s} \qquad y_{H_2S} = 4.3\%$$

则

$$\Delta\mu_{H_2S} = 0.0001 \text{mPa} \cdot \text{s}$$

所以 μ_1（校正）$= 0.0106 + 0.0001 = 0.0107 \text{mPa} \cdot \text{s}$

查图 2—2，$p_{pc} = 4.609$MPa

$$T_{pc} = 195\text{K}$$

$$p_{pr} = \frac{p}{p_{pc}} = \frac{5.066}{4.609} = 1.10$$

$$T_{pr} = \frac{T}{T_{pc}} = \frac{293}{195} = 1.5$$

查图 2—7 μ_g/μ_1（校正）$= 1.1$

$\mu_g = \mu_g/\mu_1$（校正）$\cdot \mu_1$（校正）$= 1.1 \times 0.0107 = 0.0118 \text{mPa} \cdot \text{s}$

2．电算法

1）Dempsey 关系式

Dempsey 对 Carr 等人的图进行拟合，得到

$$\mu_1 = (1.709 \times 10^{-5} - 2.062 \times 10^{-6}\gamma_g)(1.8t + 32) + 8.188 \times 10^{-3} - 6.15 \times 10^{-3}\lg\gamma_g \tag{2-51}$$

$$\ln\left(\frac{\mu}{\mu_1}T_{pr}\right) = a_0 + a_1 p_{pr} + a_2 p_{pr}^2 + a_3 p_{pr}^3 + (a_4 + a_5 p_{pr} + a_6 p_{pr}^2 + a_7 p_{pr}^3)T_{pr}$$
$$+ (a_8 + a_9 p_{pr} + a_{10} p_{pr}^2 + a_{11} p_{pr}^3)T_{pr}^2 + (a_{12} + a_{13} p_{pr} + a_{14} p_{pr}^2 + a_{15} p_{pr}^3)T_{pr}^3 \tag{2-52}$$

式中粘度 μ 的单位为 mPa·s,温度单位为摄氏度（℃），其余符号同前。式（2—52）中的各系数值如下：

$a_0 = -2.46211820$
$a_1 = 2.97054714$
$a_2 = -2.86264054 \times 10^{-1}$
$a_3 = 8.05420522 \times 10^{-3}$
$a_4 = 2.80860949$
$a_5 = -3.49803305$
$a_6 = 3.60373020 \times 10^{-1}$
$a_7 = -1.04432413 \times 10^{-2}$
$a_8 = -7.93385684 \times 10^{-1}$;
$a_9 = 1.39643306$
$a_{10} = -1.49144925 \times 10^{-1}$
$a_{11} = 4.41015512 \times 10^{-3}$
$a_{12} = 8.39387178 \times 10^{-2}$
$a_{13} = -1.86408848 \times 10^{-1}$
$a_{14} = 2.03367881 \times 10^{-2}$
$a_{15} = -6.09579263 \times 10^{-4}$

已知 p、t，欲求 μ，计算步骤如下：

(1) 根据已知 t、γ_g，用式（2—51）求 μ_1。

(2) 根据 p_{pr}、T_{pr}，用式（2—52）求 $\dfrac{\mu}{\mu_1} T_{pr}$。

(3) 所求 μ 为：

$$\mu = \left(\frac{\mu}{\mu_1} T_{pr}\right) \cdot \frac{\mu_1}{T_{pr}} \tag{2—53}$$

2) Lee 关系式

1966 年 Lee 等人发表计算天然气高压粘度的关系式：

$$\mu = 10^{-4} K \exp(X \rho_g^Y) \tag{2—54}$$

其中

$$K = \frac{(9.4 + 0.02 M_g)(1.8T)^{1.5}}{209 + 19 M_g + 1.8T}$$

$$X = 3.5 + \frac{986}{1.8T} + 0.01 M_g$$

$$Y = 2.4 - 0.2X$$

注意 ρ_g 的单位不是前面常用的单位 kg/m^3，而是 g/cm^3，计算式为：

$$\rho_g = 3.4866 \frac{\gamma_g p}{ZT} \tag{2—55}$$

此法标准偏差 ±3%，最大偏差约为 10%。

3) 粘度的非烃校正

对于含有非烃（H_2S、CO_2 和 N_2）的天然气，在使用 Dempsey 或 Lee 的关系式计算气体粘度时，还应该进行非烃校正。下面介绍几种校正方法。

①非烃校正表现在对式（2—54）中的 K 值进行校正。

$$K' = K + K_{H_2S} + K_{CO_2} + K_{N_2} \tag{2—56}$$

式中，H_2S、CO_2 和 N_2 分别代表天然气中 H_2S、CO_2 和 N_2 存在时，引起的附加粘度校正系数。

对于 $0.6 < \gamma_g < 1.0$ 的天然气：

$$\left.\begin{array}{l}K_{H_2S} = y_{H_2S}(0.57\gamma_g - 0.17)\\ K_{CO_2} = y_{CO_2}(0.50\gamma_g + 0.17)\\ K_{N2} = y_{N_2}(0.50\gamma_g + 0.47)\end{array}\right\} \quad (2\text{—}57)$$

对于 $1.0 < \gamma_g < 1.5$ 的天然气：

$$\left.\begin{array}{l}K_{H_2S} = y_{H_2S}(0.29\gamma_g + 0.107)\\ K_{CO_2} = y_{CO_2}(0.24\gamma_g + 0.43)\\ K_{N_2} = y_{N_2}(0.23\gamma_g + 0.74)\end{array}\right\} \quad (2\text{—}58)$$

式中，y_{H_2S}、y_{CO_2} 和 y_{N_2} 分别代表天然气中 H_2S、CO_2 和 N_2 的体积百分数。

②用符号 μ'_1 表示 0.10325MPa 下已作过非烃校正的气体粘度。校正公式为：

$$\mu'_1 = \mu_1 + \Delta\mu_{H_2S} + \Delta\mu_{CO_2} + \Delta\mu_{N_2} \quad (2\text{—}59)$$

式中各校正系数为：

$$\left.\begin{array}{l}\Delta\mu_{H_2S} = [(3.4655579554 \times 10^{-3} + 0.13994495376291 y_{H_2S})\gamma_g^{1/4}\\ \qquad - (1.555431743 \times 10^{-4} + 0.1387255873785 y_{H_2S})] \times 10^{-6}\\ \Delta\mu_{CO_2} = [(-8.38144862453 \times 10^{-4} + 0.13100017945314 y_{CO_2})\gamma_g^{1/4}\\ \qquad + (4.5502339816 \times 10^{-3} - 0.0676192632106 y_{CO_2})] \times 10^{-6}\\ \Delta\mu_{N_2} = [(-0.02185407247 + 0.14252577276867 y_{N_2})\gamma_g^{1/4}\\ \qquad + (0.0154231926824 - 0.0467793427797 y_{N_2})] \times 10^{-6}\end{array}\right\} \quad (2\text{—}60)$$

符号 y_{H_2S}、y_{CO_2}、y_{N_2} 分别代表天然气中 H_2S、CO_2、N_2 的体积百分数。有了 μ'_1，即可用 Dempsey 的关系式计算高压粘度。

③Stading 方法。1977 年 Standing 发表的方法，校正公式同式 (2—59)。但式中各校正系数如下：

$$\left.\begin{array}{l}\Delta\mu_{H_2S} = y_{H_2S}(8.49\lg\gamma_g + 3.73) \times 10^{-5}\\ \Delta\mu_{CO_2} = y_{CO_2}(9.08\lg\gamma_g + 6.24) \times 10^{-5}\\ \Delta\mu_{N_2} = y_{N_2}(8.48\lg\gamma_g + 9.59) \times 10^{-5}\end{array}\right\} \quad (2\text{—}61)$$

式中符号及计算方法同前一方法。

例 2—12 已知 $\gamma_g = 0.8$，$T = 65.55℃$，$p = 13.79MPa$，$T_{pr} = 1.47$，$p_{pr} = 3.02$，$Z = 0.791$。求解：

(1) 用 Carr 等人的图确定 μ_g；

(2) 用 Dempsey 公式计算 μ_g；

(3) 用 Lee 关系式计算 μ_g；

(4) 如 $y_{H_2S}=20\%$，求 μ_g。

解：(1) 从图 2-6 查得 $\mu_1 = 0.0111 \text{mPa·s}$

从图 2-7 查得 $\dfrac{\mu_g}{\mu_1} = 1.61$，则：

$$\mu_g = \dfrac{\mu_g}{\mu_1} \cdot \mu_1 = 1.61 \times 0.0111 = 0.0179 (\text{mPa·s})$$

(2) Dempsey 法计算：

$$\mu_1 = (1.709 \times 10^{-5} - 2.062 \times 10^{-6} \times 0.8)(1.8 \times 65.55 + 32)$$
$$+ 8.188 \times 10^{-3} - 6.15 \times 10^{-3} \lg(0.8)$$
$$= 0.0111 (\text{mPa·s})$$

$$\ln\left(\dfrac{\mu}{\mu_1} T_{pr}\right) = a_0 + a_1 \times 3.02 + a_2 \times 3.02^2 + a_3 \times 3.02^3$$
$$+ (a_4 + a_5 \times 3.02 + a_6 \times 3.02^2 + a_7 \times 3.02^3) \times 1.47$$
$$+ (a_8 + a_9 \times 3.02 + a_{10} \times 3.02^2 + a_{11} \times 3.02^3) \times 1.47^2$$
$$+ (a_{12} + a_{13} \times 3.02 + a_{14} \times 3.02^2 + a_{15} \times 3.02^3) \times 1.47^3$$
$$= 0.8609806$$

$$\dfrac{\mu_g}{\mu_1} = 1.609$$

$$\mu_g = \dfrac{\mu_g}{\mu_1} \cdot \mu_1 = 1.609 \times 0.0111 = 0.0179 \text{mPa·s}$$

(3) 用 Lee 法计算：

$$M_g = 29\gamma_g = 29 \times 0.8 = 23.2$$

$$K = \dfrac{(19.4 + 0.02 \times 23.2)(1.8 \times 338.5)1.5}{209 + 19 \times 23.2 + 1.8 \times 338.55} = 117.84$$

$$X = 3.5 + \dfrac{986}{1.8 \times 338.55} + 0.01 \times 23.2 = 5.35$$

$$Y = 2.4 - 0.2 \times 5.35 = 1.33$$

$$\rho_g = 3.4866 \dfrac{0.8 \times 13.79}{0.79 \times 338.55} = 0.1438 (\text{g/cm}^3)$$

$$\mu_g = 10^{-4} K \exp(X \rho_g^Y)$$
$$= 10^{-4} \times 117.84 \exp(5.35 \times 0.1438^{1.33})$$
$$= 0.0177 (\text{mPa·s})$$

(4) H_2S 校正用式 (2-58)：

$$K_{H_2S} = 20(0.57 \times 0.8 - 0.17) = 5.72$$

$$K' = 117.84 + 5.72 = 123.56$$

$$\mu_g = 10^{-4} \times 123.56 \exp(5.35 \times 0.1438^{1.33}) = 0.0185 (\text{mPa·s})$$

思考题

1. 解释名词：天然气、相对密度、粘度。
2. 影响气体粘度变化的因素有哪些？这些因素是如何影响气体粘度变化的？
3. 已知 200L 天然气中含有 CH_4 196L，C_2H_6 3L，C_3H_8 0.6L，N_2 0.4L。求此天

然气的体积组成、质量组成和摩尔组成。

4. 在 0.4MPa，25℃下的天然气 1000m³，假定 0.101325MPa，20℃下每 1m³ 天然气售价为 0.65 元，试计算此天然气值多少元？

5. 已知气体组成如下表：

组分	摩尔组成	组分	摩尔组成
N_2	0.0236	iC_4H_{10}	0.0003
CO_2	0.0164	nC_4H_{10}	0.0003
H_2S	0.1841	iC_5H_{12}	0.0001
CH_4	0.7700	nC_5H_{12}	0.0001
C_2H_6	0.0042	C_6H_{14}	0.0001
C_3H_8	0.0005	$C_7H_{16}^+$	0.0003

计算以下气体参数（可编程上机计算）。

(1) 天然气相对分子质量 M_g；

(2) 天然气相对密度 γ_g；

(3) 天然气拟临界参数 p_{pc}，T_{pc}；

(4) 校正后的拟临界参数 p_{pc}'，T_{pc}'；

(5) 计算 $t = 50℃$，$p = 50MPa$ 时，天然气的偏差系数 Z；并将结果列表对比：

① 利用图表法计算。

② 利用 DPR 方法计算。

(6) 利用 Mattar–Brar–Aziz 方法计算 $t = 50℃$，$p = 50MPa$ 时天然气的等温压缩率；

(7) $t = 50℃$，$p = 50MPa$，计算天然气的体积系数；

(8) $t = 50℃$，$p = 50MPa$，计算天然气的粘度 μ_g：

① 查图法计算。

② Dempsey 的关系式计算。

③ Lee 等人的关系式计算。

④ 对粘度进行非烃较正。

6. 已知天然气的组成如下：

组分	摩尔组成	组分	摩尔组成
CH_4	0.8319	nC_4H_{10}	0.0168
C_2H_6	0.0848	iC_5H_{12}	0.0057
C_3H_8	0.0437	nC_5H_{12}	0.0032
$iC_{14}H_{10}$	0.0076	C_6H_{14}	0.0063

试用天然气偏差系数状态方程求 $t = 50℃$，$p = 50MPa$ 时天然气的千摩体积 V_m。

参 考 文 献

杨继盛编．采气工艺基础．北京：石油工业出版社，1992

［美］H.B.布雷德利主编．石油工程手册．北京：石油工业出版社，1996

《气藏和气井动态分析及计算程序》编写组编著．气藏和气井动态分析及计算程序，北京：石油工业出版社，1996

王鸣华主编．气藏工程．北京：石油工业出版社，1997

四川石油管理局编．天然气工程手册．（上、下册）北京：石油工业出版社，1987

第三章 天然气在井筒中的流动和气井生产系统分析

气井生产系统分析也称生产井压力系统分析,或称节点(NODAL)分析。它是研究气田开发系统的气藏工程、采气工程和集输工程之间压力与流量关系的方法。这个方法的特点就是把气田作为一个统一的开发系统,将气藏工程、采气工程、集输工程有机地结合起来,即以气藏流入条件为基础,把气井从气藏经完井井段、井底、油管、人工举升装置、井口、地面管线至分离器的各个生产环节作为一个完整的压力系统来考虑,就其各个部分在生产过程中的压力消耗进行综合分析,以气藏能量及预测在生产过程中各节点压力变化的综合分析为依据,从而预测改变有关部分的主要参数或工作制度后气井产量的变化,优化设计出最大发挥气藏能量利用率的油管直径、井身结构、生产管柱结构、投产方式,并为采气工艺方式及地面集输工程设计提供可靠的技术决策依据。为此,需掌握气井生产系统分析基本概念及原理;对天然气在流动过程中的压力与流量关系进行分析研究;建立节点分析系统数学模型,并在此基础上,用生产系统分析方法解决生产实际问题,从而发挥气藏的生产潜力,提高气藏开发的采收率和经济效益。

如果将气层到用户视为一个生产系统,井底仅为其中的一个节点。若要研究这一节点,不仅要研究从地层到井底的流入,还要研究从井底到用户的流出。地层压力一定,在任意一个井底回压下,流入井底的气体能否输给用户,取决于从井底到用户的流出系统。

考虑井底节点流出的这一方,它又包括井筒、井口气嘴和集气管线等若干子系统,如:

$$p_{wf} = \Delta p_{tb} + \Delta p_{ch} + \Delta p_{fl} + p_{sep} \tag{3—1}$$

式中　p_{wf}——气井井底流动压力;

　　　Δp_{tb}——井筒流动压降(含油管或环形空间);

　　　Δp_{ch}——井底气嘴、井下安全阀和井口气嘴等节流阀件的压降;

　　　Δp_{fl}——集气管线内的压降;

　　　p_{sep}——分离器回压。

为了确定整个气田生产系统的优化采气,在研究气井流入动态的同时,还应对井底到用户的各个子系统逐一进行分析。

天然气在井筒中的流动是首先要讨论的问题,目的在于建立井底压力、井口压力和井口产气量之间的关系式,即 Δp_{tb}—q_{sc} 关系式。内容包括单相流(气流)、气液两相流、油管流动与环形空间流动。

第一节　气体稳定流动能量方程

气体稳定流动能量方程是采气工程中的重要公式,很多工程问题的求解都要用它,其重要性可以和渗流力学中的达西公式相比拟,在工程热力学中已经作过详细论述。

一、气体稳定流动能量方程

气体稳定流动是指气体在流动时,任一截面处的流速、流量和压力等与流动有关的物理量都不随时间而变化,流入与流出的质量守恒、功和热的交换也是一个定值。

关于油管、套管或环形空间中流动流体的能量关系,可以从能量平衡理论获得。在流动状态下的流体携带着能量,而且能量总是由流体传送到它的周围或者从周围传送给流体。流体所携带的能量包括有:(1)内能 U;(2)动能 $mu^2/2$;(3)位能 mgH 和(4)压力能 pV。在流体和它的周围之间所传送的能量包括有:(1)吸收或放出的热 q;(2)流动流体的或是作用于流体的功 W。

物质守恒定律,也就是热力学第一定律说明,内能加上动能、位能再加上压力能的变化总和为零。图 3—1 所示的管段,从点 1 到点 2,它们和周围之间,如以上所列举的各项能量变化的平衡关系,可以为一个单位质量的流体写出如下的能量方程:

$$e_2 + \frac{u_2^2}{2} + gH_2 + p_2v_2 = e_1 + \frac{u_1^2}{2} + gH_1 + p_1v_1 + q - W \qquad (3-2)$$

式中 e——比内能,J/kg;
u——速度,m/s;
g——重力加速度,m/s²;
H——与基准面的高差,m;
p——压力,Pa;
v——比热容,m³/kg;
q——从周围吸取的热量,J/kg;
W——流动中流体所作的功,J/kg。

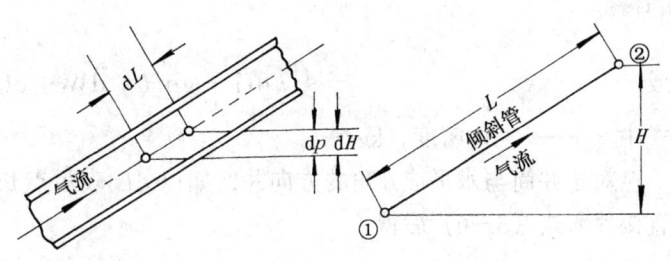

图 3—1 管段能量示意图

以上的能量平衡方程是以一个单位质量的流动流体为基础导出的,并且假设在这一系统之中,在点 1 和点 2 之间不发生有净的物质和能量的积聚现象。方程(3—2)也可以写成如下形式:

$$\Delta e + \Delta\left(\frac{u^2}{2}\right) + g\Delta H + \Delta(pv) = q - W \qquad (3-3)$$

根据热力学第一定律和熵的定义式,有:

$$\Delta e = \int_{s_1}^{s_2} T\mathrm{d}s + \int_{v_1}^{v_2} p(-\mathrm{d}v)$$

而且

$$\int_{s_1}^{s_2} T\mathrm{d}s = q + L_\mathrm{w}$$

式中 T——温度,K;
S——熵;
L_w——不可逆能量损失,J/kg。

$$\Delta(p\nu) = \int_{\nu_1}^{\nu_2} p\mathrm{d}\nu + \int_{p_1}^{p_2} \nu\mathrm{d}p$$

方程（3—3）又可以写作更通俗的形式如下：

$$\int_{p_1}^{p_2} \nu\mathrm{d}p + \Delta(\frac{u^2}{2}) + g\Delta H + W + L_w = 0 \tag{3—4}$$

上式叫做气体稳定流动的积分表达式，式中 $\int_{p_1}^{p_2} \nu\mathrm{d}p$ 称为技术功。式（3—4）可用微分形式写成：

$$\nu\mathrm{d}p + u\mathrm{d}u + g\mathrm{d}H + \mathrm{d}W + \mathrm{d}(L_w) = 0 \tag{3—5}$$

或

$$\frac{\mathrm{d}p}{\rho} + u\mathrm{d}H + g\mathrm{d}H + \mathrm{d}W + \mathrm{d}(L_w) = 0 \tag{3—6}$$

式中　ρ——气体密度，kg/m^3。

对于井筒与水平成 θ 角的方向井，如以 $\mathrm{d}L$ 表示点长，$\mathrm{d}H$ 表示点高，则 $\mathrm{d}H = \mathrm{d}L\sin\theta$，直接代入式（3—6）后得：

$$\frac{\mathrm{d}p}{\rho} + u\mathrm{d}u + g\mathrm{d}L\sin\theta + \mathrm{d}W + \mathrm{d}(L_w) = 0 \tag{3—7}$$

式（3—7）是文献中经常见到的气体稳定流动能量方程式。对于垂直管，$\theta = 90°$，$\sin\theta = \sin(90°) = 1$

对于水平管，$\theta = 0°$，$\sin\theta = \sin(0°) = 0$

在式（3—7）中值得注意的一点是 $\mathrm{d}(L_w)$，将在本节最后说明。

气体稳定流动能量方程除前面介绍的积分式、微分式外，也经常用压降梯度表示。

因为在图 3—1 所示的系统中，流动的流体既未作功也未被加功，在此情况下，$\mathrm{d}W$ 等于零，因而可得到以下方程：

$$\frac{\mathrm{d}p}{\rho} + u\mathrm{d}u + g\mathrm{d}L\sin\theta + \mathrm{d}(L_w) = 0 \tag{3—8}$$

用 $\frac{\rho}{\mathrm{d}L}$ 乘式（3—8）中的每一项，可得：

$$\frac{\mathrm{d}p}{\mathrm{d}L} + \frac{\rho u\mathrm{d}u}{\mathrm{d}L} + g\rho\sin\theta + \frac{\rho\mathrm{d}(L_w)}{\mathrm{d}L} = 0 \tag{3—9}$$

考虑到井筒内气体向上流动时，沿气流方向压力是逐渐递减的，上式可写为：

$$\frac{\mathrm{d}p}{\mathrm{d}L} = g\rho\sin\theta + \frac{\rho u\mathrm{d}u}{\mathrm{d}L} + \frac{\rho\mathrm{d}(L_w)}{\mathrm{d}L} \tag{3—10}$$

或
$$\frac{\mathrm{d}p}{\mathrm{d}L} = (\frac{\mathrm{d}p}{\mathrm{d}L})_{\mathrm{el}} + (\frac{\mathrm{d}p}{\mathrm{d}L})_{\mathrm{acc}} + (\frac{\mathrm{d}p}{\mathrm{d}L})_{\mathrm{f}} \tag{3—11}$$

式中 $\frac{\mathrm{d}p}{\mathrm{d}L}$——总梯度，N/(m²·m)；

$(\frac{\mathrm{d}p}{\mathrm{d}L})_{\mathrm{el}}$——举升压降梯度，$(\frac{\mathrm{d}p}{\mathrm{d}L})_{\mathrm{el}} = g\rho\sin\theta$，N/(m²·m)；

$(\frac{\mathrm{d}p}{\mathrm{d}L})_{\mathrm{acc}}$——加速度压降梯度，$(\frac{\mathrm{d}p}{\mathrm{d}L})_{\mathrm{acc}} = \frac{\rho u \mathrm{d}u}{\mathrm{d}L}$，N/(m²·m)；

$(\frac{\mathrm{d}p}{\mathrm{d}L})_{\mathrm{f}}$——摩阻梯度，$(\frac{\mathrm{d}p}{\mathrm{d}L})_{\mathrm{f}} = \frac{\rho \mathrm{d}(L_{\mathrm{w}})}{\mathrm{d}L}$，N/(m²·m)。

式（3—10）和式（3—11）都为用压力梯度表示气体稳定流动能量方程式。

以上介绍的气体稳定流动能量方程式，无论是用哪种形式表示，都是一种通用公式。如何用它解决系统工程中的实际问题，取决于问题的性质和求解目标。问题性质诸如流体是单相还是两相，是水平管、垂直管还是倾斜管等。求解目标指气体流量、压差或是管件尺寸或其它参数。解题的一般思路如下：

（1）针对求解问题的具体情况将通用公式简化；

（2）对有关参数进行状态换算和应用单位换算；

（3）将换算后的有关参数代入公式，或在某些假设条件下积分，或用数值方法求解，导出计算所需的公式。

这是运用气体稳定流动能量方程解决生产问题的一般步骤。

二、管内摩阻

1. 达西阻力公式

在气体稳定流动能量方程中，气体管内流动的摩阻计算极为重要。对于单相流体，无论是水或是气，水力学中介绍的达西阻力公式是计算管内摩阻的基本公式。

达西阻力公式为：
$$L_{\mathrm{w}} = \frac{fu^2 L}{2d} \tag{3—12}$$

或
$$\mathrm{d}(L_{\mathrm{w}}) = \frac{fu^2}{2d}\mathrm{d}L \tag{3—13}$$

式中 f——摩阻系数；

d——管径，m；

L——长度，m。

2. 摩阻系数的确定

确定式中的摩阻系数 f，手算时可用查图法（图 3—2），电算时常用公式法计算。

1）查图法

对于单相流动状态而言，无量纲的摩擦因子 f 相关为无量纲雷诺数项 $du\rho/\mu$，其中 μ 为粘度（mPa·s）。也有人建议应用量纲分析的方法来找出它的关系式。这两种情况的结果如下：

$$f = F_1(\frac{du\rho}{\mu}) \tag{3—14}$$

上式中的 F_1 为雷诺数的函数。

在过去若干年中，方程（3—14）曾作为大量试验数据的相关基础而应用于单相流动，式（3—10）、（3—12）和（3—14）则被应用于多相流动。把管子的表面特性考虑为绝对粗糙度 e（它指的是管壁不平部分峰与谷之间的距离），并用一项无量纲的相对粗糙因子 e/d

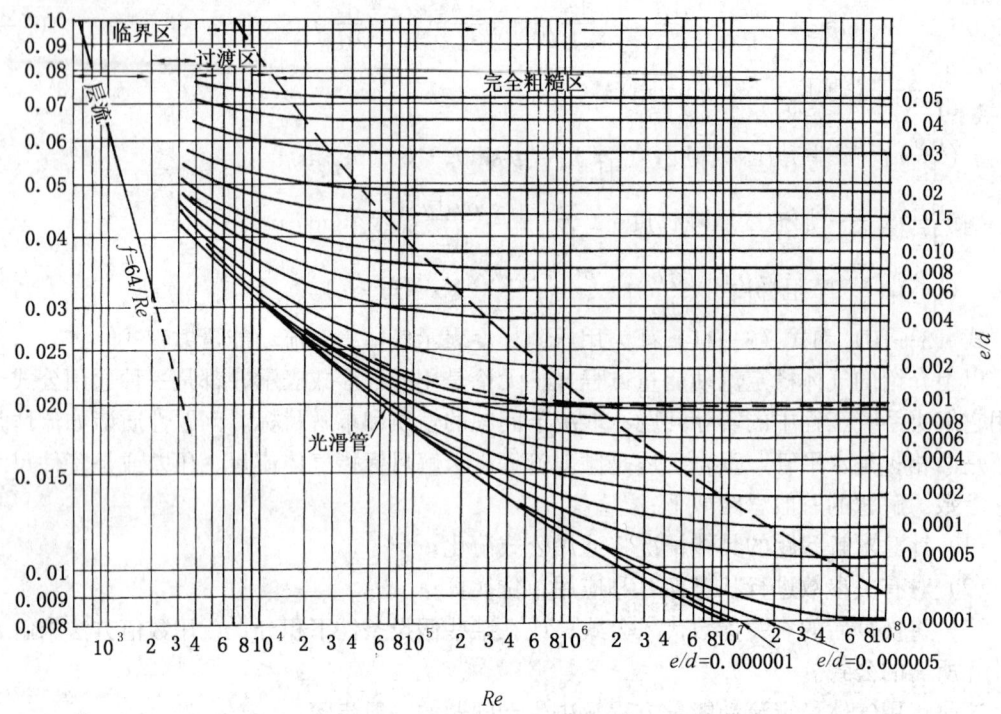

图 3—2 单相管流 Moody 图

来表示，这一作法对单相流动的相关式改进如下：

$$f = F_2[(\frac{du\rho}{\mu})(\frac{e}{d})] \tag{3—15}$$

上式中的 F_2 是雷诺数和相对粗糙度的函数。

图 3—2 是用方程（3—15）作出的相关关系曲线图，称为 Moody 图，即在各种相对粗糙度下，摩阻系数与雷诺数的关系图。

在图中，一直延伸到雷诺数为 2000 的层流区域，可用一个直线关系 $f=64/N_{Re}$ 来表示。当雷诺数介于 2000 和 4000 之间时，流动变为不稳定状态。达到 4000 以上时，普遍进入湍流状态，而且当雷诺数再增大时，物理性质的影响就会减弱。事实上，已经证明，当雷诺数变得很大时，摩擦因子就只和相对粗糙度 e/d 的大小有关。

2）电算法

随着计算手段的改进，为了满足编制计算机程序的需要，不少学者提出了计算摩阻系数的电算公式，如 Colebrook 公式、Jain 公式和 Chen 公式等，这里简要介绍一下四川盆地气田广泛采用的 Jain 公式。

$$\frac{1}{\sqrt{f}} = 1.14 - 2\lg(\frac{e}{d} + \frac{21.25}{N_{Re}^{0.9}}) \tag{3—16}$$

式中　N_{Re}——雷诺数。

$$N_{Re} = \frac{du \cdot \rho}{\mu_g} \tag{3—17}$$

采用如下常用单位：

q_{sc}——气体流量，m^3/d；

d——管径，m；

μ_g——气体粘度，mPa·s；

γ_g——气体相对密度。

$$N_{Re} = 51.35\left(\frac{p_{sc}}{T_{sc}}\right)\frac{q_{sc}\gamma_g}{d\mu_g} \tag{3—18}$$

取 $p_{sc}=0.101325\text{MPa}$，$T_{sc}=273\text{K}$，则有：

$$N_{Re} = \frac{1.776 \times 10^{-2}\gamma_g q_{sc}}{d\mu_g} \tag{3—19}$$

对于不同管材的各种直径管子，相对粗糙度 e/d 应查有关手册。如果没有这方面资料，对已使用过的油管和气管，建议取 $e=0.00001524\text{m}$（0.0006in）。

第二节 气井井底压力计算

在气藏工程和采气工程中，气层压力和井底流压都是十分重要的数据。取得这些数据的途径，一是下入井下压力计实测，二是通过井口压力计算。

计算气井井底压力分静止气柱和流动气柱两种计算方法。气井关井时，油管和环形空间内的气柱都不流动。井口压力稳定后，录取井口最大关井压力，按静止气柱公式计算气层压力。

气井生产时，计算井底压力的方法视气井生产情况而定。一般而言，只要存在静止气柱和油、套管之间没有封隔器封隔，尽可能用静止气柱公式计算井底压力，这是一条应该遵循的原则。例如，如果油管采气、套管闸门关闭，油管与环形空间连通。通常，这种情况录取井口套管压力，仍按静止气柱计算井底流动压力；反之，环形空间采气而油管生产闸门关闭，油管与环形空间连通、录取井口油管压力后仍按静止气柱计算井底流动压力。

如果气井采气时找不到静止气柱，例如，油管和环形空间同时采气或者井下有封隔器，这种情况只能录取井口流动压力，按流动气柱公式计算井底流动压力。

本节的中心内容就是介绍静止气柱、流动气柱计算井底压力的一些方法。首先，讲述气体稳定流动能量方程如何用于解决井筒流动这一具体问题，然后对产液量大的气井，我们将对哈根多恩和布朗方法进行介绍。

一、气体垂管流动

气体从井底沿油管流到井口具有以下特点：

(1) 从管鞋到井口没有功的输出，也没有功的输入，即 $dW=0$；

(2) 对于气体流动，动能损失相对于总的能量损失可以忽略不计，即 $udu=0$；

(3) 讨论垂直管流，$\theta=90°$，$\sin\theta=1$，$dL=dH$。

考虑以上三点，式（3—7）可以简化为

$$\frac{dp}{\rho} + gdH + \frac{fu^2 dH}{2d} = 0 \tag{3—20}$$

式中　　p——压力，Pa；
　　　　ρ——流动状态下的气体密度，kg/m³；
　　　　g——重力加速度，m/s²；
　　　　H——垂向油管长度，m；
　　　　f——Moody 摩阻系数；
　　　　u——气体流速，m/s；
　　　　d——油管内径，m。

如果采用实用单位 p = MPa，q_{sc} = m³/d，其他单位不变，同时标准状态取为 q_{sc} = 0.101325MPa，T_{sc} = 293K。则任意流动状态（p、T）下，气体的流速 u 可用流量和油管截面积表示为：

$$u = B_g u_{sc} = B_g \cdot \frac{q_{sc}}{\frac{\pi d^2}{4}}$$

$$= \left(\frac{q_{sc}}{86400}\right)\left(\frac{T}{293}\right)\left(\frac{0.101325}{p}\right)\left(\frac{Z}{1}\right)\left(\frac{4}{\pi}\right)\left(\frac{1}{d^2}\right) \tag{3—21}$$

在同一状态（p、T）下的气体密度为：

$$\rho = \frac{M_g p}{ZRT} = \frac{28.97 \gamma_g p}{0.008314 ZT} \tag{3—22}$$

将式（3—21）和式（3—22）代入式（3—20），并用重力加速度 g = 9.81m/s² 除全式，整理后得：

$$\frac{10^6 \times 0.008314}{28.97 \times 9.81 \gamma_g}\left(\frac{ZT}{p}\right)dp + dH + \left(\frac{f}{2 \times 9.81 d}\right)\left(\frac{0.101325 \times 4}{86400 \times 293 \pi}\right)^2 \left(\frac{q_{sc} TZ}{pd^2}\right)^2 dH$$

$$= \frac{1}{0.03415 \gamma_g}\left(\frac{ZT}{p}\right)dp + dH + 1.324 \times 10^{-18} \frac{f(q_{sc}TZ)^2}{p^2 d^5} dH = 0$$

分离变量积分，可得：

$$\int_{p_1}^{p_2} \frac{\frac{ZT}{p} dp}{1 + \frac{1.324 \times 10^{-18} f(q_{sc}TZ)^2}{d^5 p^2}} = \int_{H_1}^{H_2} 0.03415 \gamma_g dH \tag{3—23}$$

已知井口条件下的诸参数，要计算井底压力，这实质上就是要对式（3—23）进行积分。从式（3—23）可以看到，方程左端的积分号有 p、T 和 Z，直接积分是困难的。多少年来为求解这一积分，不少学者提出各自的假设，力图简化求解；从而发表了许多计算井底压力的方法，本节不再详细介绍，现将目前国内用的和世界各国公认较好的计算方法编入本章，即包括平均温度和平均偏差系数方法，Cullender 和 Smith 计算方法。下面按静止气柱、流动气柱的顺序，分别对这两种方法逐一介绍。

二、静止气柱井底压力的计算

对于静止气柱 q_{sc} = 0，式（3—23）可进一步简化为：

$$\int_{p_{ts}}^{p_{ws}} \frac{ZT}{p} dp = \int_0^H 0.03415 \gamma_g dH \tag{3—24}$$

1. 平均温度、平均偏差系数计算方法

假设 $T=\overline{T}=$ 常数，$Z=\overline{Z}=$ 常数，即将全井筒的温度，天然气偏差系数视为常数，这一常数分别用其数学平均值来代替，则 $\overline{T}$、$\overline{Z}$ 与压力无关，可以从积分号内提出，式（3—24）可简化为：

$$\overline{TZ}\int_{p_{ts}}^{p_{ws}}\frac{\mathrm{d}p}{p}=0.03415\gamma_g\int_0^H\mathrm{d}H \qquad (3-25)$$

对式（3—25）积分后整理得：

$$\ln\frac{p_{ws}}{p_{ts}}=\frac{0.03415\gamma_g H}{\overline{TZ}}$$

或

$$p_{ws}=p_{ts}\exp\frac{0.03415\gamma_g H}{\overline{TZ}} \qquad (3-26)$$

式中 p_{ws}——静止气柱方法计算的井底压力（或地层压力），MPa；

p_{ts}——静止气柱的井口最大关井压力，MPa；

γ_g——气体相对密度；

H——井口到气层中部深度，m；

$\overline{T}$——井筒内气体平均绝对温度 $\overline{T}=(T_{ts}+T_{ws})/2$，K；

T_{ts}、T_{ws}——表示静止气柱的井口、井底绝对温度，K；

$\overline{Z}$——井筒气体平均偏差系数，有两种考虑方法，即

$$\overline{Z}=f(\overline{p}、\overline{T}) \text{ 和 } \overline{Z}=(Z_{ts}+Z_{ws})/2$$

$$\overline{p}=(p_{ts}+p_{ws})/2$$

$\overline{p}$——井筒气体平均压力，MPa；

Z_{ts}、Z_{ws}——表示静止气柱井口、井底条件下的天然气偏差系数。

显然，已知井口条件下诸参数，无论用何种方法计算 $\overline{Z}$，首先都要对未知数 p_{ws} 赋初值，计算时可用迭代法试算 p_{ws}，解题步骤如下：

（1）首先采用不考虑温度变化和天然气压缩性对气柱重量相当压力影响时近似计算井底压力的式（3—27）或（3—28）对 p_{ws} 赋初值：

$$p_{ws}^{(0)}=(1+7.523\times10^{-5}H)p_{ts} \qquad (3-27)$$

或

$$p_{ws}^{(0)}=p_{ts}\times e^{1.293\times10^{-4}r_g H}(H<1680\mathrm{m}\text{ 时})$$
$$=p_{ts}e\times e^{1.251\times10^{-4}r_g H}(H>1680\mathrm{m}\text{ 时}) \qquad (3-28)$$

（2）根据 $\overline{p}$、$\overline{T}$ 和 γ_g 求 $\overline{Z}$。

（3）代 $\overline{Z}$ 入式（3—26）计算 $p_{ws}^{(1)}$。如 $p_{ws}^{(1)}$ 与 $p_{ws}^{(0)}$ 之差符合规定的精度要求，则 $p_{ws}=p_{ws}^{(1)}$，即为所求。反之，继续迭代到符合规定的精度。

如用计算机计算,有多种算法:可取 $Z=1$ 为初值,或取 $p_{ws}^{(0)} = p_{ts}$ 为初值;或规定迭代次数,一般迭代5次即可满足工程要求。对于深井(井深>3000m),为提高计算深度,可将井深分为2~3段,计算可分段进行。

例3—1 气井试井取得如下数据,计算气层压力:$p_{ts}=15.8585$MPa,$T_{ts}=294.11$K,$T_{ws}=344.11$K,$H=1764.8$m,$p_{pc}=4.6334$MPa,$T_{pc}=198.2$K,$\gamma_g=0.6$。

解:$p_{ws} = p_{ts}\exp\dfrac{0.03415\gamma_g H}{\overline{T}\overline{Z}}$

$\qquad = 15.8585\exp\dfrac{0.03415\times 0.6\times 1764.8}{319.11\overline{Z}}$

$\qquad = 15.8585\exp\dfrac{0.1133}{\overline{Z}}$

第一次试算:参考邻井资料,取 $p_{ws}^{(0)}=17.2375$(MPa),$\overline{p}=(15.8585+17.2375)/2=16.548$(MPa),$p_{pr}=\dfrac{\overline{p}}{p_{pc}}=3.57$,$T_{pr}=\dfrac{\overline{T}}{T_{pc}}=1.61$,$\overline{Z}=0.820$,则:

$p_{ws}=15.8585 e^{\frac{0.1133}{0.820}}=18.208$(MPa)

第二次试算:$\overline{p}=17.033$MPa,$p_{pr}=3.676$,$T_{pr}=1.61$,$\overline{Z}=0.822$,则:

$p_{ws}=18.202$MPa

比较两次试算结果 p_{ws} 相差甚微,故所求气层压力为:

$p_{ws}=18.202$MPa

2. Cullender—Smith 方法

在没有对 T 和 Z 值作出假设时,对方程(3—24)就无法进行数学积分,但是在一定范围内可以用梯形法则进行积分:

如果令 $I=\dfrac{ZT}{p}$,则:

$$\int_{p_{ts}}^{p_{ws}}\dfrac{ZT\mathrm{d}p}{p} = \int_{p_{ts}}^{p_{ws}}I\mathrm{d}p = 0.03415\gamma_g H$$

$$= \dfrac{1}{2}[(p_2-p_1)(I_2+I_1)+(p_3-p_2)(I_3+I_2)+\cdots+(p_n-p_{n-1})(I_n+I_{n-1})]$$

(3—29)

那么就可以得到:

$$2\times 0.03415\gamma_g H = [(p_2-p_1)(I_2+I_1)+(p_3-p_2)(I_3+I_2)+\cdots$$
$$+(p_n-p_{n-1})(I_n+I_{n-1})]$$

上式中的 I_1,I_2,I_3,$\cdots$,I_n 是各个压力值相对应的梯形法则分段值,Cullender 和 Smith 应用一种两步梯形积分法对积分式 $\int_{p_{ts}}^{p_{ws}}\dfrac{ZT}{p}\mathrm{d}p$ 进行数值积分,解题思路如下:

(1)将井深等分为二,即井口至中点($H/2$)、中点至井底,取上面积分展开式的前两项。

$$2\times 0.03415\gamma_g H = (p_{ms}-p_{ts})(I_{ms}+I_{ts})+(p_{ws}-p_{ms})(I_{ws}+I_{ms}) \quad (3—30)$$

式中 p_{ms}——井中点的未知压力,MPa;

I_{ms}——在 p_{ms}、T_{ms}(中点温度)条件下的 I,K/MPa,即

$$I_{ms} = \frac{Z_{ms}T_{ms}}{p_{ms}}$$

p_{ts}——井口压力，MPa；

I_{ts}——在 p_{ts}、T_{ts} 条件下的 I，K/MPa，即

$$I_{ts} = \frac{T_{ts}Z_{ts}}{p_{ts}}$$

p_{ws}——井底压力，MPa；

I_{ws}——在 p_{ws}、I_{ws} 条件下的 I，K/MPa，即

$$I_{ws} = \frac{T_{ws}Z_{ws}}{p_{ws}}$$

(2) 分三步计算 p_{ws}。首先根据井口已知参数计算井中点的压力 p_{ms}；其次，根据求出的 p_{ms} 和中点已知参数计算井底压力 p_{ws}，然后应用 Simpson 法则求出一个更精确的井底压力数值。对于上段油管：

$$0.03415\gamma_g H = (p_{ms} - p_{ts})(I_{ms} + I_{ts}) \tag{3—31}$$

对于下段油管：

$$0.03415\gamma_g H = (p_{ws} - p_{ms})(I_{ws} + I_{ms}) \tag{3—32}$$

(3) 分别计算 p_{ms}、p_{ws}：

上段
$$p_{ms} = p_{ts} + \frac{0.03415\gamma_g H}{I_{ms} + I_{ts}} \tag{3—33}$$

式中 p_{ms} 和 I_{ms} 皆为未知数，故需用迭代法计算 p_{ms}。

下段
$$p_{ws} = p_{ms} + \frac{0.03415\gamma_g H}{I_{ws} + I_{ms}} \tag{3—34}$$

式中 p_{ws} 和 I_{ws} 皆为未知数，故需用迭代法计算 p_{ws}。

应用 Simpson 公式计算：

$$0.03415\gamma_g H = \frac{p_{ws} - p_{ts}}{6}(I_{ts} + 4I_{ms} + I_{ws})$$

$$p_{ws} = p_{ts} + \frac{0.2049\gamma_g H}{I_{ts} + 4I_{ms} + I_{ws}} \tag{3—35}$$

已知 p_{ts}，利用式（3—33）求解 p_{ms}，计算步骤如下。

对于上段油管：

(1) 首先对 p_{ms} 赋初值，取 $I_{ms}^{(0)} = I_{ts}$，则：

$$p_{ms} = p_{ts} + \frac{0.03415\gamma_g H}{2I_{ts}}$$

(2) 计算 I_{ms}。

(3) 由下式计算 p_{ms}：

$$p_{\mathrm{ms}} = p_{\mathrm{ts}} + \frac{0.03415\gamma_{\mathrm{g}}H}{I_{\mathrm{ms}} + I_{\mathrm{ts}}}$$

(4) 检查 p_{ms} 是否满足精度要求。否则，重复（2）到（3）步，直到满足精度要求。
已知 p_{ms}，利用式（3—34）求解 p_{ws}，计算步骤同前面求解 p_{ms}；
对于下段油管：
(1) 取 $I_{\mathrm{ws}} = I_{\mathrm{ms}}$

$$p_{\mathrm{ws}} = p_{\mathrm{ms}} + \frac{0.03415\gamma_{\mathrm{g}}H}{2I_{\mathrm{ms}}}$$

(2) 计算 I_{ws}。
(3) $p_{\mathrm{ws}} = p_{\mathrm{ms}} + \dfrac{0.03415\gamma_{\mathrm{g}}H}{I_{\mathrm{ws}} + I_{\mathrm{ms}}}$。
(4) 检查 p_{ws} 是否满足精度要求。否则，重复（2）和（3）步，直到满足精度要求。
(5) $p_{\mathrm{ws}} = p_{\mathrm{ts}} + 0.2049\gamma_{\mathrm{g}}H/(I_{\mathrm{ts}} + 4I_{\mathrm{ms}} + I_{\mathrm{ws}})$。

例 3—2 利用 Cullender–Smith 计算方法，重新计算例 3—1。
解：对于上段油管：
(1) $0.03415\gamma_{\mathrm{g}}H = 0.03415 \times 0.6 \times 1764.8 = 36.1608$
(2) $p_{\mathrm{pr}} = \dfrac{p_{\mathrm{ts}}}{p_{\mathrm{pc}}} = \dfrac{15.8585}{4.6334} = 3.42$

$T_{\mathrm{pr}} = \dfrac{T_{\mathrm{ts}}}{T_{\mathrm{pc}}} = \dfrac{294.11}{198.2} = 1.48$

$Z_{\mathrm{ts}} = 0.765$

$I_{\mathrm{ts}} = \dfrac{Z_{\mathrm{ts}}T_{\mathrm{ts}}}{p_{\mathrm{ts}}} = \dfrac{0.765 \times 294.11}{15.8585} = 14.2 (\mathrm{K/MPa})$

(3) $I_{\mathrm{ms}} = I_{\mathrm{ts}} = 14.2$
(4) $p_{\mathrm{ms}} = 15.8585 + \dfrac{36.1608}{2 \times 14.2} = 17.132$（MPa）
(5) $p_{\mathrm{pr}} = \dfrac{17.132}{4.6334} = 3.70$

$T_{\mathrm{pr}} = \dfrac{319.11}{198.2} = 1.61$

$Z_{\mathrm{ms}} = 0.820$

$I_{\mathrm{ms}} = \dfrac{0.820 \times 319.11}{17.132} = 15.3$（K/MPa）

(6) $p_{\mathrm{ms}} = 15.8585 + \dfrac{36.1608}{14.2 + 15.3} = 17.084$（MPa）
前后计算得到的 p_{ms} 相差较大，再次迭代。

(7) $p_{\mathrm{pr}} = \dfrac{17.084}{4.6334} = 3.69$

$T_{\mathrm{pr}} = 1.61$

$Z_{\mathrm{ms}} = 0.820$

$I_{\mathrm{ms}} = \dfrac{0.820 \times 319.11}{17.084} = 15.3(\mathrm{K/MPa})$

$$p_{ms} = 15.8585 + \frac{36.1608}{14.2 + 15.3} = 17.084 (\text{MPa})$$

前后计算的 p_{ms} 相同，取 $p_{ms} = 17.084 \text{MPa}$。

(8) 对于下段油管的计算方法相同，不再重复，最后得 $I_{ws} = 16.4 \text{K/MPa}$，$p_{ws} = 18.222 \text{MPa}$。

$$p_{ws} = 15.8585 + \frac{6 \times 36.1608}{14.2 + 4 \times 15.3 + 16.4} = 18.222 (\text{MPa})$$

对于深井（$H > 3000\text{m}$），特别是地温梯度变化较大的超深气井，还可以用多段代替前面的两段来计算。例如，对于一口井深 6000m 的气井，可等分为 4 段计算，即每段 1500m，一段一段计算直到井底。每段的计算方法完全同式（3—33）计算 p_{ms} 一样，只不过不是计算两段中点的压力 p_{ms}，而是计算 1、2 两段节点处的压力。该点压力求出后，即作为已知条件看待来计算 2、3 两段节点处的压力。如此进行下去，直到求出井底压力。

此外，还可将井深 H 等分为 n 段，计算井筒压力分布：

$$n \times 0.03415\gamma_g\left(\frac{H}{n}\right) \approx \frac{1}{2}[(p_1 - p_0)(I_1 + I_0) + (p_2 - p_1)(I_2 + I_1) \\ + \cdots + (p_n - p_{n-1})(I_n + I_{n-1})] \tag{3—36}$$

对其中任一段

$$0.03415\gamma_g \frac{H}{n} = \frac{(p_n - p_{n-1})(I_n + I_{n-1})}{2} \tag{3—37}$$

$$p_n = p_{n-1} + \frac{2 \times 0.03415\gamma_g\left(\frac{H}{n}\right)}{I_n + I_{n-1}} \tag{3—38}$$

由式（3—38），已知上一节点的参数，可求下一节点的参数。

三、流动气柱井底压力的计算

对于流动气柱，稳定流动能量方程式（3—23）可写成：

$$\int_{p_{tf}}^{p_{wf}} \frac{\frac{ZT}{p}dp}{1 + \frac{1.324 \times 10^{-18} f(q_{sc}TZ)^2}{d^5 p^2}} = \int_0^H 0.03415\gamma_g dH \tag{3—39}$$

1. 平均温度、平均天然气偏差系数法

当 $T = \overline{T} =$ 常数，$Z = \overline{Z} =$ 常数，由式（3—39）可得：

$$\int_{p_{tf}}^{p_{wf}} \frac{pdp}{\left[p^2 + \frac{1.324 \times 10^{-18} f(q_{sc}\overline{T}\overline{Z})^2}{d^5}\right]} = \frac{0.03415\gamma_g H}{\overline{T}\overline{Z}}$$

令 $C^2 = \dfrac{1.324 \times 10^{-18} f(q_{sc}TZ)^2}{d^5}$，则上式写为：

$$\int_{p_{tf}}^{p_{wf}} \frac{p\mathrm{d}p}{p^2 + C^2} = \frac{0.03415\gamma_g H}{\overline{T}\overline{Z}}$$

由积分表查得:

$$\int \frac{p\mathrm{d}p}{C^2 + p^2} = \int \frac{\mathrm{d}p}{p + \frac{C^2}{p}} = \frac{1}{2}\ln(C^2 + p^2)$$

因此,式(3—39)可积分得:

$$\ln\left[\frac{C^2 + p_{wf}^2}{C^2 + p_{tf}^2}\right] = \frac{2 \times 0.03415\gamma_g H}{\overline{T}\overline{Z}}$$

$$\left[\frac{C^2 + p_{wf}^2}{C^2 + p_{tf}^2}\right] = \exp\left(\frac{2 \times 0.03415\gamma_g H}{\overline{T}\overline{Z}}\right)$$

将 C^2 代入上式,整理后得到:

$$p_{wf} = \sqrt{p_{tf}^2 e^{2s} + \frac{1.324 \times 10^{-18} f(q_{sc}\overline{T}\overline{Z})^2}{d^5}(e^{2s} - 1)} \tag{3—40}$$

式中 p_{wf}——井底流动压力,MPa;

p_{tf}——井口流动压力,MPa;

$\overline{T}$——流动管柱内气体平均温度 $\overline{T} = \frac{T_{tf} + T_{wf}}{2}$,K;

$\overline{Z}$——在 $\overline{p}$、$\overline{T}$ 条件下,天然气偏差系数;

f——Moody 摩阻系数,可由式(3—16)确定;

H——气层中部的深度,m;

q_{sc}——标准状态下气体流量,m^3/d;

d——油管内径,m。

$$S = \frac{0.03415\gamma_g H}{\overline{T}\overline{Z}}$$

已知 p_{tf},利用式(3—40)计算 p_{wf},仍要用迭代法求解。解题思路和步骤同计算 p_{ws},在此不再重复,仅补充说明两点:

(1) 估计初值可仍用下式:

$$p_{wf}^{(0)} = (1 + 7.523 \times 10^{-5} H) p_{ts} \tag{3—41}$$

(2) 油管内的平均压力应用下式计算:

$$\overline{p} = \frac{2}{3}\left(p_{wf} + \frac{p_{tf}^2}{p_{tf} + p_{wf}}\right) \tag{3—42}$$

从式（3—40）可以看到，当 $q_{sc}=0$ 时，式（3—40）即简化为式（3—27）。因此，在编制计算机程序时两式可合编一个程序，对于 $q=0$ 或 $q\neq0$ 两种情况都适用。

例 3—3 已知气井定产测试数据如下：$q_{sc}=14.583\times10^4\text{m}^3/\text{d}$，$d=0.0507\text{m}$，$\gamma_g=0.6$，$H=1737.36\text{m}$，$T_{tf}=301.33\text{K}$，$T_{wf}=344.11\text{K}$，$p_{tf}=14.6312\text{MPa}$，$p_{pc}=4.6335\text{MPa}$，$T_{pc}=198.9\text{K}$，$\overline{\mu}_g=0.0167\text{mPa}\cdot\text{s}$，$e=0.0001524\text{m}$。用平均温度、平均偏差系数法计算井底流动压力。

解：第一次试算：

假设 $p_{wf}^{(0)}=17.2375\text{MPa}$，则：

$\overline{p}=(14.6312+17.2375)/2=15.9344(\text{MPa})$

$p_{pr}=15.9344/4.6335=3.44$

$\overline{T}=(301.33+344.11)/2=322.72(\text{K})$

$T_{pr}=322.72/198.9=1.62$

$\overline{Z}=0.825$

$\overline{\mu}_g=0.0167\text{mPa}\cdot\text{s}$

$N_{Re}=1.776\times10^{-2}\dfrac{q_{sc}\gamma_g}{\mu_g d}$

$\quad=1.776\times10^{-2}\dfrac{14.583\times10^4\times0.6}{0.0167\times0.0507}=1.84\times10^6$

$\dfrac{e}{d}=0.0000152/0.0507=0.0003$

用 Jain 公式（3—16）计算 f：

$f=\dfrac{1}{[1.14-2\lg(\dfrac{e}{d}+\dfrac{21.25}{N_{Re}^{0.9}})]^2}$

$\quad=\dfrac{1}{[1.14-2\lg(0.0003+\dfrac{21.25}{(1.84\times10^6)^{0.9}})]^2}=0.015$

$S=\dfrac{0.03415\gamma_g H}{\overline{T}\overline{Z}}=\dfrac{0.03415\times0.6\times1737.36}{322.72\times0.825}=0.1337$

$e^{2s}=e^{2\times0.1337}=1.3066$

$p_{wf}=\sqrt{p_{tf}^2 e^{2s}+\dfrac{1.324\times10^{-18}f(q_{sc}\overline{T}\overline{Z})^2}{d^5}(e^{2s}-1)}$

$\quad\sqrt{14.6312^2\times1.3066+\dfrac{1.324\times10^{-18}\times0.015\,(14.583\times10^4\times322.72\times0.825)^2\,(1.3066-1)}{0.0507^5}}$

$\quad=17.527\,(\text{MPa})$

第二次试算：

$\overline{p}=(17.527+14.6312)/2=16.079\,(\text{MPa})$

$p_{pr}=16.079/4.6335=3.47$

$\overline{Z}=0.825$

由于前后两次的 $\overline{Z}$ 已无变化，故第一次试算的 p_{wf} 值符合精度要求，则井底流动压力为：

$p_{wf} = 17.527$ (MPa)

2. Cullender – Smith 方法

对于流动气柱，式（3—39）等式左边分子分母同乘 $(\frac{p}{ZT})^2$ 得：

$$\int_{p_{tf}}^{p_{wf}} \frac{\frac{p}{ZT}dp}{(\frac{p}{TZ})^2 + \frac{1.324 \times 10^{-18} fq_{sc}^2}{d^5}} = \int_0^H 0.03415 \gamma_g dH \qquad (3—43)$$

令 $F^2 = \frac{1.324 \times 10^{-18} fq_{sc}^2}{d^5}$ 则：

$$I = \frac{\frac{p}{ZT}}{(\frac{p}{TZ})^2 + F^2} \qquad (3—44)$$

类似静止气柱的思路，可以得到：

$$p_{wf} = p_{tf} + \frac{0.03415 \gamma_g H}{I_{mf} + I_{tf}} \qquad (3—45)$$

$$p_{wf} = p_{mf} + \frac{0.03415 \gamma_g H}{I_{mf} + I_{wf}} \qquad (3—46)$$

更精确的井底流压：

$$p_{wf} = p_{tf} + \frac{0.2049 \gamma_g H}{I_{wf} + 4I_{mf} + I_{tf}} \qquad (3—47)$$

式中　　p_{mf}——气井井深中点的未知压力，MPa；

　　　　I_{mf}——在 p_{mf}、T_{mf}（中点温度）条件下的 I，可由式（3—44）计算，K/MPa；

　　　　p_{tf}——井口流动压力，MPa；

　　　　I_{tf}——在 p_{tf}、T_{tf} 条件下的 I，可由式（3—44）计算，K/MPa；

　　　　p_{wf}——未知的井底流动压力，MPa；

　　　　I_{wf}——在 p_{wf}、T_{wf} 条件下的 I，可由式（3—44）计算，K/MPa。

解题步骤同静止气柱。显然 Cullender – Smith 的计算方法也可合编成一个程序，既可用于静止气柱（$q_{sc}=0$），也可用于流动气柱（$q_{sc}\neq 0$）的井底流动压力。

例 3—4　用 Cullender – Smith 计算方法重做例 3—4。

解：计算步骤类似静止气柱，仅 I 的计算改用式（3—44），即：

$$I_{tf} = \frac{\frac{p_{tf}}{T_{tf}Z_{tf}}}{(\frac{p_{tf}}{T_{tf}Z_{tf}})^2 + \frac{1.324 \times 10^{-18} fq_{sc}^2}{d^5}}$$

$$Z_{tf} = 0.785$$

$$\frac{p_{tf}}{T_{tf}Z_{tf}} = \frac{14.6312}{301.33 \times 0.785} = 0.006185$$

$$F^2 = \frac{1.324 \times 10^{-18} \times 0.015(14.583 \times 10^4)^2}{0.0507^5} = 1.265 \times 10^{-3}$$

则 $I_{tf} = \dfrac{0.006185}{(0.006185)^2 + 1.265 \times 10^{-3}} = 12.15(\text{K/MPa})$

对于上段油管,取 $I_{tf} = I_{mf}$ 则:

$$p_{mf} = p_{tf} + \frac{0.03415\gamma_g H}{2I_{tf}}$$

$$= 14.6312 + \frac{0.03415 \times 0.6 \times 1737.36}{2 \times 12.15} = 16.096(\text{MPa})$$

经过三次试算,$p_{mf} = 16.093\text{MPa}, I_{mf} = 12.30(\text{K/MPa})$

对下段油管,取 $I_{mf} = I_{wf}$

$$p_{wf} = 16.093 + \frac{35.06}{2 \times 12.30} = 17.540(\text{MPa})$$

第二次试算,$I_{wf} = 12.30$(K/MPa),$Z_{wf} = 0.865$,井底流动压力为:

$$p_{wf} = 17.540(\text{MPa})$$

因为前后两次计算的 p_{wf} 相同,故井底流动压力 $p_{wf} = 17.540\text{MPa}$。

根据气井试井时地面录取的资料计算气层压力或井底流动压力,本节前面所介绍的两种计算方法都可任意选用。一般认为 Cullender-Smith 的计算方法步骤简单结果精确,特别适合用于地温梯度变化大、井底压力高于 68.95MPa 的高压气井。

3. 静止气柱法与流动气柱法的比较

由于油管或环形空间管壁长期与气、水接触,腐蚀、结盐、水垢等因素会促使管壁的绝对粗糙度变化很大,流动气柱公式中的摩阻系数难以准确确定。此外,如果气量计量不准确,油管没有下到气层中部以及流动气柱公式中没有考虑动能项等原因,也影响井底流动压力的计算精度。故在试井工作中,如能取得静止气柱的测压资料,应该尽量利用静止气柱公式计算气井的井底流动压力。

四、哈根多恩（Hagedorn）和布朗（Brown）方法

前面介绍的两种计算井底流动压力的方法,主要适用于高气液比的气井。但是气井生产一段时间后出水,产水量逐日增高,使纯气井变成气水井,这在四川盆地气田并非罕见。因此,讨论气水同产井井底流动压力计算方法,在采气的试井工艺中具有十分重要的意义。

对于一些产液量大的气井,前面介绍的计算方法已不适用,应在实验研究和多相流理论的指导下,建立气液井计算井底流动压力的新关系式。

1994 年 Davis 和 Weidner 在实验室研究气液两相流至今,气液两相流的理论已发展成流体力学中的新分支。仅针对石油矿场垂直、气液两相流已发表的计算方法就很多。例如:Hagedorn 和 Brown（1963 和 1965）,Orkiswski（1967）,Aziz 和 Govier（1972）,Beggs 和 Brill 以及 1988 年发表的 Hasan 和 Kabir 的计算方法等,都是目前公认较好,并为各国矿场运算所采用的方法。在此,将对 Hagedorn 和 Brown 所提出的计算方法做一简要介绍。

1. 基本概念

这里将我们经常用到的两相流术语首先作一介绍。

1) 持液率（Liquid Holdup）

在气液两相流的管线中取单位管长，在其流动状态下，单位管长内液相体积与单位管长总体积之比，称为该单位管长在其流动状态下的持液率，用符号 H_L 表示。定义式为：

$$H_L = \frac{(\text{单位管长内液相体积})_{p、T}}{\text{单位管长总体积}} \quad (3-48)$$

H_L 沿流动管线而变化，其值从 $0\sim1$。$H_L=0$ 表明两相流动转变为单相气流，$H_L=1$ 表明为单相液流。

实验研究表明：H_L 与气液混合物的密度，气体和液体的实际流速、气液有效粘度、管径、管线倾角和两相传热等因素有关。有人也用持气率（GasHoldup）的概念，用符号 H_g 表示。H_L 与 H_g 之和为 1。

2）无滑脱持液率（No—Slip Liquid Holdup）

在单位管长中，如果气相速度等于液相速度，即气液两相之间没有相对运动，不存在滑脱现象，则单位管长内液相体积与单位管长总体积之比称为无滑脱持液率，用符号 λ_L 表示。定义式为：

$$\lambda_L = \frac{q_L}{q_L + q_g} \quad (3-49)$$

式中 q_L——单位管长内，在流动条件下的液相（油+水）总流量；

q_g——单位管长内，在流动条件下的气相流量。

同样，无滑脱持气率（No—Slip Gas Holdup）可定义为：

$$\lambda_g = 1 - \lambda_L = \frac{q_g}{q_L + q_g} \quad (3-50)$$

3）气液混合物密度（Density of Gas—liquid Mixture）

不同学者有不同的定义式。使用最多的是：

$$\rho_m(\text{或 }\rho_{tp}) = \rho_L H_L + \rho_g(1 - H_L) \quad (3-51)$$

此外还有

$$\rho_n = \rho_L \lambda_L + \rho_g(1 - \lambda_L) \quad (3-52)$$

式中 ρ_n——无滑脱的两相密度（No—Slip Density）；

ρ_m（或 ρ_{tp}）——气液混合物密度，亦称两相密度。

4）液相密度

若气井有凝析油和水，则液相密度计算式为：

$$\rho_L = \rho_o f_o + \rho_w f_w \quad (3-53)$$

$$f_o = \frac{q_o}{q_o + q_w} = \frac{1}{1 + WOR} \quad (3-54)$$

$$f_w = \frac{q_w}{q_o + q_w} = \frac{WOR}{1 + WOR} \quad (3-55)$$

式中 ρ_L——液相密度；

ρ_o、ρ_w——为凝析油和水的密度；

f_o、f_w——为含油率和含水率；

WOR——水油比。

5）表观速度（Superficial Velocity）

某一相的表观速度就是假设该相单独充满并流过管子截面的速度。例如：

气相表观速度：

$$u_{sg} = \frac{q_g}{A} \tag{3—56}$$

液相表观速度：

$$u_{sL} = \frac{q_L}{A} \tag{3—57}$$

式中 A——管子截面积。

6）真实速度（Actual Velocity）

气相真实速度：

$$u_g = \frac{q_g}{(1-H_L)A} \tag{3—58}$$

液相真实速度：

$$u_L = \frac{q_L}{AH_L} \tag{3—59}$$

7）混合物速度或两相速度（Mixture or Two—phase Velocity）

$$u_m = u_{sL} + u_{sg} = \frac{q_L + q_g}{A} \tag{3—60}$$

8）滑脱速度（Slip—Velocity）

气相与液相真实速度之差称之为滑脱速度，用符号 u_s 表示。定义式为：

$$u_s = u_g - u_L = \frac{u_{sg}}{H_g} - \frac{u_{sL}}{H_L} \tag{3—61}$$

如气液两相间没有滑脱现象存在，即 $u_s = 0$，则：

$$H_L = \frac{u_{sL}}{u_{sL} + u_{sg}} = \frac{q_L}{q_L + q_g} = \lambda_L \tag{3—62}$$

在两相流体力学中，专用术语和无量纲参数用得很多，上面介绍的仅仅是为了后面内容的需要，其它一些概念可查阅有关文献。

2. 基本公式

同单相气流导出的稳定流动能量方程式：

$$\frac{dp}{dH} = \rho_m g + \frac{\rho_m u_m du_m}{dH} + \frac{f_m \rho_m u_m^2}{2d} \qquad (3—63)$$

式中，注脚 m 表示气液两相混合物，其余同式（3—10）。

在式（3—63）中，如何确定 $\frac{\Delta p}{\Delta H}$，从解题的思路讲有两种解法——长度叠加法和压力叠加法。

1）长度叠加法

在 Δp 和 ΔH 两个未知数中取 Δp 为一定值。例如，取 $\Delta p = 0.35 \text{MPa}$。然后逐段计算直到 $\sum H \geqslant H$（井深），即为长度叠加法，具体步骤如下：

（1）已知井口压力 p_1，取一个 Δp 计算 ΔH 上的平均压力 $\bar{p}$：

$$\bar{p} = p_1 + \frac{\Delta p}{2} \qquad (3—64)$$

（2）产生压降 Δp 的 ΔH 是未知数，先估计一个 ΔH，即先给 ΔH 赋一初值；

（3）根据所估计的 ΔH，利用井口温度 T_{tf} 和地温梯度 α，确定管段 ΔH 上的平均温度 $\bar{T}$；

$$\bar{T} = T_{tf} + (H + \frac{\Delta H}{2})\alpha \qquad (3—65)$$

（4）对于 ΔH 管段，计算在 $\bar{p}$、$\bar{T}$ 条件下全部参数；

（5）确定流态；

（6）确定 H_L，f_m；

（7）利用式（3—63）计算 ΔH。比较估计 ΔH 与计算的 ΔH 是否满足所规定的精度；

（8）将计算不合格的 ΔH 回代到计算 $\bar{T}$ 的公式，得到新的 $\bar{T}$；

（9）重复（4）～（8），直到计算的 ΔH 满足精度要求为止。此时 ΔH 即可确定。

（10）将 $p + \Delta p$ 赋于 p_1，$H + \Delta H$ 赋于 H，重复（1）～（9），直到井底。

2）压力叠加法

在 Δp 和 ΔH 两个未知数中取 ΔH 为一定值，类似长度叠加法的思路逐段计算，直到 $\sum \Delta H \geqslant H$。

3. Hagedorn 和 Brown 计算方法

从式（3—63）出发，Hagedorn 和 Brown 对垂直井导出的关系式为：

$$10^6 \frac{\Delta p}{\Delta H} = \rho_m g + \frac{f_m q_L^2 M_t^2}{9.21 \times 10^9 \rho_m d^5} + \frac{\rho_m \Delta(\frac{u_m^2}{2})}{\Delta H} \qquad (3—66)$$

式中　ΔH——垂直管深度增量，m；

　　　Δp——垂直管压力增量，MPa；

ρ_m——气液混和物密度，kg/m³；

g——重力加速度，m/s²；

f_m——两相摩阻系数；

q_L——地面产液量，m³/d；

M_t——地面标准条件下，每生产 1m³ 液体伴生油、气、水的总质量，kg/m³；

d——油管内径，m；

u_m——气液合物速度，m/s。

1) 参数准备

式（3—66）中一些参数的确定：首先计算出 ΔH 上的平均压力 $\bar{p}$ 和平均温度 $\bar{T}$，然后分别计算此状态（$\bar{p}$，$\bar{T}$）下的下述参数：

(1) M_t。根据质量守恒原理，地面或油管内任何一点的 M_t 为定值：

$$M_t = 1000\gamma_o f_o + 1000\gamma_w f_w + 1.205 GLR \gamma_g \tag{3—67}$$

若 $q_o = 0$，即对于气水井：

$$M_t = 1000\gamma_w + 1.205 GWR \gamma_g \tag{3—68}$$

式中 GLR——气液比，sm³/m³；

GWR——气水比，sm³/m³；

γ_o、γ_w、γ_g——表示原油、水、天然气的相对密度。

(2) ρ_m 气液混合物密度，在 $\bar{p}$，$\bar{T}$ 条件下：

$$\rho_m = \rho_L H_L + \rho_g (1 - H_L) \tag{3—69}$$

$$\rho_L = \left(\frac{1000\gamma_o + 1.205 R_s \gamma_g}{B_o}\right)\left(\frac{1}{1+WOR}\right) + \left(\frac{1000\gamma_w}{B_w}\right)\left(\frac{WOR}{1+WOR}\right) \tag{3—70}$$

$$\rho_g = 1.205\gamma_g \left(\frac{\bar{p}}{0.101325}\right)\left(\frac{293}{\bar{T}}\right)\left(\frac{1}{Z}\right) \tag{3—71}$$

式中 B_o——在 $\bar{p}$、$\bar{T}$ 状态下油的体积系数；

B_w——在 $\bar{p}$、$\bar{T}$ 状态下水的体积系数；

R_s——在 $\bar{p}$、$\bar{T}$ 状态下，天然气在油中的溶解度，sm³/m³；

WOR——水油比，m³（水）/m³（油）。

(3) u_m 气液混合物速度。在 $\bar{p}$，$\bar{T}$ 条件下：

$$u_m = u_{sg} + u_{sL} \tag{3—72}$$

$$u_{sL} = \frac{q_L}{86400 A}\left[B_o\left(\frac{1}{1+WOR}\right) + B_w\left(\frac{WOR}{1+WOR}\right)\right] \tag{3—73}$$

$$u_{sg} = \frac{q_L[GLR - R_s(\frac{1}{1+WOR})]}{86400A}(\frac{0.101325}{\bar{p}})(\frac{\bar{T}}{293})Z \qquad (3-74)$$

式中 q_L——产液量，m³/d，$q_L = q_o + q_w$，对于气水井 $q_o = 0$。

2) 相关公式

Hagedorn 和 Brown 在 456.2m（1500ft）深的试验井进行气水两相流的实验，油管直径为 $\phi 1$in 和 $\phi 1\frac{1}{4}$in，无法直接观察油管内的流态。实验的主要目的是建立计算持液率 H_L 和两相摩阻系数 f_m 的相关公式。

(1) 确定 H_L：

经实验研究，H_L 与四个无量纲参数有关，这四个无量纲参数是：

液体速度数（Liquid Velocity Number）N_{Lv}：

$$N_{Lv} = u_{sL}(\frac{\rho_L}{g\sigma})^{1/4} \qquad (3-75)$$

气体速度数（Gas Velocity Number）N_{gv}：

$$N_{gv} = u_{sg}(\frac{\rho_g}{g\sigma})^{1/4} \qquad (3-76)$$

管子直径数（Pipe Diameter Number）N_d：

$$N_d = d(\frac{\rho_L g}{\sigma})^{1/2} \qquad (3-77)$$

液体粘度数（Liquid Viscosity Number）N_μ：

$$N_\mu = \mu_L(\frac{g}{\rho_L \sigma^3})^{1/4} \qquad (3-78)$$

式中 σ——气液表面张力，N/m；

μ_L——液相粘度，mPa·s。

将气田实用单位代入四个无量纲参数的公式，整理后得：

$$N_{Lv} = 3.1775 u_{sL}(\frac{\rho_L}{\sigma})^{0.25} \qquad (3-79)$$

$$N_{gv} = 3.1775 u_{sg}(\frac{\rho_L}{\sigma})^{0.25} \qquad (3-80)$$

$$N_d = 99.045 d(\frac{\rho_L}{\sigma})^{0.5} \qquad (3-81)$$

$$N_\mu = 0.31471 \mu_l (\frac{1}{\rho_L \sigma^3})^{0.25} \qquad (3-82)$$

式中参数单位 σ，mN/m；μ_l，mPa·s。

利用这四个无量纲参数确定 H_L，步骤归结如下：

①计算在 $\bar{p}$、$\bar{T}$ 条件下的 N_{Lv}、N_{gv}、N_d 和 N_μ；

②从 $N_\mu - CN_\mu$ 关系图（图 3—3）中，根据 N_μ 查出 CN_μ 值；

③计算 φ_1：

$$\varphi_1 = \frac{N_{Lv}(CN_\mu)p^{0.1}}{N_{gv}^{0.575} p_{sc}^{0.1} N_d} \tag{3—83}$$

④从 $(H_L/\psi) - \varphi_1$ 关系图（图 3—4），根据 φ_1 查出 H_L/ψ；

⑤计算 φ_2：

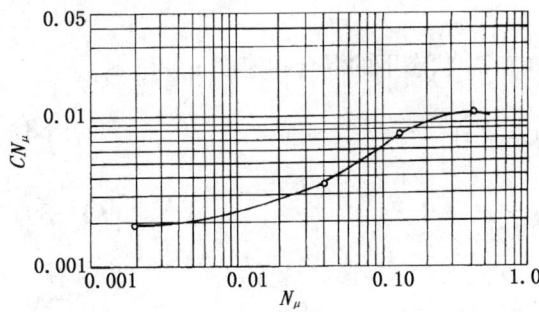
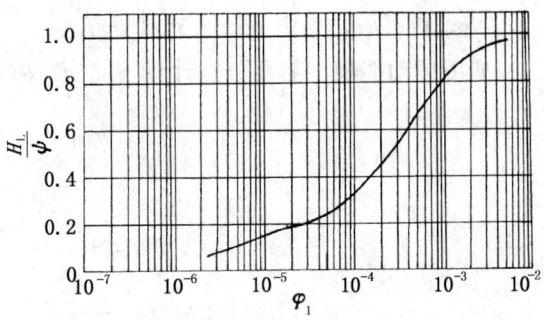

图 3—3　$N_\mu - CN_\mu$ 关系图　　　　图 3—4　$(H_L/\psi) - \varphi_1$ 关系图

$$\varphi_2 = \frac{N_{gv} N_\mu^{0.380}}{N_d^{2.14}} \tag{3—84}$$

⑥从 $\psi - \varphi_2$ 关系图（图 3—5）根据 φ_2 查出 ψ；

⑦计算 H_L：

$$H_L = \left(\frac{H_L}{\psi}\right)\psi \tag{3—85}$$

(2) 确定 f_m：

为了确定 f_m，Hagedorn 和 Brown 首先定义两相雷诺数 N_{Rem}：

$$N_{Rem} = \frac{d u_m \rho_n}{\mu_m} \tag{3—86}$$

式中　d——油管直径，m；

　　　u_m——气液混合物速度，m/s；

　　　ρ_n——无滑脱两相密度，kg/m³；

　　　μ_m——两相粘度 $\mu_m = \mu_L^{H_L} \mu_g^{(1-H_L)}$，mPa·s。

如将实用单位代入上式，则：

图 3—5　$\psi - \varphi_2$ 关系图

$$N_{\text{Rem}} = \frac{1.474 \times 10^{-2} q_L M_t}{d \mu_L^{H_L} \mu_g^{(1-H_L)}} \tag{3—87}$$

式中 μ_L——液体粘度，mPa·s；

μ_g——气体粘度，mPa·s；

q_L——液体流量，m³/d；

M_t——每 1m³ 液体伴生流体总质量，kg/sm³。

从式（3—87）可以看出，当 $H_L \to 0$，即 $q_L \to 0$，N_{Rem} 转变为单相气体雷诺数；当 $H_L \to 1$，即 $q_g \to 0$，N_{Rem} 转变为单相液体雷诺数。

N_{Rem} 确定后，可由 Jain 公式计算 f_m。

如考虑动能项，需要分别计算 p_1、T_1 和 p_2、T_2 状态下的混合物速度 u_{m1} 和 u_{m2}。

$$u_{m1} = u_{sL1} + u_{sg1} \tag{3—88}$$

$$u_{m2} = u_{sL2} + u_{sg2} \tag{3—89}$$

$$\Delta u_m^2 = u_{m1}^2 - u_{m2}^2 \tag{3—90}$$

$\bar{p}$、$\bar{T}$ 条件下的 ρ_m、f_m 一经确定，即可利用式（3—66）计算 Δp 或 ΔH。如已知 Δp，利用长度叠加法计算 ΔH。

$$\Delta H = \frac{10^6 \Delta p - \rho_m \Delta \left(\frac{u_m^2}{2}\right)}{\rho_m g + \dfrac{f_m q_L^2 M_t^2}{9.21 \times 10^9 \rho_m d^5}} \tag{3—91}$$

反之，如已知 ΔH，利用压力叠加法即可计算 Δp：

$$\Delta p = 10^{-6} \left[\Delta H \left(\rho_m g + \frac{f_m q_L^2 m_t^2}{9.21 \times 10^9 \rho_m d^5} \right) + \rho_m \Delta \left(\frac{u_m^2}{2} \right) \right] \tag{3—92}$$

已知井口各项生产参数，利用 Hagedorn 和 Brown 方法计算油管内不同深度的流压分布（通常也称为油管流压梯度），可把一口气水井从井口到井底分为若干段，利用长度叠加或利用压力叠加方法计算。

第三节 气井动态曲线

地层压力一定，以不同的井底流动压力测试气井的产气量，称气井的产能试井，通常称为回压试井。试井资料用途非常广泛，其主要用途是确定气井的流入动态。具体说，就是确定一口气井的产能方程。

同一气藏的气井，即使是地层压力和井底流压都相同，彼此的产气量也很少会一样，这说明每口井都有各自的流入特性和流出特性。

一、气井流入动态曲线

一般情况下,天然气从地层的孔隙或裂隙流入井内,其流动状态相当复杂,流体流线互相交错,且渗滤速度有加大的趋势,因而破坏了线性渗滤规律,即产量与压力平方差为非线性关系,此时,通过对产能回压试井资料的整理,可得到气井的流入动态方程。气井的流入动态方程一般有两种表达形式。

1. 指数式产能方程式

$$q_{sc} = C \times (p_r^2 - p_{wf}^2)^n \tag{3—93}$$

式中 q_{sc}——日产气量,$10^4 \text{m}^3/\text{d}$;

p_r——平均地层压力,MPa;

p_{wf}——井底流动压力,MPa;

C——产气指数,$10^4 \text{m}^3/\text{d}(\text{MPa})^{-2n}$,$C$ 值与气藏产层的渗透率、厚度、天然气粘度、井底干净程度有关;

n——渗流指数,取决于气体渗滤方式。当流体为线性渗滤时,$n=1$;当流体为渗滤速度很大或为多相流渗滤时,线性渗滤规律破坏,$n<1$。

2. 二项式产能方程式

$$p_r^2 - p_{wf}^2 = Aq_{sc} + Bq_{sc}^2 \tag{3—94}$$

式中 A——层流系数;

B——紊流系数。

(3—94) 式右边第一项表示消耗于粘滞性引起的压力损失,第二项表示由惯性引起的压力损失。这两项损失之和构成了气流入井的总压降。当渗滤速度较小为线性渗滤时,第一项(即 Aq_{sc} 项)起主要作用,而第二项(即 Bq_{sc}^2 项)可忽略。此时,压力平方差与产量之间为线性关系;当渗滤速度变大或为多相流渗滤时,就要考虑第二项惯性阻力的影响。这时,压力平方差与产量成非线性关系。

以上两公式中 C、n、A、B 参数主要通过产能试井来确定。

气井的流入特性可通过产能试井资料所得到的产能方程,代入不同井底流压,解出相应的产气量而得到。如,已知,p_r 利用式(3—93)或(3—94),给一 p_{wf} 可得到一相应的 q_{sc},从而可描绘出一条完整的流入动态曲线,即 IPR 曲线(Inflow Performance Relationships),如图(3—6)所示。它描述井底流动压力与流量间的关系,也反映了气体从气藏流入井底的动态。

气井的流入动态曲线,即 IPR 曲线,能较直观地反映气井产量和压力之间的关系。同时,也可分析气井的生产制度是否合理。

流入动态曲线与横轴的交点,即 $p_{wf}=0$ 时,是该井的最大产气量。而气井的无阻产气量是在井底回压为大气压,即 $p_{wf}=0.101325$MPa 时计算出来的,在一般情况下,这个计算的气井无阻产气量并非为气井可以采出。因此,我们称这个流量为绝对无阻流量,用 q_{AOF} 或 AOF 表示(Absolute Open Flow)。

q_{AOF} 与气井设备因素无关,它只反映气井的潜能,是评价气井好坏的一个重要参数,主要用于气井分类定产、配产、评价产能和其它公式中参数的无量纲化等等。

二、流出动态曲线和油管动态曲线

井的流入动态曲线表示它的井下动态，而井的流出动态曲线反映了它的地面特征。

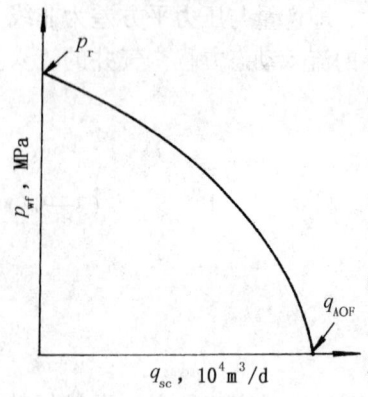

图 3—6 气井流入动态曲线

流出动态曲线可以通过流入动态曲线，使用本章第二节井底流压计算公式（3—40）就可作出。具体说来，要计算不同井口压力下的产能，首先视 $\bar{p}_r$、q_g 为已知，从产能方程中求出 p_{wf}，并把对应的 p_{wf}、q_{sc} 代入井底流压计算式中解出 p_{tf}，即得在某一已知地层压力下井口流压与产量的关系式 $p_{tf}=f(q_{sc})$。利用该关系式可作出流出动态曲线即 OPR 曲线（Outflow Performance Relationships），该曲线反映地层压力一定时的气井井口产能特征。典型的流出动态曲线如图 3—6 所示。

在描述气井从井底沿油管流至井口的公式（3—40）中，如果让 p_{tf} 保持不变，对一定直径的油管，给一 p_{wf} 可求出一 q_{sc}，这样可画出一条井底压力与产气量的关系曲线，称为油管动态曲线（Tubing Performance Curve）。油管动态曲线是在井口压力为某一常数时，通过给定油管尺寸的各种产气量与所需井底流压的关系曲线。该曲线与前面介绍的两条曲线不同，它和地层流入无任何关系，本身不受地层衰竭的影响，仅取决于公式中诸参数。

油管动态曲线与流入动态曲线的交点 A 点所对应的 q_{sc}' 点是该条件下气井的合理产量（图 3—7）。

如果保持井口压力不变，平行下降流入动态曲线直到与油管动态曲线相切，得到一切点处的地层压力 A，该点压力即为在该油管条件下气井的废弃压力（图 3—8）。

三、纯气井和出水气井动态曲线

对于纯气井，流出动态曲线和流入动态曲线类似。图 3—7 定性地画出了纯气井的动态曲线。

从图 3—7 可看出：

当 $q_{sc}=0$，纵轴上 p_r 与 p_{tf} 之差为静止气柱所产生的压差；

当 $p_{tf}=0$，横轴上，井口最大产能 q_{max} 不等于气井的绝对无阻流量 q_{AOF}；

在任意 q_{sc} 条件下，p_{wf} 与 p_{tf} 之差反映了流动气柱的质量与摩阻损失。

利用纯气井流出动态曲线，可以确定当地层压力一定时，不同井口回压下气井的合理产量是多少。

对于气水同产井的典型流入动态曲线和流出动态曲线见图 3—9 所示。

其特点是流出动态曲线存在一顶点，这个顶点被称为流动点。该点表示在井内能维持的最小流量，或最大可能的油管回压。即，它在横轴上相应气量表示气井可能稳定生产的最小气量，在纵轴上相应的井口压力表示气井可能达到的井口

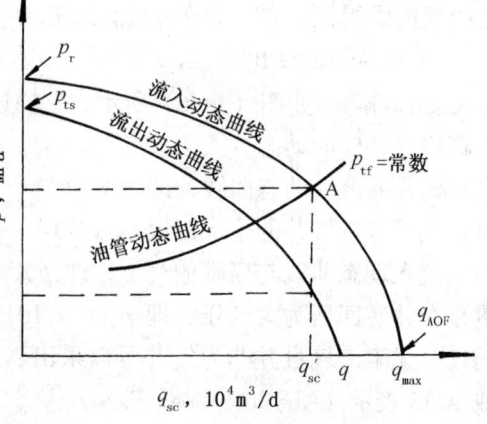

图 3—7 气井流出动态和油管动态曲线

最高流压。流动点右边曲线（实线）为气井正常生产范围，左边曲线（虚线）为不稳定过渡区。气井开始生产或关井停产后将经过不稳定区，但正常采气必须使采气量大于流动点对应的气井最小稳定产气量。

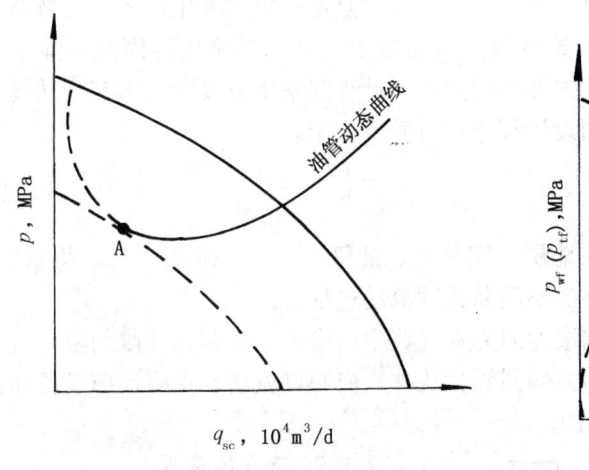

图3—8　气井油管动态曲线

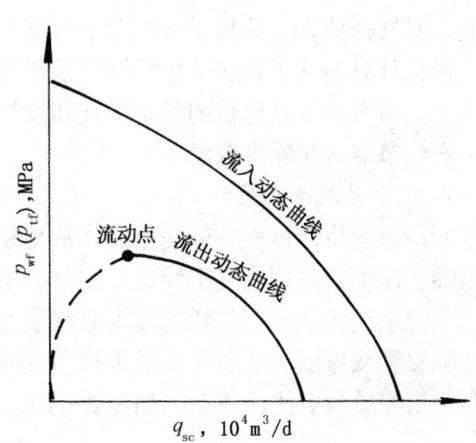

图3—9　气水井流入流出动态曲线

不产液的干气井是不存在流动点的，不管流量多少都将继续自喷。

用不同油管尺寸的流出动态曲线图，能够预测油管尺寸变化对产量的影响。图3—10给出四种油管直径的流出动态曲线。可看出，在气体流量低时，用小直径油管有较好的流动效率；反之，在气体流量较高时，用大直径油管有较好的流动效率。因此，在气田开发初采用大直径油管、后期改换成小直径油管采气，对合理利用天然能量，延长气井自喷期是有益的措施。

图3—11给出不同气水比的流出动态曲线。从图中可看出产水量对井口流压的影响：在同一产气量条件下，产水量愈大，井口流压愈低，这对输气是不利的。

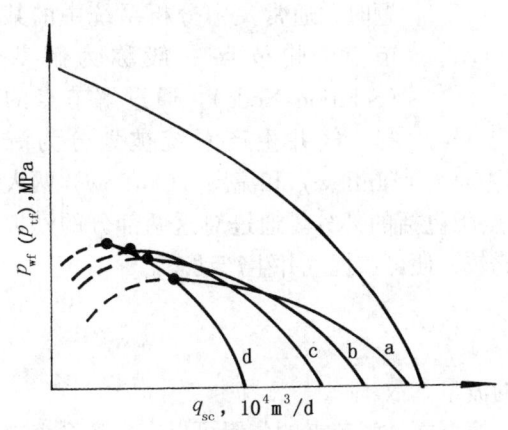

图3—10　不同油管径的流入流出动态曲线
$d_a > d_b > d_c > d_d$

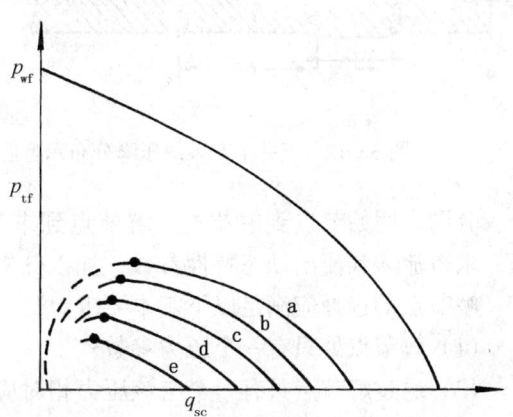

图3—11　不同气水比的流出动态曲线
$(GWR)_a > (GWR)_b > (GWR)_c > (GWR)_d > (GWR)_e$

第四节　节点分析的基本原理和设计程序

节点分析是一项科学的综合系统分析技术，这项技术是通过以气井生产系统的解节点为基准，对气井流入、流出段分别进行模拟计算，从而实现对整个系统进行模拟而最终完成的。模拟计算内含了众多的数学计算模式和参数选择，计算起来十分复杂。本节将从基本概念入手，对气井节点分析的基本原理和设计程序进行简要介绍。

一、节点分析基本概念

1. 气井系统生产过程

所谓系统生产过程一般是指流体从地层、完井段、油管、井口、地面气嘴、集输管线、分离器、压缩机站到输气干线这一完整的不间断连续流动过程。

气井系统生产过程包括气液克服储层的阻力在气藏中的渗流、克服完井段的阻力流入井底、克服管线摩阻和滑脱损失沿垂管（或倾斜管）从井底向井口流动、克服地面设备和管线的阻力沿集输气管线的流动，如图 3—12。

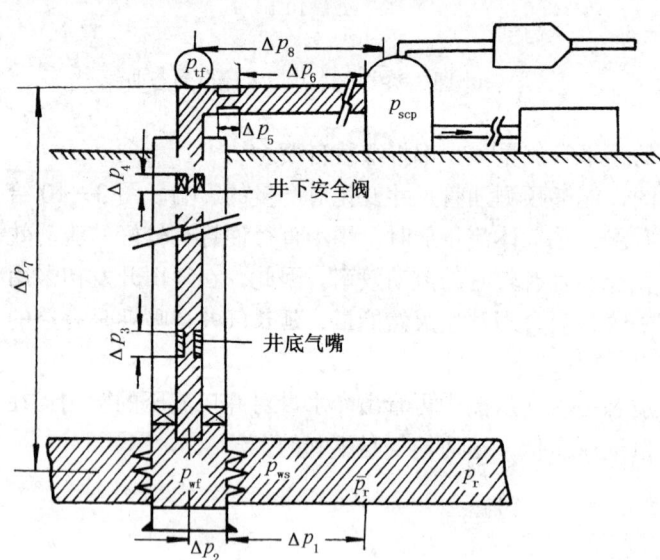

图 3—12　气井生产系统压降分布示意图

2. 节点的设置

在气井生产系统中，节点是一位置概念，通过在生产系统内设置节点，可将系统划分为几个相对独立的且相互联系的部分。一般说来对图 3—12 所示的气井生产系统，至少可确定 6 个节点位置，如图 3—13 所示，其中可称第 6 点为始节点，第 1 点为末节点。

3. 解节点的选择

在运用节点分析法解决工程问题时，通常集中分析系统中的某一节点，此节点一般称为解节点（Solution Node）。通过解节点的选择，气井生产系统被划分为流入（Inflow）和流出（Outflow）两大部分，分别表明始节点到解节点、解节点到末节点所包括的部分。通过对这两部分的模拟计算，求得流入和流出动态特性参数，加以分析比较，便可掌握气井生产动态。

解节点的选择应满足以下基本要求：

(1) 解节点处只有一个压力参数；

(2) 通过解节点只有一个与该压力相对应的流量参数。

解节点的选择与系统分析的最终结果无关。换言之，解节点的位置可以在生产系统内任意选择，但原则上应依据所要求解问题的目的决定。例如：在分析地面生产设施（地面管线长度、管径、分离器等）的影响时，可选图 3—13 中②为解节点。在大多数气井生产分析中，一般选择图 3—13 中④为解节点。

二、气井节点分析的基本原理和计算方法

1. 节点分析的基本原理

图 3—12 所示为一口生产气井的压力系统。图中,当气流自气藏采出直到井口分离器,沿途经完井段、油管、气嘴、地面管线,在各环节都有能量消耗,它们之间的关系为各部分在对应于某一产率下能量消耗与增加的总和。各部分压降可根据产率及有关物性参数、设计参数、几何参数等,通过相应的计算公式求出,最后通过与生产动态拟合确定各主要参数,建立起一口生产井压力系统分析的数学模型。在气井的数学模型建立之后,可根据实际需要确定分析目的,选择所要分析、解决工程问题的解节点和气藏、射孔完井段、油管、垂直管流、地面管线等各主要参

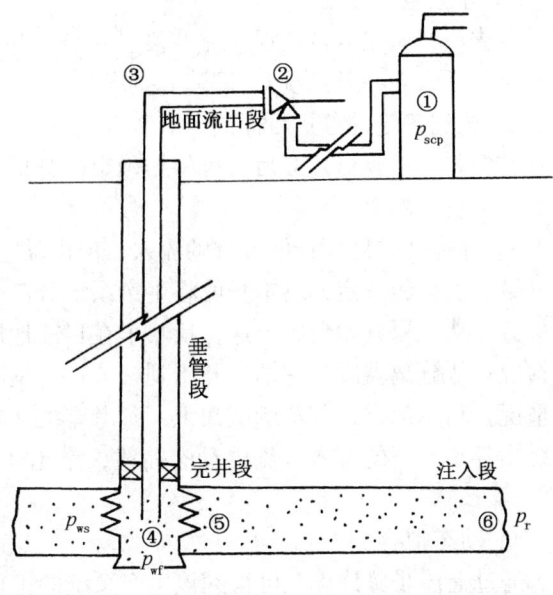

图 3—13 气井生产系统节点位置示意图

数,也可选出要分析的敏感参数,如分离器压力、气嘴尺寸、射孔密度、气藏压力等参数进行分析计算。节点分析就是在这样一个系统内设置解节点,对气井生产的全过程进行系统分析和整体研究的。

2. 计算方法简介

生产井节点系统分析的主要数学模型包括以下三种。

1) 流体 PVT 物理性质计算模型

这套计算模型除应包括在第二章所介绍的一些有关天然气常用物性参数计算公式外,还将运用有关计算油、气、水高压物性的公式,这些可从油层物理和其它有关文献中收集到。

这套计算是生产井压力系统分析的一个重要部分。

2) 垂直与水平多相流压降计算模型

多相管流压降计算也是生产气井节点分析计算中的一个重要部分。

这套计算模型除第三章所介绍的垂直管流计算公式和本章后面将介绍的水平管流公式外,目前广泛应用的垂直多相流计算公式有:①Hagedorn and Brown;②Orkiszewski;③Duns and Ros;④Aziz 等公式计算,其算法可参阅有关文献。

3) 气藏流入动态特征计算

气藏流入动态特征,即 IPR 曲线,是描述在给定井底压力下气井可能获得的产量,它反映气藏供气能力,这是生产井压力系统分析的基础。

这套计算模型主要应用的公式除二项式回压方程或指数式方程外,目前广泛采用的有 Vogel 和 Harry 等公式。

完整的生产系统分析除必须包括以上计算模型以外,还应包括编制经济分析模块所需的经济知识和数学模型。

3. 节点分析的基本程序

综上所述,对于气井生产系统进行节点分析的一般步骤如下。

1）建立生产井模型

首先应勾画出井从气层、完井段、井筒、井口、集输管线直到分离器或其它端点的生产流程（包括人工举升系统），即建立生产井模型。

2）根据确定的分析目标选定解节点

在气井生产模型建立后，可根据确定的分析目标选定解节点，原则上所取解节点应尽可能靠近分析的对象。

3）计算并绘制所选解节点的流入、流出动态曲线

解节点一经选定，它本身就将生产系统分割为节点上游，即流入一方；节点下游，即流出一方。从气层开始到解节点，反映了在目前地层压力条件下，经过若干部分到解节点的供气情况；从分离器或其它端点开始到解节点，反映在分离器压力或其它端点压力一定时的输出情况。利用第二、三章所学知识，参考有关文献，分别建立流入、流出的数学模型，计算并绘出各参数下的流入、流出动态曲线，求出相应的协调工作点和系统可能提供的理论产能。

4）动态拟合

通过上述步骤计算，可得到该生产系统的工作状态，但系统提供的理论产能和有关数值不一定与实际试采的数据资料或生产动态资料相吻合。因此，通过对一定生产周期的拟合，对数学模型或参数的调整，可找出能够代表该井生产系统实际情况的一整套输入参数，使建立的数学模型和计算方法能反映气井生产系统的实际，为生产井动态预测以及优化开采打下可靠基础。

5）程序应用

生产井压力系统分析软件的开发，可迅速、可靠地完成上述步骤和任务，得到准确的计算结果。拟合计算程序，既可用于对整个气井生产系统的分析，也可围绕所确定的目标进行敏感参数分析，实现气井生产系统的优化等。

4. 气井节点分析法的用途

节点分析法用于气井，可对下述几方面进行分析：

(1) 确定目前生产条件下气井的动态特性；

(2) 优选气井在一定生产状态下的最佳控制产量；

(3) 对生产井进行系统优化分析，迅速找出限产原因，提出有针对性的改造和调整措施；

(4) 确定气井停喷时的生产状态，从而分析停喷原因；

(5) 确定气井转入人工举升采气方式的最佳时机，同时有助于人工举升采气方式的优化；

(6) 可以使生产管理人员很快找出提高气井产量的途径。

第五节 生产系统分析在气井生产中的应用

一、气井生产系统的模拟分析与优化分析

在模拟分析一个气井生产系统时，通过节点设置和解节点的选择，使生产系统划分为两大部分。如图 3—13，若把解节点选在④点处，则 $p_r - p_{wf}$ 段为流入部分；而 $p_{wf} - p_{sep}$ 段为流出部分。分析过程中分别由系统的始点 p_r 和末点 p_{sep} 进行模拟计算，求得流入和流出动

态关系。通常用图解形式将流入和流出曲线画在同一张坐标图上进行分析（图3—14）。

由图3—14可见，流入和流出曲线的交点为A。在A点的左侧，例如在q_1产量下，对应的井底流压$p_1 > p_1'$，说明生产系统内流入能力大于流出能力，即油管或流出部分的管线设备系统的设计能力过小或流出部分有阻碍流动的因素存在，限制了气井生产能力的发挥。而在A点的右侧，例如在q_2下，情况就相反。此处表明气层生产能力达不到设计流出管路系统的能力，说明管路设计能力过大，或气井的某些参数控制不合理，或气层伤害降低了井的生产能力，需进行解堵、改造等措施。只有在A点的产层生产能力等于流出管路系统的生产能力，该点表明井处于流入与流出能力协调的状态，称为协调产量点。

图3—15表明的是对气井进行优化分析的图解。图中的三条流入曲线分别代表地层压力为p_{r1}、p_{r2}、p_{r3}情况下的流入特性；三条流出曲线分别代表油管直径为$\phi 2$in、$2\frac{1}{2}$in和3in时的流出特性。根据对气井的产量要求，借助图3—15，可选择在不同地层压力下的合适油管直径。

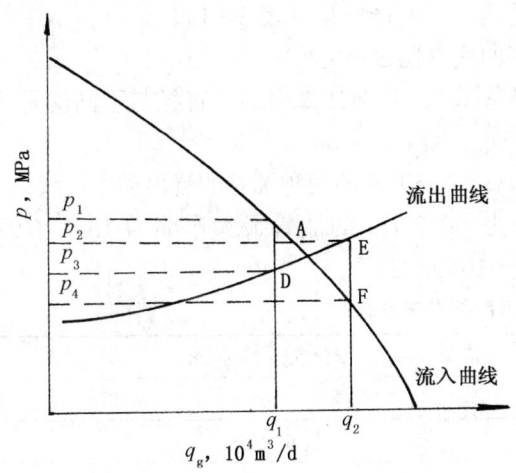

图3—14 系统分析曲线图

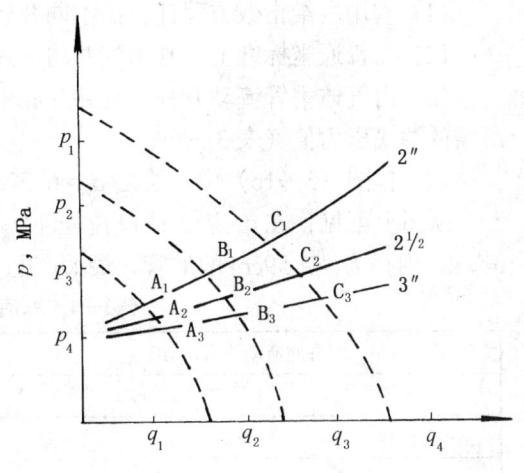

图3—15 系统优化分析图解

二、节点分析法在单井集气流程上的应用

1. 分析油管直径对气井产能的影响

对于一口纯气井，当井口压力一定时，不同油管直径将导致井的产能不一样。分析时可将解节点选在图3-13的井底④点处，则有：

$$\text{流入段} \quad p_r - \Delta p_{res} = p_{wf} \tag{3—95}$$

$$\text{流出段} \quad p_{wh} + \Delta p_{tud} = p_{wf} \tag{3—96}$$

式中　p_{res}——气体经过流入段时的压力降，MPa；

Δp_{tud}——气体流经油管时的总压力降，MPa；

p_{wf}——井口压力，MPa。

其余符号同前，节点分析的目标是选择满足需要的油管。

求解的方法：

（1）利用该井常规试井指数方程，计算不同井底压力下气井的稳定产气量；

（2）绘制出气井的流入动态曲线（即IPR曲线）；

（3）利用气体垂管流动方程，给定一井口压力值，计算不同气体流量下所需的井底流动压力；

(4) 在同一张坐标纸上，画出给定井口压力下油管的流出动态曲线。气井流入动态曲线与油管流出动态曲线的交点，就是系统的协调工作点。

为了分析油管直径对系统产能的影响，改换另一直径的油管，重复步骤（3）和（4），可得几种油管直径的协调点。对这些协调点进行分析，可以达到预期的目的。

例 3—5 某气井常规回压试井指数式方程为：

$$q_{sc} = 0.3246(13.459^2 - p_{wf}^2)^{0.8294} \tag{3—97}$$

其它参数如下：油管内气体平均温度 $T=393K$；油管内壁摩擦系数 $f=0.015$；天然气相对密度 $\gamma_g=0.65$；油管下至气层中部井深 $H=3000m$，井口油管流压 $p_{wh}=6.895MPa$，试预测油管直径 $d=6.22cm$ 和 $d=7.95cm$ 时可能提供的产能。

解题步骤：

(1) 利用所给指数方程计算出不同井底流动压力下的产气量（表 3—1）；

(2) 在普通坐标纸上，画出气井的流入动态曲线（图 3—16）；

(3) 由气体垂管流动方程（气井井底压力计算式），分别计算出油管直径与不同流量下所需的井底压力值（表 3—2）；

(4) 在图（3—16）中，绘出 $d=6.22cm$ 和 $d=7.59cm$ 的两种油管的流出动态曲线。

从图上可见，在给定的井口流压下，内径为 $\phi 6.22cm$ 的油管最大产能为 $13.6 \times 10^4 m^3/d$，内径为 $\phi 7.59cm$ 的油管，最大产能为 $15 \times 10^4 m^3/d$。

表 3—1 井底压力与产气量关系表

井底流动压力，MPa	产气量，$10^4 m^3/d$
13.459	0
12	6.5076
10	12.4420
8	16.8712
6	20.1533
4	22.4308
2	23.7745
0	24.2189

表 3—2 流出动态参数表

产气量 $10^4 m^3/d$	井底流动压力，MPa	
	6.22cm	7.59cm
1	8.5430	8.5358
5	8.6998	8.5927
7.5	8.9006	8.6663
10.0	9.1736	8.7697
12.5	9.5119	8.9037
15.0	9.9102	9.0590
17.5	10.3578	9.2401

2．分析分离器压力对气井产能的影响

将节点选在分离器①点，并建立如下关系式：

$$p_{sep} = p_r - \Delta p_{res} - \Delta p_{tud} - \Delta p_{fL} \tag{3—98}$$

式中 Δp_{fL}——从井口到分离器地面管线的总压降，MPa。

其余符号意义同前。

解题方法：

(1) 利用该井常规回压试井指数方程，计算不同流量下的 p_{wf} 值；

(2) 利用气体垂管流动方程，对（1）求出每一对 $q_{sc} - p_{wf}$ 值，计算出相应的 p_{wh}；

(3) 利用气体水平管或倾斜管流动方程，对（2）求出的每对 $q_{sc} - p_{wh}$ 值，计算出相应的 p_{sep}；

(4) 在坐标纸上绘出 $p_{sep} - q_{sc}$ 曲线。

例 3—6 如井口到分离器有内径为 $\phi 7.59$ cm 长 2000m 的水平管线，井内油管内径为 $\phi 6.22$ cm，其它参数同例 3—5，预测不同 p_{sep} 下系统的产能。

解题步骤：

(1) 在表 3—3 中，第 1 栏给出产气量。第 2 栏是按指数方程算出的井底流动压力 p_{wf}；

表 3—3 例 3—6 分离器压力与系统产能关系表

(1) 产气量 $10^4 m^3/d$	(2) 井底流动压力 MPa	(3) 井口流动压力 MPa	(4) 分离器压力 MPa
5	12.4141	9.8166	9.7957
7.5	11.7075	9.1433	9.0928
10.0	10.8981	8.3093	8.2100
12.5	9.9770	7.2775	7.0994
15.0	8.9150	5.9414	5.6223
17.5	7.6624	3.9977	3.3108
20.0	6.1094		

(2) 利用气体垂管流动方程，根据第 2 栏算出井口流动压力 p_{wh}，列于第 3 栏；

(3) 水平输气管流动方程为：

$$p_{wh}^2 = p_{sep}^2 + 9.04 \times 10^{-20} \frac{r_g \overline{T} \overline{Z} f L}{D^5} q_{sc}^2 \tag{3—99}$$

式中符号意义同前。

将第 3 栏数据代入上式，算出的分离器压力 p_{sep} 列入第 4 栏；

(4) 画出 $p_{sep} - q_{sc}$ 曲线（图 3—17）。

从图（3—17）可以看出，在给定的条件下，不同的分离器压力，系统可能提供的不同的产能，例如

$$p_{sep} = 8 \text{MPa}, q_{sc} = 10.2 \times 10^4 \text{m}^3/\text{d}$$

$$p_{\text{sep}} = 4\text{MPa}, \quad q_{\text{sc}} = 17.0 \times 10^4 \text{m}^3/\text{d}$$

可见分离器压力控制越低,则气井的产能越大。

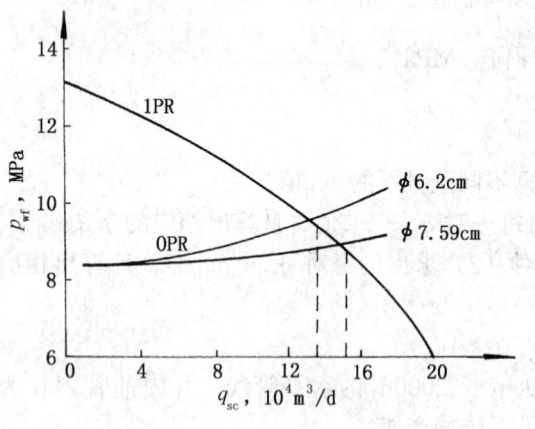

图 3—16 气井流入动态曲线

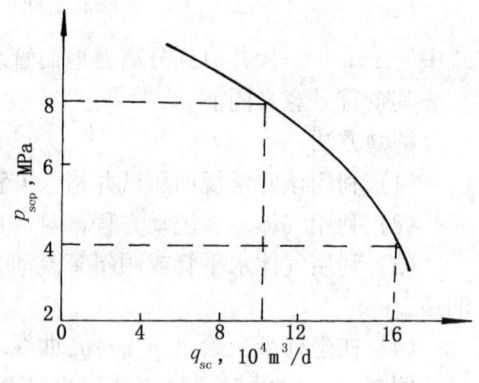

图 3-17 $p_{\text{sep}} - q_{\text{sc}}$ 曲线图

第六节 气井生产系统分析实例

气井生产系统节点分析,是矿场系统分析整个气井生产过程最有效的一种科学方法。这种方法具有能使生产研究和管理人员很快确定气井目前生产条件下的动态特征,优化最佳控制产量,确定气井停喷时的生产状态,确定气井转入人工举升开采的最佳时机以及如何提高产气量和采收率等广泛用途。本节着重给出某气田纳 59 井实际进行生产系统节点分析的程序,以作为节点分析的典型应用范例。

例 3—7 某气田纳 59 井,天然气相对密度 $\gamma_g = 0.57$,油管内径 $d = 62\text{mm}$,下入井深 $H = 3000\text{m}$,常年平均温度 $t_o = 17.85℃$,地温增升率 $M = 41.5\text{m}/℃$,气藏目前地层压力 $p_r = 15.118\text{MPa}$。该井在井底流动压力 $p_{\text{wf}} = 13.2\text{MPa}$,井口流压 $p_{\text{tf}} = 5.17\text{MPa}$ 条件下的产气量、产水量分别为 $q_{\text{sc}} = 50.6 \times 10^3 \text{m}^3/\text{d}$,$q_w = 71.4 \text{m}^3/\text{d}$,试应用节点分析方法分析在目前生产条件下的气井动态特征及应相应采取的生产措施。

节点分析具体程序如下。

1. 建立生产井模型

第四节的图 3—13 可作为纳 59 井的生产井模型。

2. 设置解节点

根据纳 59 井已知参数和分析目标,可选图 3—13 的节点④——即气井井底压力 p_{wf} 作解节点,则系统可分流入段为 $p_r - p_{\text{wf}}$,流出段为 $p_{\text{wf}} - p_{\text{tf}}$。

3. 计算流入段的 IPR 曲线绘制数据

利用回压法试井求得的纳 59 井的流入动态方程为:

$$q_{\text{sc}} = 5.6845(p_r^2 - p_{\text{wf}}^2)^{0.60186} \tag{3—100}$$

依据式(3—100),井底流压以 1MPa 为步长,代入 p_r 和一组井底流压,则可求得流入动态曲线井底流压与相对应的产气量,列入表3—4中的(1)。

4．计算流出段的OPR曲线绘制数据

气井的OPR曲线有多个数学模型可供选择,对产水气井或生产易受凝析液影响的气井,推荐式(3—101)作为基本数学模型为宜:

$$q_{sc} = 0.648(\gamma_g ZT)^{-1/2}(10553 - 34158\frac{\gamma_g p_{wf}}{ZT})^{-1/4} p_{wf}^{1/2} d^2 \quad (3—101)$$

式中右端 T、Z 为天然气的井底温度与偏差系数,分别按式(3—102)、式(3—103)计算,其余均为已知。

$$T = t_0 + H/M + 273 \quad (3—102)$$

$$Z = 0.8027(1 + 4\times 10^{-5})^H + [1 - 0.8027(1 + 4\times 10^{-5})^H] \times [2500 p_{wf}(4.6\times 10^4 - H)^{-1} - 1]^2 \quad (3—103)$$

依据式(3—101)、式(3—103),井底流压仍取1MPa为步长,代入 γ_g、t_0、H、M 和一组井底流压值,则可求得流出动态曲线井底流压与相对应的产气量,列入表3—4中的(2);

表3—4 纳59井流入流出动态 p_{wf}—q_g 关系数据表

序号	p_{wf} MPa	3	4	5	6	7	8	9	10	11	12	13	14	15
(1)	q_{sc} $10^3 m^3/d$	145.87	143.05	139.38	134.76	129.24	122.63	144.84	105.70	99.64	82.13	66.52	46.24	12.19
(2)	q_{sc} $10^3 m^3/d$	30.54	35.37	39.64	43.52	47.11	50.44	53.58	56.56	59.37	62.03	64.57	67.01	69.33

5．绘制流入、流出动态曲线,并进行气井动态节点分析

将表3—4中的(1)、(2) p_{wf} - q_{sc} 数据作在同一坐标图上,我们就可得出反映纳59井节点分析的产能动态曲线和相应的流入流出动态曲线。流入动态曲线和流出动态曲线(亦即临界油管动态曲线)的交点,就是该井的协调工作点(图3—18),并有:

$$p_{wf} = 13.2 \text{MPa};$$

$$q_{sc} = 65 \times 10^3 \text{m}^3/\text{d}$$

而该井在 $p_{wf}=13.2$MPa、$d=62$mm 的生产条件下,产气量 $q_{sc}=50.6\times 10^3 \text{m}^3/\text{d}<65\times 10^3 \text{m}^3/\text{d}$,因而气井将不能正常生产,已为因连续排液能力越来越差,最终导致气井水淹所证实。

鉴于纳59井水淹时剩余地质储量还有 $2.1\times 10^8 \text{m}^3$,采出程度仅为46.05%,生产潜力极大。故由节点分析结果可知,纳59井目前尚属于气井管理方式不妥造成排液恶化的假性水淹,于是针对纳59井的生产特点,采取了如下措施:

(1) 利用该井邻近的纳57井作为气源井,采用气举使该井复产;
(2) 该井复产停止气举后,通过井口压力调节阀控制气井产量 $q_{sc} \geq 65\times 10^3 \text{m}^3/\text{d}$,使气

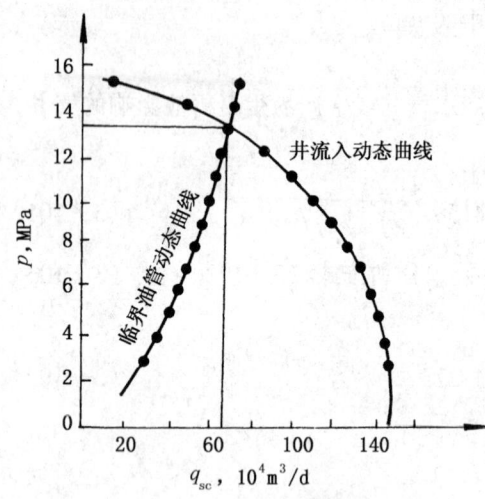

图 3-18 纳 59 井产能动态曲线图

井实现了压力、产气量、气水比"三稳定"生产，每天排水量为 85～95m³/d。

目前矿场对气井的节点分析已采用计算机软件编程自动进行。

思考题

1. 试写出气体的稳定流能量方程，并解释其物理意义。

2. 当不考虑温度变化和天然气压缩性对气柱重量相当压力的影响时，矿场在工程上，常采用式 $p_{ms} = p_{ts} \cdot e^{x10^{-4}\gamma_g H}$，当井深 $H < 1680$m 时，$x = 1.293$；当 $H > 1680$m 时，$x = 1.251$ 近似计算地层压力，现已知某气井井口最大关井压力 $p_{ts} = 12.81$MPa（绝），气层中部深度 $H = 942.5$m，天然气相对密度 $\gamma_g = 0.571$。试求该井的地层压力，并用式 $p_{ms} = (1 + 7.523 \times 10^{-5} H) p_{ts}$ 比较计算结果。

3. 某干气井测试数据：井口最大关井压力 $p_{ts} = 17.238$MPa，井口温度 $T_{ts} = 293$K，井底温度 $T_{ts} = 393$K，井深 $H = 3048$m，气体相对密度 $\gamma_g = 0.60$，拟临界温度 $T_{pc} = 227$K，拟临界压力 $p_{pc} = 4.600$MPa。

(1) 要求手算气层压力：

①用平均温度和平均偏差数计算方法；

②用 Cullender 和 Smith 计算方法；

(2) 编程序上机计算气层压力：

①用平均温度和平均偏差系数法；

②用 Cullender - Smith 计算方法；

(3) 编程序上机计算，用 Cullender - Smith 计算方法打印井口至井底的压力梯度数据。

4. 某气水同产井生产数据：产水量 $q_w = 31.8$m³/d，气水比 $R_{gw} = 35.6, 106.8, 267$sm³/m³，油管内径 $d = 62$mm，井口流压 $p_{tf} = 1.379$MPa，气体相对密度 $\gamma_g = 0.6$，水相对密度 $\gamma_w = 1.08$，气体粘度 $\mu_g = 0.02$mPa·s，水粘度 $\mu_w = 0.789$mPa·s，气水表面张力 $\sigma = 52$mN/m，油管绝对粗糙度 $e = 0.01524$mm，拟临界压力 $p_{pc} = 4.600$MPa，拟临界温度 $T_{pc} = 227$K，井口温度 $T_{tf} = 353$K，地温梯度 $D_t = 1/41.5$℃/m，井深 $H = 3500$m。要求用 Hagedorn - Brown 计算方法编写程序，上机完成。

(1) 计算打印 $R_{gw} = 35.6$、106.8、267sm³/m³ 时的三条油管流压梯度数；

(2) 计算打印三个井底流压值。

5. 什么叫节点、解节点？试述节点分析的基本原理和分析程序。

6. 某气井生产数据：油管直径 $d = 6.2$cm，下入井深 $H = 3500$m，井口油管流压 $p_{tf} = 15$MPa，井口温度 $T_{tf} = 300$K，井底温度 $T_{wf} = 350$K，天然气相对密度 $\gamma_g = 0.6$，天然气粘度 $\mu_g = 0.0113$mPa·s，拟临界压力 $p_{pc} = 4.7$MPa，拟临界温度 $T_{pc} = 195$K，油管摩阻系数 $f = 0.0145$。气井常规回压试井获产能指数方程为：

$$q_{sc} = 0.2679(30^2 - p_{wf}^2)^{0.7}$$

试用节点分析方法，确定气井的合理产能。

7. 某气井生产参数：油管和集气管直径 $d=6.2$cm，下入井深 $H=3000$m，管内平均温度 $\overline{T}=293$K，分离器的压力 $p_{sep}=5$MPa，天然气相对密度 $\gamma_g=0.6$，地面水平集气管长 $L=3000$m。气井常规回压试井获产能指数方程为：

$$q_{sc} = 0.3246(13.459^2 - p_{wf}^2)^{0.8294}$$

试用节点分析方法，确定系统的合理产量。

8. 什么叫地温增升率？地温增升率与地温梯度有何关系？

9. 已知某气井部分生产参数：油管平均压力 $\overline{p}=8.53$MPa，油管入井深度 $H=2255.9$m，天然气拟临界压力 $p_{pc}=4.736$MPa，天然气拟临界温度 $T_{pc}=193$K，该地区常年平均温度 $t=17.5$℃，该地区地温梯度 $G_t=1$℃$/38$m。

试用不同的方法求气井的天然气偏系数。

参 考 文 献

杨川东主编. 采气工程. 北京：石油工业出版社，1997

叶昌书编. 气井分析. 北京：石油工业出版社，1997

王德有编. 油气井节点分析实例. 北京：石油工业出版社，1991

杨继盛编. 采气工艺基础. 北京：石油工业出版社，1992

Cullender, M.H.and Smith, R.V..Practical Solution of Gas Flow Equation for Wells and Pipelines With Large Temperature Gradient. Trans, AIME207, 1956

Hagedorn, A.R.and Brown, K.E..Experimental Study of Pressure Gradients Occurring During Continuous Two-Phase Flow in Small Diameter Vertical Conduits. JPT, April, 1965

第四章 常规气藏的开采

按照不同的地质特征和开发方式，可将气藏开采分为常规气藏开采和非常规气藏开采。常规气藏开采包括：纯气藏、低压气藏、有边底水存在且处于无水采气期和自喷带水采气开采期为主的气藏的开采。本章将介绍常规气藏的生产特性、开采工艺技术和生产管理办法。

第一节 气井合理产量的确定

在组织新井投产时，首先要确定部署气井的合理产量。保持气井在合理产量条件下生产不仅可以使气井在较低投入下较长时期稳产，而且可以使气藏能在合理的采气速度下获得较高的采收率，从而获得最好的经济效益。

所谓气井的合理产量，通常的定义是采用节点分析方法，将在一定井口流压下的气井流入动态曲线与油管动态曲线相交点所对应的产量，称之为在此条件下的气井合理产量，并把最小井口流压条件下求得的合理产能称之为气井最大合理产量。气井的合理产量必须在充分掌握气藏地下、地面有关测试资料通过产能试井或系统节点分析的基础上编制出开发方案（或试采方案）来确定，矿场称之为气井的定产，并把气井生产过程因压力、产量随时间增长而递减，而根据气井压力、产量递减的情况，重新确定一个合理的日产气量，称之为配产。对气井合理产量的确定将着重介绍一些现场近期实用的新方法。

确定气井合理产量有如下具体要求。

一、气藏保持合理的采气速度

气藏的采气速度要合理应满足的条件是：

（1）气藏能保持较长时间稳产。稳产时间的长短不仅与气藏储量和产量的大小有关，还与气藏是否有边底水、边底水活跃与否等其它因素有关。

（2）气藏压力均衡下降。气藏压力均衡下降可以避免边底水舌进、锥进，这对有水气藏的开采十分重要。

（3）气井无水采气期长，此阶段采气量高。气井无水采气期长，资金投入相对少，管理方便，采气成本低。

（4）气藏开采速度相对较快，采收率高。

（5）所需井数少，投资省，经济效益好。

对于地下情况清楚，储量丰度高，储层较均质的气藏，在确定了合理采气速度后，采取稀井高产方针，可以节约投资，获得良好的经济效益。

气藏类型不同，其采气速度也不相同。

对于均质水驱气藏，较高的采气速度有利于提高采收率。如前苏联北斯塔夫罗波尔砂岩气田，10年稳产期间采气速度高达$6\% \sim 6.9\%$，最终采收率可达90%。这类气田只要措施得当，采气速度对采收率无明显的不利影响。

对于非均质弹性水驱气藏，由于地质条件千差万别，故应根据气藏的具体情况确定采气速度。

气藏经过试采确定出合理采气速度后，各井可按此速度允许的采气量并结合实际情况确定各井的合理产量。

二、气井井身结构不受破坏

如果气井产量过高，对于胶结疏松易垮塌的产层，高速气流冲刷井底会引起气井大量出砂；井底压差过大可能引起产层垮塌或油、套管变形破裂，从而增加气流阻力，降低气井产量，缩短气井寿命。因此，合理产量应低于气井开始出砂、使气井井身结构受破坏的产气量。

如果井的产量控制过小，对于某些高压气井，井口压力可能上升至超过井口装置的额定工作压力，危及井口安全；对于气水井，产量过小，气流速度达不到气井自喷带水的最低流速，会造成井筒积液，对气井不利。

对于产层胶结紧密、不易垮塌的无水气井，根据大量的采气资料表明，合理的产量应控制在气井绝对无阻流量的15%～20%以内较好。

三、气井出水期晚，不造成早期突发性水淹

气井生产压差过大会引起底水锥进或边水舌进。尤其是裂缝性气藏，地层水将沿裂缝窜进，引起气井过早出水，甚至造成早期突发性水淹。气井过早出水，产层受地层水伤害，会造成不良后果：

(1) 加速产量递减。气层的一部分渗流通道被水占据，单相流变为两相流，使气相渗透率降低，增大了气体渗流阻力，使产气量大幅度下降，递减加快；

(2) 地层水沿裂缝、高渗透带窜进，气体被水封隔、遮挡，气体流动受阻，部分区块形成死区，使采收率降低；

(3) 气井出水后气水比增加，造成油管中两相流动，使压力损失增加，井口流动压力下降。严重时会造成积液，产气量下降，甚至造成气井过早停喷，大大缩短了气井寿命。

四、平稳供气、产能接替的原则

连续平稳供气是天然气生产的基本要求。气井在生产过程中随着地层压力下降，产量最终不可避免要下降，产量下降速度主要与储量和产量的大小有关，合理产量的确定可以使气井产量的下降不致于过快过大，能保持阶段性相对稳产。既能满足平稳供气的需要，也能为新井产能接替争取时间。

对于储量大小不同的气田或气藏，其采气速度和稳产年限可按下述标准控制：储量$\geqslant 50 \times 10^8 m^3$，采气速度为3%～5%，稳产期要求在10年以上；储量为$10 \times 10^8 \sim 50 \times 10^8 m^3$，采气速度为5%左右，稳产期要求5～8年；储量$< 10 \times 10^8 m^3$，采气速度为5%～6%，稳产期5～8年。

总之，在确定气井的合理产量时，需要对上述诸因素综合考虑。

五、合理产量预测新方法及其应用

气井合理产量通常应通过产能试井与生产系统分析予以确定，此内容已在本书第三章作了介绍，然而如何预测不同开发时期部署井的产能，一直是一个令人困惑的难题。

本节通过对合理产能预测数学模型的建立，分析川东地区1986年以来完钻的195口气井的资料，建立了完井测试产量与一点法无阻流量和气井稳定产量与测试无阻流量之间的相关关系，为川东地区气藏不同开发时期部署井产能预测和气井合理产量的确定提供了一种新的方法。

1. 部署井产能预测新方法数学模式的建立

对于常规气藏渗流，当流体在地层中流速很小，符合稳定直线流时，由气井指数式方程可得：

$$q_g = c(p_r^2 - p_{wf}^2) \tag{4—1}$$

气井的稳定直线流又可用下式表示：

$$q_g = \frac{Kh\pi}{\mu_g} \cdot \frac{T_{sc}(p_r^2 - p_{wf}^2)}{p_{sc}ZT\ln(\gamma_e/\gamma_w)} \tag{4—2}$$

令 $p_{wf} = 0.101325\text{MPa}$ 时，$q_g = q_{AOF}$，并联解式（4—1）与（4—2）可得：

$$\log q_{AOF} = \log(Kh) + \log p_r^2 + \log \frac{\pi T_{sc}}{\mu_g p_{sc}ZT\ln(\gamma_e/\gamma_w)} \tag{4—3}$$

（1）在原始状态下，视气藏地层压力与式（4—3）末项为常数，可得：

$$\log q_{AOF} = \log(Kh) + A \tag{4—4}$$

$$A = \log p_r^2 + \log \frac{\pi T_{sc}}{\mu_g p_{sc}ZT\ln(\gamma_e/\gamma_w)} \tag{4—5}$$

由式（4—4）可得出，在气藏原始状态下，气井的无阻流量取决于该井的地层系数（Kh）；

（2）当气藏开采过程中，则由式（4—3）可得：

$$\log q_{AOF} = \log(Kh \cdot p_r^2) + B \tag{4—6}$$

式中

$$B = \log \frac{\pi T_{sc}}{\mu_g p_{sc}ZT\ln(\gamma_e/\gamma_w)} \tag{4—7}$$

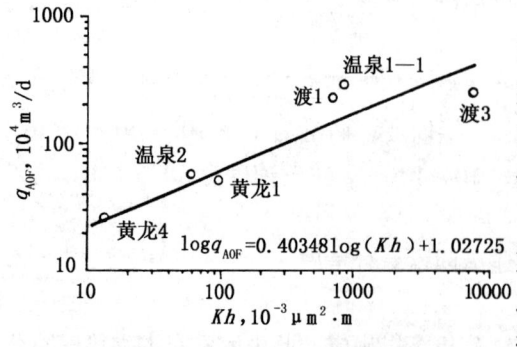

图4—1 气井无阻流量与地层系数关系图

由式（4—6）知，气井开采过程中气井的无阻流量取决于该井的地层系数与地层压力平方的乘积，依据气井的地层系数、地层压力确定气井的无阻流量，就可进而为确定其合理产能提供了依据。

根据大天池开发概念设计的经验和川东地区重点气井的分析，得出气井无阻流量与地层系数之间存在相关关系的结论。利用本区块气井数据，建立了本区块气井无阻流量与地层系数之间的相关关系（图4—1）。

$$\log q_{AOF} = 0.403479\log(Kh) + 1.02725 \tag{4—8}$$

$$r = 0.917$$

式中的地层渗透率 K 与产层厚度地层参数,可依据完井测试并采用常规分析、格林加顿均质图版、Mckinley 图版等多种方法分析、解释获得(表 4—1)。

利用这一关系式可对部署开发井的产能作出较科学的预测,并以此作为气井定、配产或数模计算的依据。

表 4—1 温、渡、黄区块完井测试成果及解释结果汇总表

井号	测试成果及解释结果						措施建议
	q_g $10^4 m^3/d$	q_{AOF} $10^4 m^3/d$	S	C_D	K $10^{-3}\mu m^2$	解释方法	
温泉 1—1	123.46	274.00	7.71	5930	16.06	Mckinley	解堵酸化
温泉 2	31.41	56.84	-1.27	18270	3.84	Mckinley	
黄龙 1	22.56	49.78	0.65		2.79	常规分析	
黄龙 4	15.61	26.24	2.13		1.14	Mckinley	
渡 1	44.15	216.30	14.67	800.6	23.19	常规分析	解堵酸化
渡 3	54.18	235.00	4.78		92.40	格林加顿	解堵酸化

2. 完井测试产量与无阻流量的关系

将测试产量与一点法无阻流量配套的新井资料点在双对数坐标上,具有很好的相关性(图 4—2),通过线性回归求得回归方程式如下:

$$\log q_{AOF} = 1.1142 \log q_{测} + 0.1626 \quad (4—9)$$

$$r = 0.947$$

通过这一关系就可以确定那些未求得最大(平衡)关井地层压力和稳定测试时无井底流动压力资料的新井的无阻流量值。

3. 稳定产量与无阻流量的关系

气井产能的高低,是由储层渗透条件和生产压差共同决定的,为了使气井保持一段时间的稳定,生产压差就必须控制在一个合理的范围内,当生产压差一定时,产能的高低就完全取决于储层的渗流条件(包括井底伤害、堵塞等造成的影响)。而完井测试的(一点法)无阻流量也正是该井储层渗流能力(包括伤害状况)的综合反映。统计四川盆地的测试资料,气井的合理稳定产量一般相当于气井无阻流量的 1/5~1/3。

根据盆地东部地区 1986 年以来完钻的新井表明,稳定产量与测试无阻流量之间存在较好的相关关系(图 4—3)。

通过对上述气井资料的回归处理后,得到如下关系式:

$$q_g = 0.807 q_{AOF}^{0.59} \quad (4—10)$$

将(4—8)与(4—10)联解可得如下关系:

$$q_g = 3.258 (Kh)^{0.285} \quad (4—11)$$

利用这些方法对温泉井、黄龙场、渡口河区块已获得的 6 口气井进行产能预测,以便在

制定开发规模和方案预测时参考。预测结果列于表4—2中。

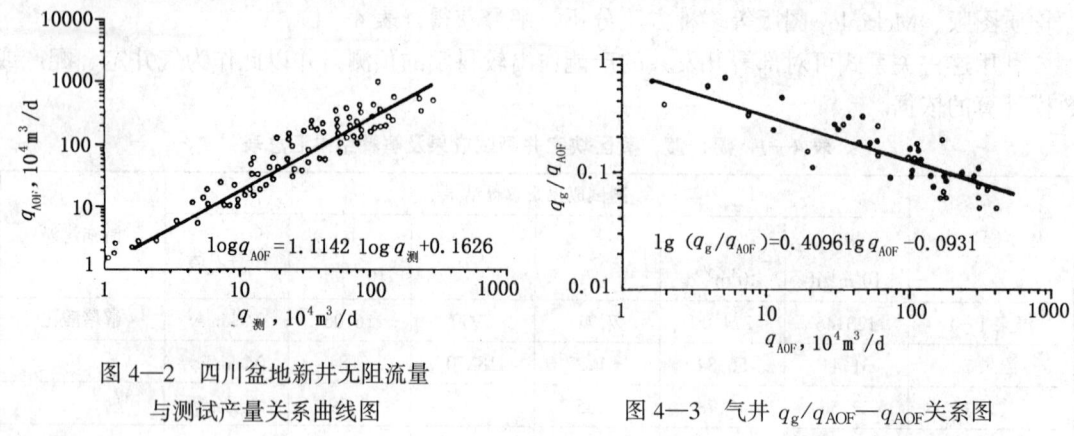

图4—2 四川盆地新井无阻流量
与测试产量关系曲线图

图4—3 气井 q_g/q_{AOF}—q_{AOF}关系图

表4—2 已获气井产能预测表　　　　产量单位：$10^4m^3/d$

产量 井号	完井测试		式（4—10）计算		备　注
	$q_{测}$	q_{AOF}	q_{AOF}	$q_{计}$	
温泉1—1	123.46	274.0	266.36	22	解堵酸化尚有潜力
温泉2	31.41	56.84*	57.45	9	
黄龙1	22.56	49.78*	39.65	8	
黄龙4	15.61		26.24	5	
渡1	44.152	216.3	84.14	19	解堵酸化尚有潜力
渡3	54.18	235.0	105.84	20	解堵酸化尚有潜力
备注	*用陈元千方法确定		用完井测试q_{AOF}计算		

第二节　气井的生产工作制度

气井工作制度是指适应气井产层地质特征和满足生产需要时，产量和压力应遵循的关系。气井所选择的合理的生产工艺制度，应保证气井在生产过程中能得到最大的允许产量，并使天然气在整个采气过程中（产层→井底→井口→输气干线）的压力损失分配合理。换言之，我们采气工作者应从气井地质情况、井身结构、采气工艺、采气速度及用户用气量变化等因素出发，选择确定在某一生产时期的气井生产方式，以达到充分利用地层能量，尽可能地采出较多的天然气。

气井的工作制度基本上有5种，其适用条件如表4—3。

一、定产量制度

适用于产层岩石胶结紧密的无水气井早期生产，是气井稳产阶段常用的制度。气井投产早期，地层压力高，井口压力高，采用气井允许的合理产量生产，具有产量高，采气成本低，易于管理等优点。地层压力下降后，可以采取降低井底压力的方法来保持产量一定。

表 4—3　气井工作制度的适用条件表

序号	工作制度名称	适用条件
1	定产量制度 q_g = 常数	气藏开采初期时常用
2	定井底渗滤速度制度 C = 常数	疏松的砂岩地层，防止流速大于某值时砂子从地层中产出
3	定井壁压力梯度制度 Δp = 常数	气层岩石不紧密，易坍塌的气井
4	定井口（井底）压力制度 p_{wh} = 常数 （p_{wf} = 常数）	凝析气井，防止井底压力低于某值时油在地层中凝析出来；当输气压力一定时，要求一定的井口压力，以保证输入管网
5	定井底压差制度 $\Delta p = p_r - p_{wf}$ = 常数	气层岩石不紧密、易坍塌的井；有边底水的井，防止生产压差过大引起水锥

上述工作制度中，1、4、5 种最常用，本节主要介绍这三种制度。

定产量制度下的地层压力、井底压力、井口压力随时间的变化用以下公式计算：

1．地层压力

$$p_r = p_{ro} - \frac{q_g t}{q_{upr}} \tag{4—12}$$

2．井底压力

$$p_{wf} = \sqrt{p_r^2 - (aq_g + bq_g^2)} \tag{4—13}$$

3．井口压力

$$p_{wh} = \sqrt{\frac{p_{wf}^2 - \theta q_g^2}{e^{2s}}} \tag{4—14}$$

$$q_{upr} = \frac{R_0 Z_0}{p_{ro}} \tag{4—15}$$

式中　p_{ro}——原始地层压力，MPa；

　　　p_r——t 时间的地层压力，MPa；

　　　p_{wf}——t 时间的井底压力，MPa；

　　　p_{wh}——t 时间的井口压力，MPa；

　　　q_g——气井产量，$10^3 m^3/d$；

　　　t——气藏压力由 p_{ro} 下降到 p_r 的累积生产时间，d；

　　　a、b——二项式的系数；

　　　q_{upr}——单位压降采气量，即气藏压力降低单位压降时所采出的气量，$10^3 m^3/MPa$。

　　　R_0——气藏天然气原始储量，$10^3 m^3$；

Z_0——p_{ro}、T_{ro}下天然气的偏差系数；
T_{ro}——产层温度，K。

$$S = \frac{0.03415\gamma_g H}{\overline{T}\overline{Z}} \tag{4—16}$$

式中各符号意义同前。

$$\theta = \frac{1.324 \times 10^{-6} f \overline{T}^2 \overline{Z}^2}{D^5}(e^{2s} - 1) \tag{4—17}$$

式中　D——油管内径，mm；
　　　f——油管摩阻系数，可按表4—4选择。

表4—4　油管内径与油管系数关系表

D，mm	f
50.3	0.0161
62.0	0.01512
75.9	0.0145

已知气藏日产气量 q_g 生产时间 t，原始地层压力 p_{ro} 和单位压降采气量 q_{upr}，就可以用式（4—12）求出地层压力 p_r。分析式（4—13），在定产量生产时，aq_g 项和 bq_g^2 项不变（认为 a、b 不变时），井底压力 p_{wf} 值与气藏地层压力 p_r 成开方关系，p_{wf} 下降速度比 p_r 快。所以，定产量生产时，p_r、p_{wf}、p_{wh} 三个压力之间的差值越来越大，如图4—4。直到 p_{wh} 降到与输气压力相近，气井转入定井口压力生产，或者在产量降至 q_{gl} 下定产量生产。

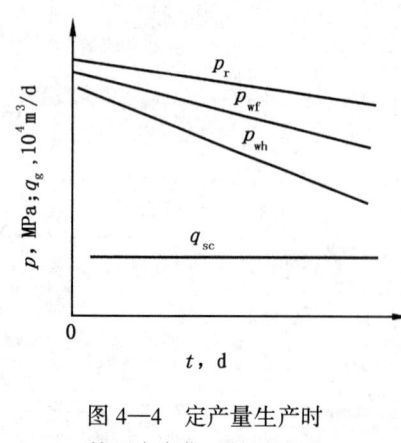

图4—4　定产量生产时的压力变化（图3—34）

二、定井口（井底）压力制度

气井生产到一定时间，当井口压力降低到接近输气压力时，应转入定井口压力制度生产。定井口压力制度是定井底压力制度的变形，为简化起见，可以近似按定井底压力预测产量变化：

$$q_g = \sqrt{\frac{a^2}{4b^2} - \left[p_{wf}^2 - \left(p_{ro} - \frac{q_{gp}t}{10q_{upr}}\right)^2\right]} \times \frac{1}{b} - \frac{a}{2b} \tag{4—18}$$

式中　q_{gp}——气藏产气量，$10^3 m^3/d$；
其余符号意义同式（4—12）、（4—13）。

在式（4—18）中，$\frac{a^2}{4b}$ 项、p_{wf}^2 项、p_{ro} 项 $\frac{1}{q_{upr}}$ 项和 $\frac{a}{4b}$ 都是常数，只有 $q_{gp}t$ 项是变量，随时间 t 增加而增大，结果 q_g 急剧减小，产量大幅度递减。

定井口压力制度一般应用在气藏附近无低压管网，天然气要继续输到脱硫厂或高压管网的气井，或者需要维持井底压力高于凝析压力的气井。

三、定井底压差制度

（1）按照气田（或气藏）规定的日产量 q_{gp}（为常数），不同的生产时间 t，确定不同时间的气井产量 q_g：

$$q_g = -\frac{a}{2b} + \sqrt{\frac{a^2}{4b^2} - \frac{1}{b}\left[(\Delta p)^2 - 2p_{ro}\Delta p + \frac{q_{gp}t}{q_{upr}}2\Delta p\right]} \quad (4—19)$$

（2）求不同时间的地层压力：

$$p_r = p_{ro} - \frac{q_{gp}t}{q_{upr}} \quad (4—20)$$

或

$$p_r = \frac{aq_g}{2\Delta p} + \frac{bq_g^2}{2\Delta p} + \frac{\Delta p}{2} \quad (4—21)$$

（3）求不同时间的井底压力：

$$p_{wf} = p_r - \Delta p \quad (4—22)$$

（4）求井口流压：

$$p_{wh} = \sqrt{\frac{p_{wf}^2 - \theta q_g^2}{e^{2s}}} \quad (4—23)$$

上述各式中：Δp 为气井允许的井底生产压差，俗称气井生产的采气压差，MPa，其余符号意义同前。

例题：气压弹性驱动气田中某气井井深为1000m，未下油管，采用6in套管采气。天然气相对密度 $\gamma_g = 0.6$，地层温度 $T_s = 333K$，临界压力 $p_{pc} = 4.48MPa$，临界温度 $T_{pc} = 195K$。从试井试采资料知道，$p_r = 9.8MPa$，二项式系数为 $a = 0.02$，$b = 0.0001$，绝对无阻流量 $q_{AOF} = 90.5 \times 10^4 m^3/d$，井底允许生产压差 $\Delta p_{max} = 1.96MPa$，开采初期采用定产量生产，此时 $q_g = 400 \times 10^3 m^3/d$，井口气流温度 $t = 27℃$，规定井口最低输压1.96MPa，单位压降下的采气量为 $q_{upr} = 10^6 \times 10^3 m^3/MPa$，

求：（1）定产量生产一年后气井的生产参数？
（2）定产量生产何时结束，此时的生产参数？

解：（1）生产一年后气井生产参数为：

①求一年后地层压力 p_r：

由（4—12）式得：

$$p_r = p_{ro} - \frac{q_g \times t}{q_{upr}} = 9.8 - 400 \times 365/10^6 = 9.654(MPa)$$

②求一年后井底流压 p_{wf}：

由（4—13）式得：

$$p_{wf} = \sqrt{p_r - (aq_g + bq_g^2)}$$
$$= \sqrt{9.654^2 - (0.02 \times 400 + 0.0001 \times 400^2)}$$

$$= 8.32 \text{(MPa)}$$

③求一年后井底压差 Δp：
$$\Delta p = p_r - p_{wf}$$
$$= 9.654 - 8.32 = 1.334 \text{(MPa)}$$

④求一年后的井口油压 p_{wh}：

由（4—14）式得：
$$p_{wh} = \sqrt{\frac{p_{wf}^2 - \theta q_g^2}{e^{2s}}}$$

将数据代入并计算得
$$p_{wh} = 7.68 \text{MPa}$$

由于一年后 $\Delta p = 1.334 \text{MPa} < \Delta p_{max} = 1.96 \text{MPa}$，$p_{wh} = 7.68 \text{MPa} > 1.96 \text{MPa}$ 井口最低输压，所以可继续以定产量生产工艺生产。

(2) 预测定产量结束时间及 p_{wf}、p_{wh}：

①当 $p_r - p_{wf} = 1.96 \text{MPa}$ 时定产量生产结束

∵ $(2p_r - \Delta p)\Delta p = aq_g + bq_g^2$

∴ $p_r = \left[\dfrac{0.02 \times 400 + 0.0001 \times 400^2}{1.96} + 1.96\right]/2 = 7.1 \text{(MPa)}$

②计算结束时间为：

由（4—12）式得：
$$t = \frac{(p_{ro} - p_r)q_{upr}}{q_g} = \frac{(9.8 - 7.1) \times 10^6}{400} = 6750 \text{(d)}$$

∴定产量生产约 18 年。

③此时 p_{wf}：
$$p_{wf} = p_r - \Delta p = 7.1 - 1.96 = 5.14 \text{(MPa)}$$

④根据动气柱井底压力计算公式，采用试算法，可求得：
$$p_{wh} = 4.63 \text{MPa}$$

所以，该井在 18 年后定产量生产结束，此时

$p_r = 7.1 \text{MPa}$

$p_{wf} = 5.14 \text{MPa}$

$p_{wh} = 4.63 \text{MPa}$

四、确定气井工作制度时应考虑的因素

气井生产工作制度的确定，除应遵循前面介绍的原则以外，同时，还应考虑以下因素。

1. 地质因素

1) 地层岩石胶结程度

岩石胶结不紧、地层疏松，当气体流速过高时砂粒将脱落，易堵塞气流通道，严重时可导致地层垮塌，堵塞井底，使产量降低，甚至堵死气层而停产。另外，高速流动的砂子易磨损油管、阀门和管线。所以，地层疏松的气井（砂层）宜选择定井底流速或定井壁压力梯度采气，在地层不出砂，井底不被破坏条件下生产。

2) 地层水的活跃程度

在地层水活跃的气藏上采气时，如果控制不当，容易引起底水锥进或边水舌进。结果使

井底附近地层渗流条件变坏,增加了天然气流动阻力,使气井产量减少,严重时可使气井水淹。所以在有水气藏上采气初期,气井宜选用定压差生产制度,延缓气井产地层水。

2.影响气井工作制度的采气工艺因素

1)天然气在井筒中的流速

气井生产时必须保证井底天然气有一定流速,以带出流到井底的积液,防止液体在井筒中聚积。

2)水合物的形成

天然气中生成水合物将对采气产生很大危害。为防止井内气体水合物的生成,可把气井控制在高于水合物形成的温度条件下生产,以保证生产稳定。

3)凝析压力

如果凝析油在地层中凝析后便无法采出,且增大渗流阻力。为此,在采气过程中为防止凝析油在地层中凝析出,井底流压应高于凝析油析出的露点压力。

3.影响气井工作制度的井身技术因素

1)套管内压力的控制

生产时的最低套压,不能低于套管被挤毁时的允许压力,以防套管被挤坏。

2)油管直径对产量的限制

由于油管品种和其它原因,常常未能按产量要求和设计要求选择合适直径的油管。对一些高产气井或是产气量很少的产水气井,不合适的油管将影响气井的正常采气。

4.影响气井工作制度的其它因素

主要有用户用气负荷的变化,气藏采气速度的影响,输气管线压力的影响等因素都可能影响气井产量和工艺制度。

由于影响气井工作制度的因素很多。因此,制定气井合理工作制度时,应从影响气井工作制度诸因素中找出对采气工艺起决定性作用的因素作为决策的依据。气井工艺制度确定后,还应在生产中不断检验该制度是否合理,必要时应对原制度进行修正或改变,使气井生产更加趋于合理。

第三节 气井的分类开采

按照不同的地质特点和开采特征(如压力、产量、产油气水和气质情况等),可以把常规气藏气井开采划分为无水气藏气井、有水气藏气井、低压气藏气井开采。

一、无水气藏气井的开采

无水气藏是指气层中无边底水和层间水的气藏(也包括边底水不活跃的气藏)。这类气藏的驱动方式主要靠天然气弹性能量,进行消耗方式开采。开采过程中,除产少量凝析水外,气井基本上产纯气(有的也产少量凝析油,但不属凝析气井)。

1.开采特征

1)气井的阶段开采明显

大量的生产资料和动态曲线表明,无水气藏气井生产可分为四个阶段。

(1)产量上升阶段。仅井底受损害,而损害物又易于排出地面的无水气井才具有这个阶段的特征。在此阶段,气井处于调整工作制度和井底产层净化的过程。产量、无阻流量随着井下渗透条件的改善而上升。

(2)稳产阶段。产量基本保持不变，压力缓慢下降。稳产期的长短主要取决于气井的采气速度。

(3)递减阶段。当气井能量不足克服地层的流动阻力、井筒油管的摩阻和输气管道的摩阻时，稳产阶段结束，产量开始递减。

(4)低压小产阶段。产量、压力均很低，但递减速度减慢，生产相对稳定，开采时间延续很长。

上述四个阶段的特征在采气曲线上表现得很明显（图4—5）。前三个生产阶段为一般纯气井开采所常见，而第四个阶段在裂缝孔隙型气藏中表现特别明显。如自流井气田嘉三气藏在低压低产阶段开采时间长达数十年之久；邓关气田嘉三气藏五口主力气井早已进入低压小产阶段，井口压力低于1MPa，单井平均日产气$1 \times 10^4 m^3/d$左右，稳产十余年。用第四阶段产量、压力资料计算的储量比压降储量多13%。这说明低压小产阶段中，低渗透区的天然气不断向井底补给，致使压力和产量下降都十分缓慢。

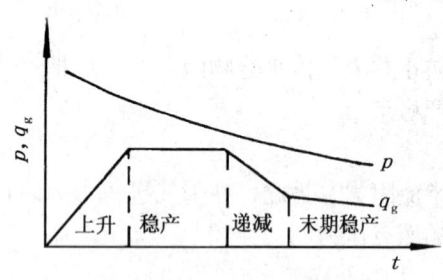

图4—5　无水气藏气井生产阶段划分示意图

2) 气井有合理产量

气驱气藏是靠天然气的弹性能量进行开采的，因此充分利用气藏的自然能量是合理开发好气藏的关键。根据气井二项式渗滤方程和稳定试井指示曲线分析，气井的生产压差和产量在某一极限值以下近似为一条直线，即产气量随着生产压差的增大而增大；当产量超过其极限值后，产量的增加不呈线性比例关系，即单位生产压差的产气量越来越小，使得气井储层能量利用不够合理（图4—6）。

根据某气田57口气井的试井及生产资料分析统计，无水气井的合理产量一般宜控制在无阻流量的15%，最好不要超过20%。

3) 气井稳产期和递减期的产量、压力能够进行预测

在现场实用中，由于气井生产制度变化较大，一般采用图解法预测，步骤如下：

(1) 根据稳定试井资料求出气井二项式渗滤方程式；

(2) 结合气藏实际情况，给出相当数量的地层压力 p_r 值，并假设若干个 q_g 值代入该式求出井底压力 p_{wf}，绘制不同地层压力值下的井底压力与产量的关系曲线图版（图4—7）；

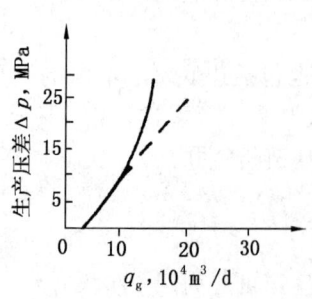

图4—6　$q_g - \Delta p$ 关系曲线

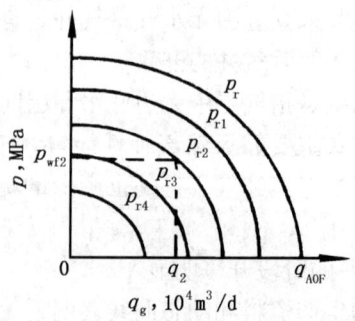

图4—7　井底压力与产量关系图

(3) p_{wf}求出后,进一步可求出井口油、套压(p_t、p_c),于是绘制出p_c—q_g及p_t—q_g的关系曲线图版,图版形式大致和井底压力与产量关系图(4—7)相似。

根据上述图版及气藏的压降储量图即可预测气藏(气井)某个时刻的压力和产量;

(4) 采气速度只影响气藏稳产期的长短期,而不影响最终采收率。

影响气藏(气井)稳产期长短的主要因素是采气速度。采气速度高,稳产年限短。反之,则稳产年限长。从气驱气藏生产趋势看,它们的采收率都是很高的,可达90%以上。渗透性好的高产气井(无阻流量$100×10^4m^3/d$以上)稳产期采出程度可达50%以上;低产井(无阻流量$100×10^4m^3/d$以下)稳产期采出程度较低,约30%。

2. 无水气藏气井的开采措施

1) 可以适当采用大压差采气

适当采用大压差采气的优点是:

(1) 增加大缝洞与微小缝隙之间的压差,使微缝隙里气易排出;
(2) 充分发挥低渗透区的补给作用;
(3) 发挥低压层的作用;
(4) 提高气藏采气速度,满足生产需要;
(5) 净化井底,改善井底渗透条件。

2) 确定合理的采气速度

在开采的早、中期,由于举升能量充足,凝析液对气井生产的影响不大,但气藏应有合理的采气速度,在此基础上各井制定合理的工作制度,安全平稳地采气。对某些井底有损害、渗滤条件不好的气井,可适当采用酸化压裂等增产措施。

3) 充分利用气藏能量

在晚期生产中,由于气藏的能量衰竭,排液(主要是凝析液)的能量不足,如果管理措施不当,气井容易假死或减产,为了使晚期气井延长相对稳产时间,提高气藏最终采收率,应充分利用气藏能量,根据气井生产中的矛盾采取相应的措施。如:

①调整地面设备:

对于不适应气藏后期开采的一些地面设备应预除去,尽量增大气流通道,减少地面阻力,增大举升压差,增加气的携液能力,延长气井的稳产期。如某气田8、15、33井除去角式节流阀后,使气井日产气量增加20%。而且,由于地面阻力减少,井底积液被带出地面,井口压力普遍增加0.1MPa以上。

②周期降压排除井底积液:

实践证明,在气藏开采后期,凝析液在井底积聚,对无水气井的生产也是致命的。周期降压排除井底积液的常用方法有:周期性降压生产和井口放喷。

a. 降压生产:气井生产一段时间后,生产压差减少,气量减小,气流不能完全把井底积液带出地面,需要周期性的降低生产压力,以排除井底积液。

b. 井口放喷:上述降压生产的办法,有时要受到输气压力的限制,故有局限性。当采用降压生产还不能将井底积液带出来时,为了延长气井生产寿命,最大限度的降低地面对气井的回压,可采用井口放空的办法。井口放喷时,井口回压可接近当地大气压力,生产压差增大,带液能力增强。把井内积液放空后,转入正常生产,气井日产气量可得到恢复。井口放空方法的缺点是每次放空要浪费一定量的天然气,且短期间断供气,但能使气井免于早死。

4) 采用气举排液

对于下有油管的井,有条件时,可采用外加能量的方法排除井底积液。如把 M34 井的气管线与压力较高的长输管网气源连通,进行周期性(每 1~2 个月一次)气举。把井底积液举出来后,又转入正常输气。使 M34 井的日产气量保持在 $1.5 \times 10^4 \sim 2.5 \times 10^4 \mathrm{m}^3$,相对稳定生产。

上述各种措施,对纯气藏和气层水(指边、底水)不活跃的气藏,具有一定的代表性,在气藏开采末期,使气井稳定生产都能起一些作用。为了便于掌握和对比,现将上述措施列于表 4—5。

各种措施都有它的条件、适用范围、优缺点。在实际生产中可根据各井的具体情况预以选用。

表 4—5 边底水不活跃的气田开发晚期气井稳定生产措施对照表

序	措施名称		措施机理	条件	适用范围	怎样实施	优点	缺点
1	调整地面设备		降低地面阻力和气井的回压	地面阻力大,不适应晚期气井生产的设备	对有可能去掉的分离器、角式节流阀等的气井均适用	去掉角式节流阀等多余设备	①在地面施工;②效果明显	要停气动焊
2	调整井下设备		减少流体在油管中的阻力,增加举液能力	套油压差大	油管大小及下入深度不适当,筛管及油管鞋堵塞	更换合适的油管,调整油管深度	效果明显	要上修井机,井下施工困难较大
3	降压排液	大压差生产	降低井底回压,增大采气压力	井底有污物或积液	气藏刚进入晚期,相对而言能量较充足,对输压要求不高	开大阀门增大压差生产	能将井底积液带出地面,净化产气井段	产层疏松时井底易垮塌堵塞
3		间断生产降压	降低井口回压,增强排液能力	气井生产压差不能把液体全部带出地面,井底有积液	地面有适应低压输气的用户管线	作好准备开大阀门,待井下积液带出后又关回原状生产,周期性施工	不放空,效果好	受输气压力限制
4	井口放空		最大限度的降低井口回压,增强排液能力	靠降低生产压差带水能量仍不足,井底有积液	井底有积液,井口能放喷	作好放空准备,放空见雾状水减少后转入正常生产	效果显著,充分利用地层能量排液	放空浪费气,需周期性施工
5	气举排液		注气,增加举升动力	有高压气源或有高压天然气压缩机	井中有油管,井底有积液的生产井、躺井均适用	从套(油)管注高压气;油(套)管返出	效果明显	要具备高压气源或天然气压缩机

续表

序	措施名称	措施机理	条件	适用范围	怎样实施	优点	缺点
6	使用天然气喷射器	降低井口回压，提高输气压力	具备高压气源	低压生产井均适用	选择适当参数的天然气喷射器	不用压缩机，成本低	要具备高压气源
7	建立地面压缩机站	最大限度降低井口回压	井内压力低，但有气源供给	井口压力接近或低于输气压力的气井	用压缩机加压进入输气管线	井口回压可降低，加快末期采气速度，并提高输压	要上压缩机，成本高

二、有边、底水气藏气井的开采工艺

1. 动态特征

此类气藏有边、底水存在且边底水活跃，如果措施不当，气层水会过早侵入气藏，使气井早期出水，这不仅会严重加快气井的产量递减，而且会降低气藏的采收率。

实践证明，气井出水早迟主要受四个因素影响：

(1) 井底距原始气水界面的高度：在相同条件下，井底距气水界面越近，气层水到达井底的时间越短。

(2) 气井生产压差：随着大压差生产，气层水到达井底的时间越短。

(3) 气层渗透性及气层孔缝结构：气层纵向大裂缝越发育，底水达到井底的时间越短。

(4) 边底水水体的能量与活跃程度。

多数气井出水时存在三个明显的阶段：

预兆阶段：气井水中氯根含量明显上升，由几十上升到几千、几万 mg/L，压力、气产量、水产量无明显变化。

显示阶段：水量开始上升，井口压力、气产量波动。

出水阶段：气井出水增多，井口压力、产量大幅度下降。

2. 治水措施

出水的形式不一样，其相应的治水措施也不相同。根据出水的地质条件不同，采取的相应措施归纳起来有控、堵、排三个方面。

1) 控水采气

气井在出水前和出水后，为了使气井更好的产气，都存在控制出水问题。对水的控制是通过控制气流带水的最小流量或控制临界压差来实现，一般通过控制井口角式节流阀或井口压力来实现。

以底水锥进方式活动的未出水气井，可通过分析氯根，利用单井系统分析曲线，确定临界产量（压差），控制在小于此临界值下生产，保持无水采气。

控制临界流量无水采气的优点：

(1) 无水采气是有水气藏的最佳采气方式，具有稳产期长，产量高，单井累积产量大的优点；

(2) 气流在井筒保持单相流动，压力损失小，在相同产量下，井口剩余压力大，自喷输

气时间长,可推迟上压缩机的采气时间;

(3) 可推迟建设处理地层水的设施;

(4) 采气成本低,经济效益高。所以,对于有地层水显示,或地层水产量不大的井,首先要考虑提高井底压力,控制压差,尽量延长无水采气期。

2) 堵水

对水窜型气层出水,应以堵为主,通过生产测井搞清出水层段,把出水层段封堵死。对水锥型出水气井,先控制压差,延长出水显示阶段。在气层钻开程度较大时,可封堵井底,使人工井底适当提高,把水堵在井底以下。

总的来说,在国内对气井堵水虽有一些成功的井例,但还处于实验阶段。

3) 排水采气

为了消除地下水活动对气井产能的影响,可以加强排水工作。如在水活跃区打排水井或改水淹井为排水井等,减少水向主力气井流动的能力。气井排水采气的方法较多,这些方法将在第五章介绍。

各种治水措施的对比情况见表4—6。

表4—6 治水措施对比

		措施名称	适用条件	怎样实现	优点	缺点
控水采气	1	未出水气井的控水采气	水锥型(慢型)	监视氯根,控制在临界压差(产量)下生产	延长无水采气期提高采收率等	气井能量低时受限
	2	已出水气井的控水采气	断裂型(快型)	生产试验确定合理压差,在合理压差下生产	可增加单位压降采气量,减少水对地面的污染	采气速度低
堵水	3	封堵水层	水窜型出水、异层水	把出水层段搞清堵死	可减少水影响	缺乏经验
	4	封堵井底已出水段	水锥出水	封堵井底水侵层段,提高井底	可减少水影响	缺乏经验
带水采气	5	以气带水	水锥出水等	控制在单井系统分析上拐点下生产	靠气藏自身能量,能保持在自然递减下生产	不能作拐点实验(因水要加剧气层伤害)
	6	放喷	水锥型等	在井口放空	最大限度利用自身能量,净化井底	浪费气

三、低压气藏的开采

气藏的开发和开采是衰竭式开采。因此,随天然气的不断采出,气井压力将逐渐降低,在气藏开采的中、后期能量消耗较多,气藏就处于低压开采阶段。

当气藏处于低压开采阶段时,气井的井口压力较低,而一般输气干线压力往往较高(4~8MPa)。因此,当气井的井口压力接近输压或低于输压时,气井生产因受井口输压波动影响难以维持正常生产,严重时由于井口压力低于输压而使气井被迫关井停产或被水淹,这样将使较多的、还有一定生产能力的气井过早停产,大大降低了气藏的采收率,使气井能量不能充分利用。

因此，对这类处于低压条件下开采的气田或气井，应采取一些有效措施，使其恢复正常生产和正常输气。目前常采用以下几种工艺措施。

1. 高、低压分输工艺

由于低压气井井口压力较低，不宜进入长输干线。因此，可根据具体情况，利用现有的场站和管网加以改造和利用。如：减少站场、管线的压力损失；改变天然气流向；使低压气就近进入低压管线或就近输给用户，而不进入高压长输管线等。这样可在井口压力不改变条件下，维持气井正常生产，提高低压气井生产能力和供气能力，延长气井的生产期。

如四川川南付家庙、庙高寺、纳溪气田中的一些气井，对现有井场管线进行改造，或减少不必要的压力损失元件，或建成高低压两套集输管网，使一大批井的低压气得以采出和利用。

2. 使用天然气喷射器开采

由于气藏一般为多产层系统，气藏中存在同一气田，同一集气站既有高压气井，又有低压气井这一特点。为更好地发挥高压气井的能量，提高低压气井的生产能力，使之满足输气设备要求，可使用喷射器，利用高压井的压力能提高低压气的压力，使之达到输送压力。

喷射器在国内外已得到广泛应用，实践证明：在气田开发的初期、中期、后期使用喷射器均可收到显著的经济效益。如某高压气井，井口压力 11MPa，通过喷射器后将低压气井的压力从 1MPa 提高到 3MPa，使月产气量由 $43 \times 10^4 m^3$ 提高到 $69 \times 10^4 m^3$，一个月增产的天然气价值，就可回收研制安装喷射器的全部费用。

天然气喷射器由高压、低压、混合等三部分组成：高压部分有高压进口管、喷嘴；低压部分有低压进口管、低压室；混合部分有混合室、扩大管等（图 4—8）。

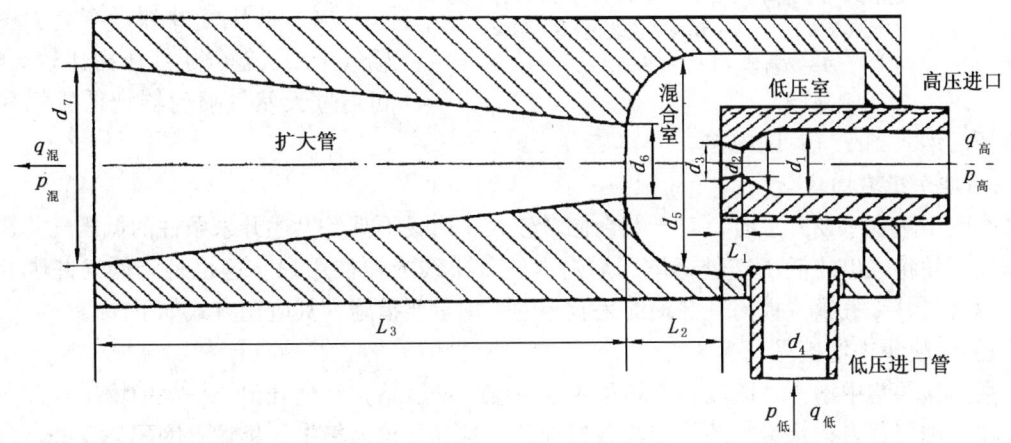

图 4—8 喷射器示意图

d_1—高压井口管内径；d_2—喷嘴最小横截面处内径；d_3—喷嘴出口横截面内径；
d_4—低压气井口管内径；d_5—混合室内径；d_6—扩大管最小横截面内径；
d_7—扩大管出口横截面内径；L_1—喷嘴放射部分长度；L_2—混合室长度；
L_3—扩大管长度；$q_高$、$q_低$、$q_混$—高压、低压、混合气体流量；
$p_高$、$p_低$、$p_混$—高压、低压、混合气体压力喷射器的原理是利用高压气体引射低压气体，使低压气体压力升高而达到输送的目的。当高压动力天然气在喷嘴前以高速通过喷嘴喷出，在混合室中，由于气流速度大大增加，使压力显著降低。因此，在混合室形成一低压区，使低压气井的天然气在压力差作用下被吸入混合室。然后，低压天然气被高速流动天然气携带到扩散管中，在扩散管内，高压天然气的部分动能传递给被输送的低压气，使低压气动能增加。同时，由于扩散管的管径不断增大，使混合气流速度减慢，把动能转换为压能，混合气压力提高，达到增压的目的。

由于各气田条件不同，天然气喷射器可在以下条件下应用：

（1）一井多层开采：一口存在高、低压气层并同时开采的气井，设置天然气喷射器，利用高压气层的能量把低压气采出来，是一种少打井又不增设管线的有效增压措施。

（2）低压气井邻近有高压气井：在多井集气的气田内，压力相差悬殊的高低压气井在同一集气站内汇集。低压气可就近利用邻近高压气，借助天然气喷射器来增压，以带出低压气。根据高、低压气井的井数、产量，按照不同条件，可采取一口高压气井带一口或多口低压气井；也可以多口高压气井带一口或多口低压气井（图4—9）。

（3）低压气田邻近有高压气田：在集输系统中利用邻近高压气田的高压气对低压气田气增压。

（4）低压气井邻近有高、中压输气干线：输气干线压力比较高时，可通过天然气喷射器把低压气井的气增压后纳入到配气管网中去。

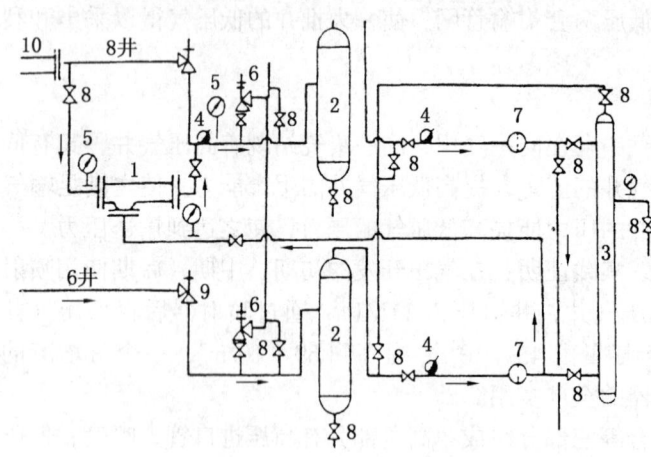

图4—9 一口高压井引射一口低压气井的工艺流程图
1—喷射器；2—分离器；3—汇气管；4—温度计；
5—压力计；6—安全阀；7—孔板节流装置；8—闸阀；
9—节流器；10—换热器

3. 建立压缩机站

当气田进入末期开采时，对于剩余储量较大，而又不具备上述开采条件的低压气井，可建压缩机站将采出的低压气进行增压后进入输气干线或输往用户。这也是降低气井废弃压力，增大气井采气量，提高气井最终采收率的一项重要措施，其应用方式如下。

1）区块集中增压采气

所谓区块集中增压，即以一个增压中心系统（增压站）对全气田统一集中增压。该方式适用于产纯气或者产水量小的气田或数口气井，且气井较为集中，集输管网配备良好。该方式的优点是管理、调度方便、机组利用率高、工程量少、投资省，不需建大量配套工程即可实现全气田增压等优点，其缺点是需征地建站，机组噪声污染大。是否可以把该增压方式适用到气田强化开采终期，与气田自身特点有关，不能一概而论，这是因为单井井口到增压站的管路压力损失将直接影响到增压站进气压力。对于卧龙河气田，根据对北区 $\phi 325mm \times 13mm \times 5.4km$ 干线以及单井压力输损消耗计算表明（表4—7、表4—8），随着压力与流量的同步降低，在低压状态下（1MPa以下），各井区地面管网流动压力损失差距在0.2MPa以内，加之气藏连通性良好，集中增压可以适用到气藏开采终期。

区块集中增压开采方式将气藏上的某口或几口主力井进行增压采气,加速开发后期的开采,可以提高整个气藏的最终采收率,获得较好的经济效益。其基本工艺流程见图4—10。

表4—7 卧龙河气田三号站～总站集气干线压力损失计算

单位:p、Δp,MPa;q_g,$10^4 m^3/d$

Δp \ q_g \ p	100	80	70	60	50
4.0	0.06	0.04	0.03	0.022	0.015
3.5	0.07	0.05	0.04	0.03	0.015
3.0	0.08	0.06	0.04	0.03	0.02
2.5	0.10	0.07	0.05	0.04	0.03
2.0	0.13	0.08	0.06	0.05	0.03
1.5	0.17	0.11	0.08	0.06	0.04
1.0	0.28	0.17	0.13	0.09	0.06
0.8	0.39	0.22	0.16	0.12	0.08

表4—8 卧龙河嘉陵江气藏单井集气支管压力损失计算

单位:p_1、Δp,MPa;q_g,$10^4 m^3/d$

Δp \ q_g \ p_1	卧6井 $\phi168mm \times 11mm \sim 5.36km$					卧7井 $\phi108mm \times 10mm \sim 7.0km$				
	30	25	20	15	10	20	15	10	5	3
4.44	0.23	0.16	0.10	0.06	0.03	2.70	1.23	0.50	0.12	0.05
3.50	0.29	0.20	0.18	0.07	0.03		1.82	0.66	0.16	0.06
3.00	0.34	0.24	0.15	0.09	0.04			0.81	0.18	0.07
2.50	0.42	0.29	0.18	0.10	0.05			1.06	0.22	0.08
2.00	0.56	0.37	0.23	0.13	0.06				0.29	0.10
1.50	0.93	0.55	0.32	0.17	0.08				0.41	0.14
0.08				0.41	0.17					0.29

对于区块集中增压采气的具体工艺流程,应视现场而定,对其基本流程的计量装置和缓冲器等设备作增减以满足采气和输气工艺要求。

2) 单井分散增压采气

所谓单井分散增压采气,就是

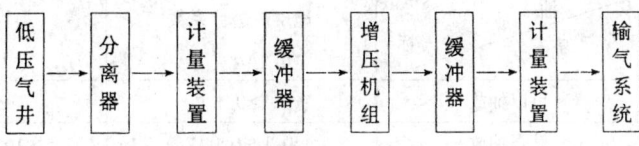

图4—10 区块集中增压开采工艺流程

在单井直接安装低压力、小压比的小型压缩机,把各气井的天然气增压输往集气站,再由站上的大型压缩机集中增压输往用户。该方式主要适用于气井控制地质储量大,气水量较大,且受井口流动压力影响较为严重、濒临水淹的气水同产井以及压力极低的情况下,压缩机应尽可能靠近井口。采取单井分散增压是深度强化开采的客观要求。该种增压方式的缺点是增加管理和基本建设投入,增加备用机组设置以及气量匹配等技术问题。单井增压采气工艺基本流程见图 4—11。

多级分离器的级数，应根据气井产水量来确定，原则是在保证气水分离干净的前提下，尽可能减少压力损失。

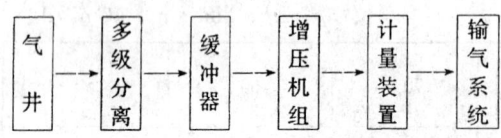

图 4—11 单井增压开采工艺流程

用来给天然气增压的主要设备是压缩机、原动机、天然气净化和冷却系统。

一般说来，在选择压缩机组类型时，主要考虑以下几方面：机组可靠，耐用，操作灵活；排量调节范围大且方便，自动化程度高；燃料消耗低，操作管理人员少，造价低。目前国内外气田上新建的压缩机站主要选用的是燃气轮机驱动的离心式压缩机组和电动机驱动的活塞式压缩机机组。

4．负压采气工艺技术

负压采气技术是当气井井口压力为负压（低于大气压）时采用的采气工艺技术。这项技术通过一定的工艺设备措施，将气井井口的压力由大于或等于大气压降为负压来实施采气。应用该项技术，使采用常规采气工艺技术无法再生产的低压气井进一步利用，从而加快了低压气藏（井）的开采速度和提高最终采收率，使有限的能源得到充分利用。

1）负压采气技术对气井的要求

为了运行的安全和高效性，负压采气对气井有一些特殊的要求：

（1）必须是低压气井（井口压力低于集输干线压力）；

（2）必须有良好的完井，气井的垮塌和水窜，都将增加工艺的运行成本；

（3）剩余储量要较为可观，以保证投资的回收和适当的利润收入或较好的社会效益为前提；

（4）最好是无水气田或无水气井，如有水气田，必须同时采用排水采气工艺，方能实施负压采气工艺技术；

（5）地层渗透性要好，应具有可抽性。

负压采气的实质就是在低于大气压下对气井进行抽放。根据国外资料介绍，决定负压采气效果的先决因素是产层的透气性，透气性好，则抽放效果好，表 4—9 为国内外评价产层透气性的可抽放性指标。

表 4—9 评价产层透气性的可抽放性指标

抽放指标 难易程度	地层渗透性系数 $m^2 \cdot MPa^2 \cdot d$	换算成渗透率 $10^{-3} \mu m^2$	百米钻孔涌出量 m^3/min
可以抽放	>0.1	$>2.5 \times 10^{-1}$	>0.3
勉强抽放	0.1~0.001	$2.5 \times 10^{-1} \sim 2.5 \times 10^{-3}$	0.3~0.1
难以抽放	0.001	$<2.5 \times 10^{-3}$	<0.1

前《苏联煤矿瓦斯抽放细则》规定地面垂直钻孔法中建议负压值为 0.030~0.027MPa，我国阳泉 4 矿地面瓦斯抽放负压为 0.0267~0.040MPa。国内抽放甲烷浓度以 50% 为最佳，合理流速建议为 11~12m/s。

综上所述，国内低渗透气田的特性参数大多数都能满足甚至优越于国内外实施负压采气工艺钻孔井的指标，对国内低渗透、低压力、低产量气井实施负压采气工艺技术是可行的。

2）负压采气工艺方案设计

根据所选工艺井的具体情况和负压采气工艺要求，并以最大限度降低井口输气回压、提高采气速度和最终采收率为目的，设计负压采气工艺方案的程序如下：

（1）负压采气工艺流程设计：

从气井出来的天然气由真空泵抽吸泵入分离器，将天然气中所带凝析水、真空泵部分循环水及少量固体微粒分离干净，然后通过缓冲稳压罐进入压缩机增压的计量，输入集气干线，供给用户（图4—12）。

（2）流程设备配置及作用：

负压采气设备配置及作用如下：

①真空泵：用作使气井井口的压力降到负压，实现负压采气；

②压缩机：用作将真空泵输出的0.1MPa的天然气增压达集输气干线的压力，以便输给用户；

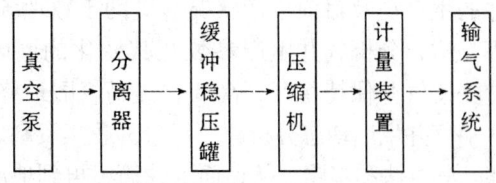

图4—12 负压采气通用流程

③缓冲稳压罐：用作真空泵和压缩机串联匹配时自动控制反应时间的调节；

④分离器：用作分离天然气中的液体和固体杂质；

⑤计量装置：用作对工艺采气的计量；

⑥自动控制系统：用于对真空泵和压缩机串联匹配的自动控制和全套工艺设备运行数据的采集处理以及运行的安全自动保护。

3）应用实例

应用本文所述的负压采气工艺，对四川盆地气田石油沟T_1j^3气藏巴9井进行工艺试验。其实际工艺流程见图4—13。该井试验前为间歇生产，井口关井油套压均为0.7MPa，当输气压力为0.23～0.5MPa，采气量为$0.8 \times 10^4 \sim 1.2 \times 10^4 m^3/d$。1995年3月15日～7月20日进行了第一阶段试运，真空泵机组累计运行355h 53min，压缩机机组累计运行367h 50min，整套设备联机输气累计运行238h 15min，压缩机总输气时间达262h 30min，累计输气$26.76 \times 10^4 m^3$，日平均输气量为$2.45 \times 10^4 m^3$。1996年1月26日到1996年1月29日进行了系统设备满负荷试运考核，整套工艺设备运行74h 35min；输气73h 15min，累计输气$8.6069 \times 10^4 m^3$，日平均输气量为$2.82 \times 10^4 m^3$。运行时真空吸气压力为0.048～0.078MPa，输气干线压力为0.317～0.588MPa。

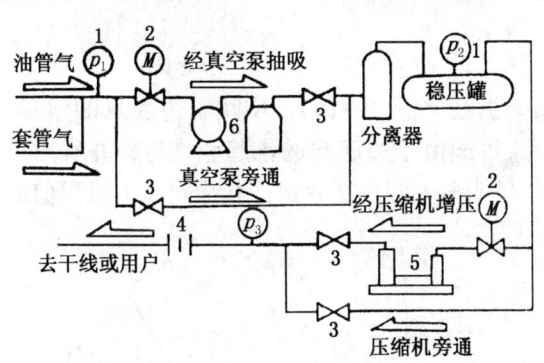

图4—13 巴9井自动连续负压采气工艺流程图
1—压力传感器；2—电动阀；3—单向阀；
4—计量装置；5—压缩机机组；6—真空泵机组

巴9井负压采气试验表明，实施负压采气大幅度降低了井口压力，大大提高了天然气产能，起到了良好的增产作用，使其由间歇生产变为连续生产，取得了显著的经济效益，并达到了提高最终采收率的目的。

第四节　常规气藏气井的生产管理

气井生产管理的目的就是要保证在规定的工作制度下稳定地进行正常生产。一般说来，对于未出水的气井，主要工作就是使其稳定生产，尽量延长无水采气期。对于已出水气井，主要方法是尽量排除或减少水对采气的影响。

气井生产动态分析是气井生产管理的重要手段，它是利用气井的静、动态资料，并结合井的生产史及目前生产状况，借助于数理统计法、图解法、对比法、物质平衡法和渗流力学等方法，分析气井生产参数及其变化的原因，提出相应改进的措施，以便充分利用地层能量，使气井保持稳产、高产、提高气藏最终采收率的一种方法。

气井生产动态分析程序可分为收集资料、了解现状、找出问题、查明原因、提出措施等步骤。其方法和步骤：从地面到井筒，再到地层；从单井到井组（处于同一裂缝系统），再到全气藏；把产量和压力结合起来进行综合分析，排除干扰，抓住主要矛盾，提出解决措施。

一、用试井资料分析气井动态

气井在生产过程中要定期进行试井，通过对试井资料进行整理分析，可以了解气井的生产状态。现在举例说明根据稳定试井法求得的指示曲线，对气井进行分析的方法。

1．气井生产正常时的指示曲线

高、中、低产的正常气井的指示曲线一般都呈直线，符合二项式渗流规律。直线在纵坐标上的截距为系数 a，$tg\alpha = b$，曲线方程为：

$$\frac{p_r^2 - p_{wf}^2}{q_g} = a + bq_g \tag{4—24}$$

指示曲线如图（4—14）所示。

2．大产量测点时的指示曲线

大产量测点时，指示曲线自 b 点以后上翘为弧线（图 4—15），反映了边底水的活动。随着 $p_r^2 - p_{wf}^2$ 的增大，产量增加的速度减慢，这可能由于边底水的锥起和推进，井底附近气层的渗滤性变坏，在同样的压差下，气井的产量明显下降。适宜的产量应定在 b 点以前的直线部分。

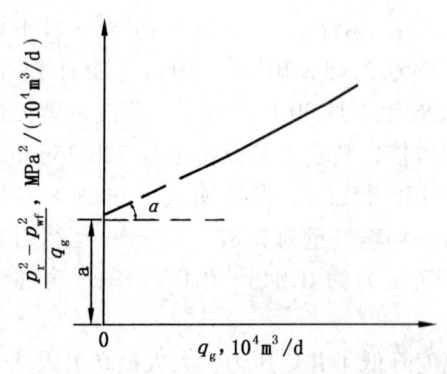

图 4—14　二项式指示曲线图

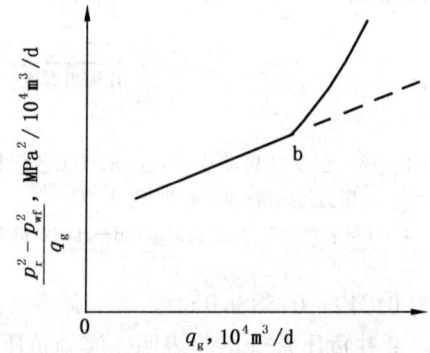

图 4—15　大产量测点指示曲线图

3. 小产量测点时的指示曲线

小产量测点时前段曲线向上弯曲，c点以后指示曲线为直线，（图4—16）。c点以前 q_g 相同时地层压力与井底压力的平方差 $p_r^2 - p_{wf}^2$ 比正常情况大，c点以后才转为正常的线性关系，它表示在c点以前小产量生产时，井底附近渗滤阻力大，渗滤性能差，c点以后渗滤性能变好，这可能是小产量测点时井底有污物堵塞或积液，随着产量的增加井底污物被逐渐带出，c点以后污物喷净井底渗滤性能变好，生产稳定正常，曲线为直线。此外，在c点以前测算的井底流动压力 p_{wf} 比实际的偏低也会使曲线向上弯曲。

4. 向下弯曲的指示曲线

如图（4—17）所示，此曲线d点以后向下弯曲，显示井底附近渗滤性能变好，或高、低压两气层干扰，在小产量测点时，主要由高压层产气。随井底压力降低，低压层气量增加，使指示曲线向下弯曲。

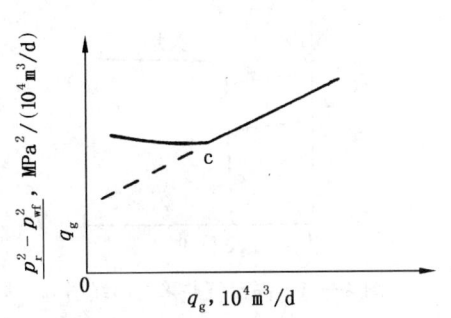

图4—16 小产量测点指示曲线图

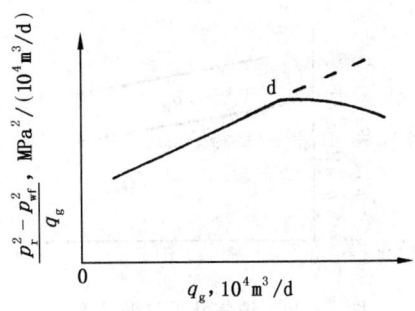

图4—17 向下弯曲的指示曲线图

5. 不规则的指示曲线

有时，采用不稳定试井可获得一条很不规则的试井曲线图（图4—18），与正常的二项式产气方程式很不相符。这是由于测点的压力，产量不稳定所致，除人为的因素外，大多数是渗滤差的小产量气井，这类井用稳定法试井无效。

以上是一些较为典型的试井指示曲线，实际的试井指示曲线形状千差万别。在分析曲线时要把实测曲线与图（4—14）符合产气二项式方程式的正常曲线进行对比，分析异同，查找原因。在判断一口生产井存在的问题时，切不可仅凭指示曲线就下结论，还应参考其它资料多方面对比研究。

二、用采气曲线分析气井动态

采气曲线是生产数据与时间关系曲线。利用它可了解气井是否递减、生产是否正常、工作制度是否合理、增产措施是否有效等，是气田开发和气井生产管理的主要基础资料之一。

采气曲线一般包括：日产气量、水量、油量、油压、套压、出砂等与生产时间的关系曲线。

1. 从采气曲线划分气井类型和特点

通过采气曲线可划分出水气井和纯气井（图4—19、图4—20）。

通过采气曲线可把气井划分成高产气井（图4—21），中产气井（图4—22），低产气井图（4—23）。

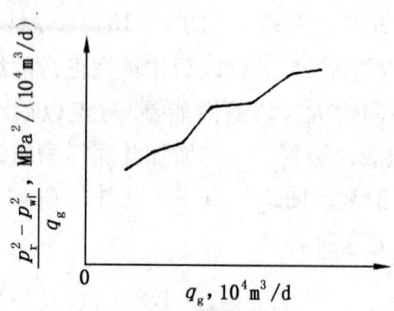

图 4—18 不规则的指示曲线图

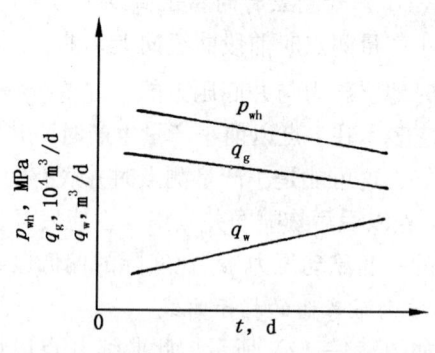

图 4—19 出水气井采气曲线图

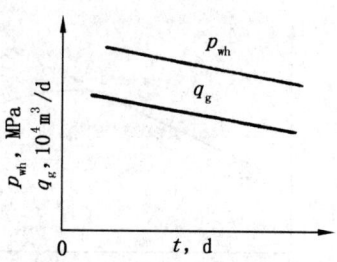

图 4—20 纯气井采气曲线图

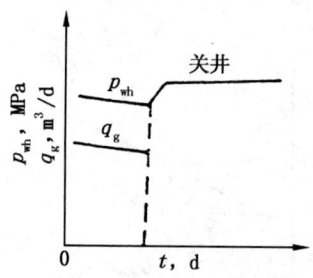

图 4—21 高产气井采气曲线图

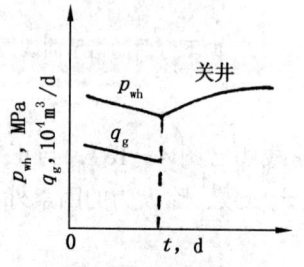

图 4—22 中产气井采气曲线图

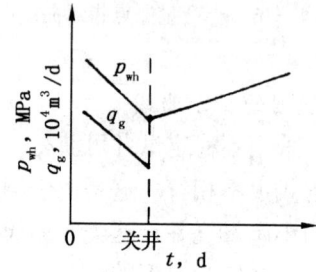

图 4—23 低产气井采气曲线

2. 用采气曲线判断井内情况

1）油管有水柱影响

当油管内有水柱，将使油压显著下降（图 4—24）。产水量增加时油压下降速度相对加快。

2）井口附近油管断裂的采气曲线

曲线特征：产量不变，油压上升，油套压相等（图 4—25）。

3. 用采气曲线可分析气井生产规律

利用正常生产时的采气曲线，可分析以下规律：

（1）井口压力与产气量关系规律；

（2）地层压降与采出气量关系规律；

（3）生产压差与产量规律；

(4) 气水比随压力、气量的变化规律。

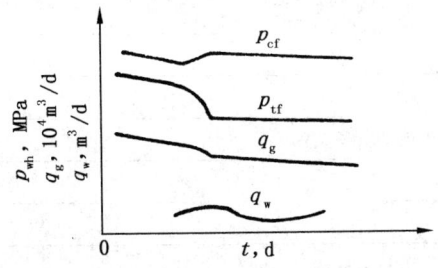

图 4—24 受水影响的采气曲线图

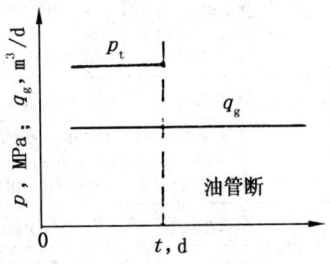

图 4—25 井口附近油管断裂的采气曲线图

三、利用日常生产数据分析气井动态

这里所说的日常生产数据系指气井生产过程中的一系列动态和静态资料，包括压力、产量、温度、油气水物性、气藏性质及各种测试资料。气井生产数据资料是气井、气藏等各种生产状况的反映。气井生产条件的变化或改变可引起气井某一项或多项生产参数的变化，而某一项生产数据的变化又往往与多种因素有关。

1. 利用油、套压分析井筒情况

不同情况下气井油、套压的关系如下：

油管在井筒液面以上断裂，无论关井或开井，油压均等于套压。

2. 由生产资料判断

气井产水的类别：

气井产出水一般有两类。一类是气层水，包括边水、底水等；另一类是非气层水，包括凝析水、泥浆水、残酸水、外来水等。

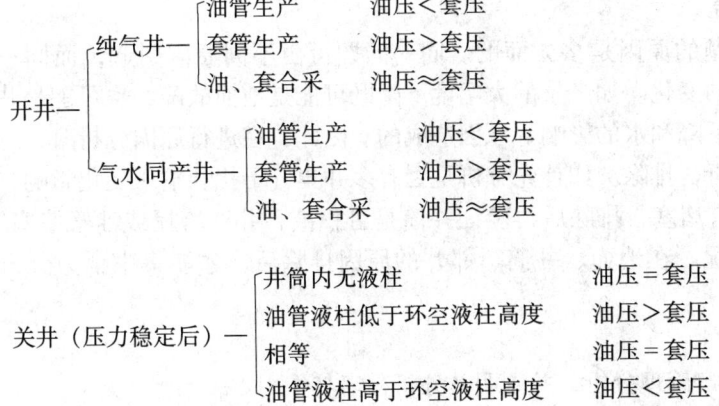

不同类别水的典型特征如表 4—10 所示。

气层水氯根含量高，非气层水氯根含量低，以此可以区别气层水和非气层水。至于气层水与外来水（非气层的地层水）还需结合其它资料分析区别。

表 4—10 不同类别水的典型特征

序号	名 称	典 型 特 征
1	气层水	氯根含量高（可达数万 mg/L）
2	凝析水	氯根含量低（一般低于 1000mg/L）杂质少
3	泥浆水	浑浊，粘稠，氯根含量不高，固体杂质多
4	残酸水	有酸味，pH<7，氯根含量不同
5	外来水	视来源不同，水型不一致
6	地面水	pH≈7，氯根含量低（一般低于 100mg/L）

3．根据生产数据资料分析是否有边（底）水侵入气井

由以下几种情况综合判断气井产水是否是边（底）水侵入：

（1）钻探证实气藏存在边、底水；

（2）井身结构完好，不可能外来水窜入；

（3）气井产水的水性与边水一致；

（4）采气压差增加，可能引起底水锥进，气井产水量增加；

（5）历次试井结果对比：指示曲线上，开始上翘的"偏高点"（出水点）的生产压差逐渐减小，证明水锥高度逐渐增高，单位压差下的产水量增大。

4．根据生产数据资料分析是否有外来水侵入气井

（1）经钻探知道气层上面或下面有水层；

（2）气井固井质量不合格，或套管下得浅，裸露层多，以及在采气过程中发生套管破裂，提供了外来水入井通道；

（3）水性与气藏水性不同；

（4）井底流压高于水层压力下生产时，气井不出水，低于水层压力时则出水；

（5）气水比规律出现异常。

综上所述，气井出现问题的原因是多方面的。同一问题可由不同原因引起，而同一原因，又可引起多个生产数据的变化。如产量的大幅度下降既可能是地面故障，也可能是井下故障，还有可能是地层压力下降和水的影响等原因造成的。因此，在进行原因分析时，应先地面后井筒、再气层逐次分析，排除。如首先分析是否有多井集气干扰和输压变化影响，集气管线、闸门、设备等是否有堵塞，排除后再验证井筒是否积液，井壁垮塌或油管堵塞等，同时，还应了解邻井生产情况。在地面、井筒、邻井的原因排除后，才能集中全力分析气层。

四、气井生产管理实例

现以卧 67 井为例进行生产管理分析，并阐明其分析程序与作用。

1．完井情况

卧 67 井位于四川盆地东部卧龙河构造南段轴部附近。于 1978 年 7 月 7 日开钻，1979 年 4 月 2 日事故完钻，井深 3306.88m，层位 P_1^3，产层厚度 31.88m，油层套管 $\phi 244.5$mm×2041.93m，井内钻具 3300.19m。

卧 67 井于 1979 年 4 月 2 日钻遇阳三气层时发生事故，井口失控被迫完钻，抢建输气管线后于 4 月 7 日投入生产，初期日产天然气高达 $54.2\times10^4 m^3$，这口井属于卧龙河气田阳三气藏的单独裂缝系统，具有以下特殊条件：

(1) 控制储量大：该井钻至阳顶构造高部位，1980年计算流动压降储量$34.30\times10^8m^3$；1986年复核储量为$48.56\times10^8m^3$，在卧龙河气田阳三气藏中是一个高丰度的裂缝系统。

(2) 气层渗透性好：这个裂缝系统仅有卧67井、83井生产，产能为$30\times10^4\sim40\times10^4m^3/d$，井底能量补给充足，储层裂缝发育，渗透性能良好。

(3) 酸性气体含量高：天然气中硫化氢含量为$10.104g/m^3$，二氧化碳含量为$51.3g/m^3$。

(4) 井身结构不完善：井深$2046.93\sim3306.88m$为一大段裸眼，其厚度为$1264.95m$，井下钻具总长$3300.19m$，钻具断点位置不清。

(5) 井口装置不正规：无采气井口装置，主要由两个$\phi304.8mm\times\phi127mm$的封井器来控制井口。

此外，这口井地处偏辟山区，交通不便，远离卧龙河二号集气站，工作环境，生活条件极差，给气井生产带来很多困难。

2．气井生产管理及措施

针对卧67井的特殊情况，采取了相应的管理措施。

(1) 制定合理的生产制度：卧67井接近无阻流量生产，当生产制度不变时，井口压力处于稳定状态，日产气量也相对稳定和高产；当生产制度改变时，出现以下异常现象：

由脱硫老厂转脱硫总厂净化时，井口压力上升约1MPa，初期产量则大幅度下降，比原产量少$20\%\sim30\%$左右；由总厂转老厂生产时，井口压力下降$1\sim1.5MPa$，初期产量则与原产量差值不很大。

根据上述特点，对气井做了如下工作：

①编制气井动态预测图版。根据生产压力p_{wf}，日产气量q_g与时间t的关系曲线，制定各开采时期的最佳生产压力和日产气量。

②控制稳定状态时的生产制度。井口生产制度确定后，在无特殊情况下，一般不允许改变井口操作程序，使生产压力尽可能保持稳定，从而保证生产制度的连续性和有效性。

③密切注视井口压力的变化，定时排液、勤观察、勤分析、发现问题及时处理。

(2) 加强基础资料的收集和整理：为弥补卧67井具体情况带来的困难，通过对基础资料的收集和整理工作加强管理，有效地加强了对气井、气藏的动态监测。

①井口压力每小时录取一次。真重压力每隔5天测一次，如出现异常情况则加密测试点。

②井口和集气站分别装有流量计。同时计量，及时对比，严格计量管理，从而保证了对气、水产量的准确性。

③气、水样每半年取样分析化验一次。

④所在井组、各种记录、图表齐全、认真作好气井现场动态观察记录。

(3) 认真搞好动态分析和综合地质研究：卧67井裂缝系统目前只有两口气井生产，其中卧83井1984年10月完钻后，作为该裂缝系统的观察井，同时监测卧67井。为及时了解和掌握该裂缝系统的有关地质资料，多年来坚持科研与生产相结合，在卧67井无试井资料的情况下，通过各种途径，采用多种科研手段，利用井口生产资料分别求得气井和裂缝系统的有关数据，为制定合理的生产制度、加强井口生产管理、指导气井生产、提供可靠的理论依据。

①根据卧83井近几年的关井压力资料分析，确定卧67井和卧83井属于同一压力系统，并推导出这一个气藏原始关井最高压力为45.198MPa，原始地层压力为54.21MPa。

②利用卧83井（观察井）的压降资料，并用多种方法计算、验证，求得气藏压降储量 $48.56 \times 10^8 \mathrm{m}^3$ 作为这个裂缝系统的核实储量，其单位压降采气量为 $10965.3 \times 10^4 \mathrm{m}^3/\mathrm{MPa}$。

③用动气柱公式计算气井各时期的井底流动压力，从而证明卧67井长期处于接近无阻流量状态生产。

(4) 改造地面设备：1983年11月13日卧67井由于输气管线冰堵而造成憋压，井口压力升高达 8.04MPa，造成井口底法兰钢圈刺漏，经及时抢险堵漏，避免了一场可能事故的发生，1984年以后，对井口地面设备进行了一系列改造。其中对井口分离器进行改造后，有效地解决了输气管线积液及冰堵的问题，排除了事故隐患，对气井后来的生产起着重要作用。

3. 获得的效果

卧67井是一口高产事故井，经过科学化管理，获得了显著的效果：一是依靠科学技术进步，反复实践，深入认识，摸索出了一套对高产事故气井生产的管理方法，便于指导气田上不同类型高、中、低产事故井的生产管理；二是通过对卧67井制定合理的生产措施，精细地操作管理，有效地延长了气井的高产稳产期。截至1990年底，累计开采天然气 $14.3336 \times 10^8 \mathrm{m}^3$，年均生产气量 $1.3713 \times 10^8 \mathrm{m}^3$，日均生产气量 $37.57 \times 10^4 \mathrm{m}^3$。

思考题

1. 何谓气井的合理产量、定产、配产？
2. 何谓产能试井？确定气井合理产能应考虑那些因素？
3. 何谓气井的绝对无阻流量，确定气井绝对无阻流量的意义何在？
4. 写出气井稳定直线渗滤的指数式产能方程式，解释其物理意义，试根据稳定直线渗滤的指数式产能方程推导出部署产能预测的数学模型？
5. 试根据气藏部分气井 q_{AOF}—Kh 的关系图（图4—26），写出该气藏产能预测方程。

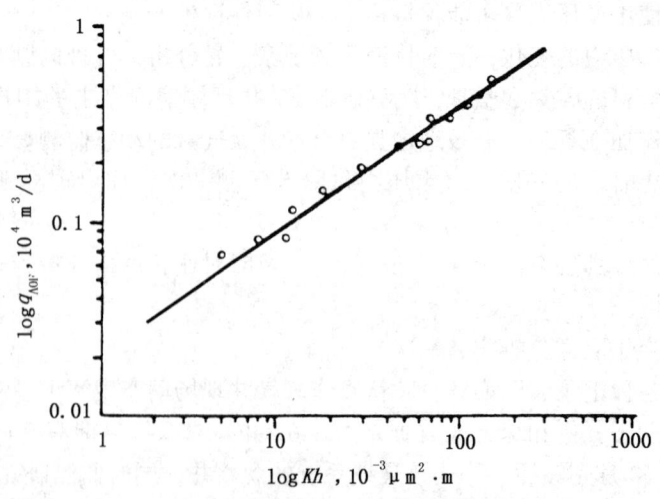

图4—26 气井 q_{AOF}—Kh 关系图

6. 何谓采气压差与单位压降采气量？
7. 某一纯气藏的某气井已知生产数据如下：原始地层压力 $p_{ro} = 8.7\mathrm{MPa}$，井深 $H =$

2130m,封隔器安置深度 $L=2080$m,油管内径 $d=6.20$cm,天然气相对密度 $\gamma_g=0.65$,井筒平均温度 $\bar{T}_t=325$K,井底允许的最大压差 $\Delta p_{max}=3.8$MPa,允许的最小输压 $\Delta p_{min}=1.5$MPa,气井的单位压降采气量 $q_{upr}=10^6\times 10^3$m³/MPa,气井开采初期用 $q_{sc}=350\times 10^3$m³/d 定产气量生产,气井采用回压试井,获产能指数方程为:

$$p_r^2 - p_{wf}^2 = 4q_{sc} + 0.023q_{sc}^2$$

求(1)定产量生产一年后气井的生产参数?

(2)定产量生产何时结束,结束时的生产参数?

8. 何谓气井的工作制度?如何确定气井的合理工作制度。

9. 什么叫气井的动态分析,如何进行气井的动态分析;

10. 何谓负压采气,试述负压采气的动态条件;

11. 何谓增压采气,试述增压采气可分几种主要方式?

参 考 文 献

四川石油管理局.天然气工程手册.北京:石油工业出版社,1990

杨川东主编.采气工程.北京:石油工业出版社,1997

唐谟明,蒋长春等.四川低压气田负压采气工艺试验研究.四川盆地不同类型油气藏开发技术论文集,成都:四川科学技术出版社,1997

杨继盛.采气工艺基础,北京:石油工业出版社,1992

第五章 非常规气藏的开采

按照不同的地质特征和开采方式，可把需要用人工举升方式开采为主的产水气藏以及凝析气藏、含硫气藏视为非常规气藏。本章将介绍这些非常规气藏的生产特征、开采工艺技术和生产管理方法。

第一节 产水气藏气井的开采

随开采时间的增加和开发程度的加深，气田和气井都面临一个较严峻的问题，就是产水气田和气井不断增加，它严重地威胁气井生产的稳定，使产气量急剧下降，严重时气井被水淹停产，大大降低气田和气井采收率。因此，了解气田水的来源、气井出水原因、产水对气井生产的影响和危害，掌握消除和延缓水害的工艺措施，掌握气井带水生产工艺和气井排水采气工艺，提高气田和气井最终采收率是很有必要的。

一、排水采气工艺的机理和基本评价

1. 气井出水原因、对生产的影响

截止到1995年底，在四川盆地已投入开发的83个气田中，有水气田达70个，占总数的84%，有水气田的地质储量占总地质储量的76.39%，气水同产井达503口，占同期实有气井总数1057口的40.27%，气水井产气量占四川盆地气田总年产气量的22.7%。特别是近年来，气水同产井所占比例逐年上升，水患形势逼人，如何治水、排水是面临的一大生产问题。

除四川盆地外，我国其它许多气田也面临水害危及生产的严重问题。如辽河欢一双油气田，截止1995年底投入17个区块60口气井中，被水淹停产井达29个，在开井31口井中生产也极不稳定，使辽河油田天然气生产形势非常严峻。

1）气井出水原因

以碳酸盐岩裂缝性气藏为主的四川盆地气田，根据开发资料证实，较多的气藏有边、底水存在，气井产水多半是边水、底水及少部分外来水。因此，气井产水主要有以下几点原因。

(1) 气井工艺制度不合理。气井产量过大，使边、底水突进形成"水舌"或"水锥"。特别是裂缝发育的高渗透区，底水沿裂缝上升更容易形成"水锥"。

(2) 气井钻在离边水很近的区域。或有底水的气藏气井开采层段打开过深，接近气水接触面。

(3) 气水接触面已推近到气井井底，不可避免地要产地层水。

2）气井产水对生产的危害

气井产水对生产的影响和危害，主要表现在以下几个方面。

(1) 气藏出水后，在气藏产生分割，形成死气区，加之部分气井过早水淹，使最终采收率降低。一般纯气驱气藏最终采收率可达90%以上。水驱气藏采收率仅为40%～50%，气藏因气水两相流动使一次采收率低于40%。

(2) 气井产水后，降低了气相渗透率，气层受到伤害，产气量迅速下降，递减期提前。

(3) 气井产水后，由于在产层和自喷管柱内形成气水两相流动，压力损失增大，能量损失也增大，从而导致单井产量迅速递减，气井自喷能力减弱，逐渐变为间歇井，最终因井底严重积液而水淹停产。

(4) 气井产水将降低天然气质量，增加脱水设备和费用，增加了天然气成本。

针对出水气井的上述特点，对有水气藏的排水采气工艺技术可分为一次开采的"三稳定"带水采气制度和二次开采的排水采气工艺技术。

所谓一次开采的"三稳定"带水采气制度，就是针对有水气井不同的生产类型和特点，优选使气水两相管流举升效率最好的井口角式节流阀开度，在合理的工作制度下把流入井筒的水全部带出地面，从而使气井的气水产量、井口流压和气水比保持相对稳定的生产制度。

所谓有水气藏的二次开采，是指开发的中、后期，根据不同类型的气水井特点，采用相适应的人工或机械的助喷工艺，排除井筒积液，降低井底回压，增大井下压差，提高气井带水能力和自喷能力，确保设备、气水井的正常采气。

2．各种排水采气工艺方法的评价

产水气藏的排水采气试验研究始于1978年。多年来排水采气经历了各种排水采气方法的试验、改进和发展的艰难过程。其中最大的难题是几乎所有的排水采气装置都要经受井内流体的复杂性和严重的腐蚀性的考验。因此，用于产水气井的排水采气工艺方法的装置并非是采油举升法的单纯"移植"，而是根据气藏（井）的实际情况，做了大量适应性改进和配套完善工作。目前排水采气工艺主要有下述几种方法：

优选管柱排水采气；泡沫排水采气；气举排水采气；活塞气举排水采气；游梁抽油机排水采气；电动潜油泵排水采气；射流泵排水采气。

上述7种排水采气工艺适应范围分别简述如下。

(1) 优选管柱排水采气：适用于有一定自喷能力的小产水量气井。最大排水量100 m^3/d，目前最大井深2500m；可用于含硫气井；设计简单、管理方便、经济投入较低。

(2) 泡沫排水采气：适用于弱喷及间喷产水井的排水。最大排水量$120m^3/d$，最大井深3500m；可用于低含硫气井；设计、施工和管理简便；经济成本较低。

(3) 气举排水采气：适用于水淹井复产、大产水量井助喷及气藏强排水。最大排水量$400m^3/d$，最大举升高度3500m；可用于中、低含硫气井；装置设计、安装较简单，易于管理，经济投入较低。

(4) 活塞气举排水采气：适用于小产水量间歇自喷井的排水。最大排水量$50m^3/d$，最大举升高度2800m；装置设计、安装和管理简便；耐硫化氢腐蚀性较好；经济投入较低。对斜井或弯曲井受限。

(5) 游梁抽油机排水采气：适用于水淹井复产、间喷井及低压产水气井排水。最大排水量$70m^3/d$，目前最大泵深2500m；设计、安装和管理较方便；经济成本较低。对高含硫或结垢严重的气井受限。

(6) 电动潜油泵排水采气：适用于水淹井复产或气藏强排水。最大排水量可达500 m^3/d，目前最大泵深2700m；参数可调性好；设计、安装及维修方便。经济投入较高，对高含硫气井受限。

(7) 射流泵排水采气：适用于水淹井复产。最大排水量$300m^3/d$，目前最大泵深2800m；对出砂的产水井适宜；设计较复杂；安装、管理较方便；经济成本较高。

对给定的一口产水气井,究竟选择何种排水采气方法,需要进行不同排水采气方式的比较。排水采气方法对井的开采条件有一定的要求,如果不注意地质、开采及环境因素的敏感性,就会降低排水采气装置的效率,甚至失败。因此,除了井的动态参数外,其他开采条件如产出流体性质、出砂、结垢等,也是考虑的重要因素。而最终考虑因素是经济投入。必须进行综合、对比分析,最后确定采用何种排水采气工艺。

二、优选管柱排水采气工艺

优选管柱是在油气田开发中、后期,气井已不能建立"三稳定"的带水采气制度,转入间歇生产。对这样的气井及时调整管柱,改换成较小直径管柱的一种排水采气工艺。优选管柱是一种自喷工艺,它施工简单到只需更换一次油管,而不需要人为地提供任何能量。

1. 工艺原理

在设计自喷管柱时,为了确保连续排液,十分需要一个简便、准确地确定气体带水的最小流量与最低流速的方法。1969 年,美国著名学者 R.G. 特纳等人设计的根据井口压力直接求解最低流量、最低流速诺模图,在世界上得到了最广泛的运用。本节在特纳的研究的基础上,针对产水气田的实际,从两个相反的影响条件出发来考虑自喷管柱的设计:因为随着气流沿着自喷管柱举升高度的增加,其速度亦增加,为确保连续排出流入井筒的全部地层水,在井底自喷管柱管鞋处的气流流速必须达到连续排液的临界流速。显然,如果这个速度能满足连续排液的条件,那么,在举升的整个过程中,气流的连续排液都将能得到保证;当气流沿着自喷管柱流出时,必须建立合理的最大可能压力降,以保证井口有足够的压能将天然气输进集气管网和用户。因而,优选合理管柱有两个方面:对流速高,排液能力较好、产气量大的气井,可相应增大管径生产,以达到减少阻力损失,提高井口压力,增加产气量之目的;对于中后期的气井,因井底压力和产气量均较低,排水能力差,则应更换较小管径油管,即采用小油管生产,以提高气流带水能力,排除井底积液,使气井正常生产、延长气井的自喷采气期。

2. 基本数学模型及设计程序

由优选管柱排液理论知,气井连续排液的临界流量、临界流速、对比流量、对比流速可分别由下式确定:

$$q_{kp} = 0.648(\gamma_g ZT)^{-\frac{1}{2}} \left(10553 - 34158 \frac{\gamma_g p_{wf}}{ZT}\right)^{\frac{1}{4}} p_{wf}^{\frac{1}{2}} d_i^2 \qquad (5—1)$$

$$v_{kp} = 0.03313 \left(10553 - 34158 \frac{\gamma_g p_{wf}}{ZT}\right)^{\frac{1}{4}} \left(\frac{\gamma_g p_{wf}}{ZT}\right)^{-\frac{1}{2}} \qquad (5—2)$$

$$v_r = \frac{v_s}{v_{kp}} \qquad (5—3)$$

$$q_r = \frac{q_g}{q_{kp}} \qquad (5—4)$$

当气井的实际参数达不到临界流动参数时,应重新选择能确保连续排液的合理油管直径由下式确定:

$$d_i = 1.2423(\gamma_g ZT)^{\frac{1}{4}} \left(10553 - 34158 \frac{\gamma_g p_{wf}}{ZT}\right)^{-\frac{1}{8}} \times p_{wf}^{-\frac{1}{4}} q_g^{\frac{1}{2}} \qquad (5—5)$$

以上各式中:

q_g——气体在标准状况下的体积流量,$10^3 m^3/d$;

q_{kp}——气井连续排液，在标准状态下必需建立的临界流量，$10^3 m^3/d$；

q_r——气井的无量纲对比流量；

v_{kp}——气井连续排液，在油管鞋处的临界气流速度，m/s；

v_r——油管鞋处气流的无量纲对比流速；

p_{wf}——油管鞋处井底绝对压力，MPa；

T、Z——油管鞋处井底状态下气体的绝对温度（K）和气体的偏差系数；

γ_g——天然气的相对密度；

d_i——设计的油管内径，cm。

将以上公式运用于实际气井，就可确定气井连续排液的临界流动参数，正确判断气流排液能力大小，或选择相适宜的新自喷管柱，使气层和油管的工作能重新建立协调关系。

应用（5—1）～（5—5）式即可进行出水气井连续排液优选管柱的设计：

（1）根据所给的气井自喷管柱尺寸 d_i、井深尺寸 H_i、产量 q_g、井底流压 p_{wf}、天然气相对密度等值，利用（5—1）和（5—4）式求出气井连续排液所必需的临界流量 q_{kp} 与对比参数 q_r 值，对气井工作制度及排液能力进行判断。

（2）当 $q_r \geqslant 1$，气井能够连续排液，并能在不改变自喷管柱的情况下，依靠自身能量，实现压力、产量、气水比相对稳定的"三稳定"工作制度，正常生产；当 $q_r < 1$ 时，气井不能连续排液，可利用式（5—5）重新优选自喷管柱直径 d_i，并重复程序（1）确保 $q_r \geqslant 1$，使气井在新自喷管柱 d_i 情况下，实现"三稳定"正常生产。

（3）从考虑气井可能的最大压力降（$\Delta p = p_{wf} - p_{wh}$）出发，检验求出的自喷管柱工作时，井口压力 p_{wh} 能否大于输压，以确保能将天然气输送给用户或集气管网。如井口压力满足输压条件，则计算求出的直径 d_i 可以采用。否则，应重新再按程序（2）选择大一级的油管进行生产。

（4）对一些产水量较大的气井，即使采用较大直径油管仍然不能实现"三稳定"生产时，则可利用气井当量油管直径按上述程序求出 q_r，当 $q_r \geqslant 1$，且套管没有被腐蚀的危险时，可采用套管生产。

在现场实际应用中，可绘制气井优选管柱的诺模图，再根据设计参数查图确定。

3．应用的技术界限与条件

为了提高优选管柱排水采气工艺的成功率和增产成效，在实际应用中须注意如下几个问题。

（1）优选管柱排水采气工艺的关键在于确定气井的产量使之满足于气井连续排液的临界流动条件。产水气井在气水产量较大的开采早期，两相流动的压力摩阻损失是主要矛盾，宜优选较大尺寸油管生产。油管鞋处的对比流速 $v_r \geqslant 1$，是采用大尺寸油管生产的必要条件；在气井产能较低、产水量较小的开采中后期，气水两相流动的滑脱损失是主要矛盾，宜优选一合适的小尺寸油管生产，以确保气流通过自喷管柱时，有足够大的举液能力，把地层流入井筒的地层水能全部排出井口。

（2）精选施工井是优选小尺寸油管柱排水采气工艺获得成功的重要因素之一。应用时的选井原则是：气井的水气比 $WGR \leqslant 40 m^3/10^4 m^3$；气流的对比参数 v_r、$q_r < 1$；气井产出气水须就地分离并有相应的低压输气系统与水的出路。

（3）在拟定设计方案时，油管下入深度须进行强度校核。

(4) 含硫化氢的气井须选用 API 标准规定的抗硫油管。

(5) 优选管柱工艺与泡排、气举等工艺组合应用，可增强工艺的排水增产效果和延长工艺的推广应用期。

三、泡沫排水采气工艺

泡沫排水采气是针对产水气田开发而研究的一项助采工艺，它具有设备简单、施工容易、见效快、成本低等优点，在出水气井中得到广泛使用。

1. 泡沫排水机理

所谓泡沫排水采气，就是向井底注入某种能够遇水产生泡沫的表面活性剂，当井底积水与化学药剂接触后，大大降低了水的表面张力，借助于天然气流的搅动，把水分散并生成大量低密度的含水泡沫，从而改变了井筒内气水流态，这样在地层能量不变的情况下，提高了采气井的带水能力，把地层水举升到地面。同时，加入起泡剂还可提高气泡流态的鼓泡高度，减少气体滑脱损失。

2. 泡沫排水工艺起泡剂及其性能要求

1) 起泡剂的性能

泡沫排水所用起泡剂是表面活性剂。因此，除具有表面活性剂的一般性能之外，还要求具有以下特殊性能。

(1) 起泡能力强。在井底矿化水中，只要加入微量起泡剂（100～500mg/L），就能在天然气流的搅动下，形成大量含水泡沫，使气、液两相空间分布发生显著变化，水柱变成泡沫，密度下降几十倍。因此，原来无力携水的气流，现可将低密度的含水泡沫带到地面，从而实现排水采气的目的。

(2) 泡沫携液量大。起泡剂遇到水后，立即在每个气泡的气水界面定向排列。当气泡周围吸附的起泡剂分子达到一定浓度时，气泡壁就形成一层牢固的膜。泡沫的水膜越厚，单位体积泡沫含水量越高，表示泡沫的携水能力越大。

(3) 泡沫的稳定性适中。通常，采用泡沫排水，从井底到井口行程 $H>2km$ 以上，如果泡沫的稳定性差，有可能中途破裂而使水分落失，达不到将水携带到地面的目的。但是，如果泡沫的稳定性过强则泡沫进入分离器后又会带来消泡及气水分离的困难。

(4) 在含凝析油和高矿化水中有较强的起泡能力。凝析油和高矿化水都具有一定的消泡能力。因此，起泡剂应具有一定的抗油性能和抗高矿化度性能，以保证一定的起泡能力和泡沫携液量。

此外，气水井的复杂性，要求下井的起泡剂满足不同井况对起泡剂的特殊要求。

2) 起泡剂的类型

在气井泡沫排水采气中所采用的起泡剂有离子型（主要为阴离子型）、非离子型、两性表面活性剂和高分子聚合物表面活性剂等。

1984 年以前，四川盆地气田主要采用无患子或空泡剂为起泡剂。

(1) 8001 起泡剂：

主剂为一种植物果实无患子（又名油换子）。无患子是一种天然的大分子物质，分子结构十分复杂。属于皂素类糖甙物质。无患子为非离子型表面活性剂，在淡水或矿化水中均有良好的起泡性，且携水能力强。这些性能正好满足气井泡沫排水的要求。但是无患子不能与吡啶类缓蚀剂配伍、易受温度的影响（温度升高时起泡能力下降）。因此，以此为主剂的 8001 起泡剂不能用于注吡啶类缓蚀剂的含硫气井和井底温度高于 90℃ 的气井。

(2) 8002 起泡剂：

由空泡剂和添加剂（泡沫促进剂、分散剂和热稳定剂等）组成。

空泡剂主要组分为缩多氨基酸，是由动物蛋白水解而得，属于两性表面活性剂。这类物质虽然降低表面张力的能力有限，但是以它们为主剂的起泡剂所形成的泡沫稳定性好，携水能力强。空泡剂的性能容易受溶液 pH 值的影响，并有老化现象，亦易受温度的影响。

(3) CT5—2 起泡剂：

在同时含矿化水和凝析油的气井中，由于凝析油本身是一种消泡剂，使起泡剂的起泡能力变差，对于这类井应使用多组分的复合性起泡剂。CT5—2 就是一种离子型和非离子型表面活性剂的混合物。由于协同效应，混合型表面活性剂的泡沫性能要比单独一种表面活性剂好数倍。CT5—2 起泡剂的水溶性好、使用浓度低、起泡能力强、携液量大，能在 90℃ 的井内使用。

3) 起泡剂的适用条件

气井流体性质不同，采用的起泡剂也不同。

(1) 气井：

对于一般气水井，主要采用阴离子型起泡剂，如磺酸盐、硫酸酯盐等。它们含有阴离子型亲水基（如—SO_3Na、—OSO_3Na），亲水能力强，溶解性好，降低表面张力的能力也强，单独使用起泡剂就能获得较好的排液效果。

对于矿化度较高的气水井，离子型起泡剂在矿化水中会生成不溶解的沉淀。因此，对于水中矿化度较高的井，多采用非离子型起泡剂，如前苏联的 OJI 系列表面活性剂。这类表面活性剂不仅有优良的表面活性，而且吸附损失小，并且由于亲水亲油键之间有醚类官能团，起泡能力更大。

(2) 含凝析油的气水井：

在同时含矿化水和凝析油的气井中，由于凝析油本身是一种消泡剂，使起泡剂的起泡能力变差。对于这类井，应采用多组分的复合起泡剂。表面活性剂的某些性能具有协同效应，即在同时使用两种或两种以上适当的、类型不同的表面活性剂时，可以得到比单独使用一种表面活性剂更好的效果，所以常将几种起泡剂同时配入一个体系中使用。此外，对这类气井也可采用两性或聚合物表面活性剂作起泡剂。

(3) 含硫化氢的气水井：

在含硫化氢的气水井中进行泡沫排液，为抑制硫化氢对气井设备的腐蚀，需加注缓蚀剂。这就要求缓蚀剂与起泡剂相互之间能配伍，使起泡剂的性能不受影响，缓蚀剂的效果也不会有所降低。

当气井同时含凝析油和硫化氢时，针对含凝析油应采用高效或多组分复合物起泡剂，同时还需加注缓蚀剂。例如，威远气田曾用 CT5—2 起泡剂和 CT2—11 缓蚀剂配伍用于含硫气井，现场腐蚀挂片测试，腐蚀速率小于 $0.05mm/a$。这说明，只要起泡剂和缓蚀剂调配适当，泡沫排水完全可以用于含硫气井。

目前，四川盆地气田常用泡沫助采剂如表 5—1 所示。已知井内所产流体性质和温度，可根据此表选用适当配方。表中下井泡沫助采剂使用浓度和井口消泡剂使用浓度数据，可用于确定泡沫排水工艺的参数。

3．泡沫排水采气实施办法

1) 优选泡沫排水气速

表 5—1 常用的泡沫助采药剂

配方	项目	下井泡沫助采剂 名称	规格	用量,%	使用浓度 mg/L	井口消泡剂 名称	使用浓度 mg/L	特点及主要用途
8001	a	无患子	5 Be'	95	800~2000	仲辛醇（工业）	10~25	(1) 用于 5~110℃井温；(2) 用于矿化水、凝析水气井泡排
		HAC	工业	5				
	b	无患子	5 Be'	92	300~1000	仲辛醇（工业）	20~50	(1) 用于 5~150℃井温；(2) 用于产凝析油的气水井（油量在总液量中小于30%）其它同（a）
		FS	30%	8				
8002	a	YEG	15%	80	600~1200	磺化蓖麻油（工业）	10~25	(1) 用于 5~110℃井温；(2) 用于产凝析水气井
		(NaCl)	工业	20				
	b	YEG	15%	94	500~1000	磺酸三丁脂（工业）	10~25	(1) 可用于产少量凝析油的气水井；（油量在总液量中小于10%）(2) 用于 70~120℃井温
		R_{12}	工业	6				
8003		OP—10	35%	95	400~800	仲辛醇	10~25	(1) 用于 70℃以下井温；(2) 用于淡水、矿化水；(3) 用于盐卤腐蚀较重井
		CT2—1	工业	5				
84—S	a	FS	30%	90	400~600	磷酸三丁脂（工业）	20~50	(1) 用于含硫气水井；(2) 用于淡水、矿化水井；(3) 用于 5~120℃井温
		H—1901	工业	5				
	b	无患子	5 Be'	75	400~1000	仲辛醇（工业）	20~50	用于含硫、油、气、水井（凝析油含量在总含量中小于30%）其它同（a）
		FS	30%	12				
		CT2—6	工业	13				
	c	无患子	5 Be'	80	800~2000	仲辛醇及磺化蓖麻油（工业）	10~25	同（a）
		CT2—6	工业	20				
PB		泡棒	$\phi 38 \times 80$ mm		500~1000	仲辛醇（工业）	20~50	用于气水井快速排液（其它同 8001）
SB		酸棒	$\phi 38 \times 45$ mm		500~1000	仲辛醇（工业）	20~50	用于泡排—酸洗解堵助采（其它同 8001）
JY		滑棒	$\phi 38 \times 45$ mm		200~1000	XZ—1	10~20	用于起泡—减阻复合助采（其它同 8001）

一般讲，在气水两相垂直流动过程中，气速越大，排水能力就越好，然而在泡沫排水中却不尽然。试验表明（图 5—1）：气速大致在 1~3m/s 范围内不利于泡沫排水。因此，控制合适的气速，可获得最佳的助采效果。现场施工时，应对气井进行生产动态分析，计算天然气在井筒的流速，并根据生产情况进行必要的调整，以避开最不利排液的流速。

2) 最宜泡沫排水的流态

泡沫排水中只考虑气流速度还不足以概括气井带水能力，而应分析油管中气水两相垂直流动状态。这种流态不仅取决于两相流体的热力学参数、动力学参数,而且与许多不稳定因素有关,迄今还没有一个公认的准则。室内及现场试验表明:对于过渡流以上的环雾流,由于气井自身能量足,带水生产稳定,不需采用助采措施。泡沫排水的主要对象是环雾流以下的气泡、段塞、过渡流态,其中尤以段塞流态助采效果最佳(图5—2)。对于生产井,可根据气水流速、压降梯度及气水产量波动程度来判断。

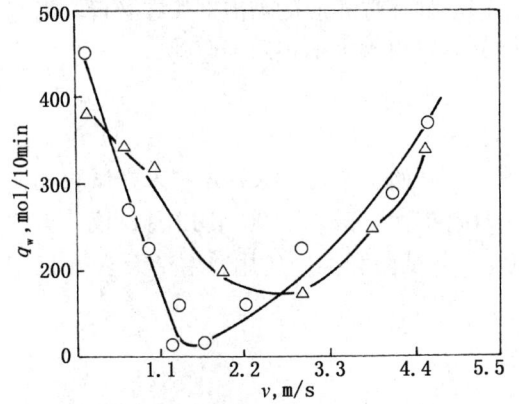

图5—1 气体流速对泡沫排水的影响

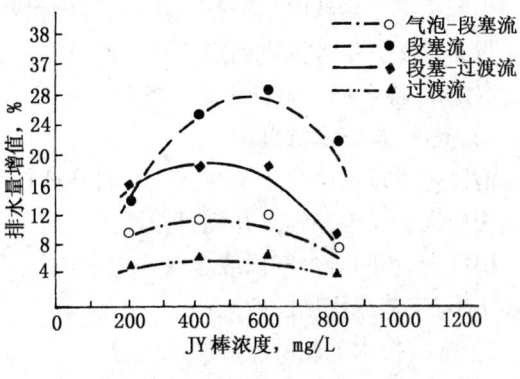

图5—2 流态和浓度与排水量增值关系图

3) 合理使用浓度

泡沫排水中,助采剂的加入受到多种因素影响,诸如气体流动速度、产水量、井深以及助采剂的种类等,故无统一的规定,而只能依各井的具体情况而定。这里仅根据四川盆地气井使用的经验,提供设计用量的一般原则。

各类表面活性剂都有各自的特性参数——临界胶束浓度,该值可作为理论用量的依据。各注采药剂的临界胶束浓度可查阅有关手册。

施工中具体作法是:助采剂的日用量,根据施工井日产水量计算,并建议按推荐的浓度值加入。对于气水比小的井,可取其上限值,然后再视其带水情况进行增减;对于非生产井的重新投产,助采剂的初始加入量应过量一些。总之,以达到既能正常带水,又不影响气水分离为原则,并尽量不采取消泡措施。

4) 日施工次数

助采剂日用量确定之后,分几次加入也是施工中考虑的问题之一。现场有两类气水井。一类是属于纯气井,只是有些凝析水,或产地层水 q_w<30m³/d,宜采用间歇排水方式,助采剂加入周期每隔数天、数月一次即可。另一类是地层水产量 q_w>30m³/d,这类井泡沫助采剂需不间断地进行,助采剂在这些井上的加入周期越短、越均匀、越好,最好是连续注入,尤其是对大水量井效果更较明显。但实际上因涉

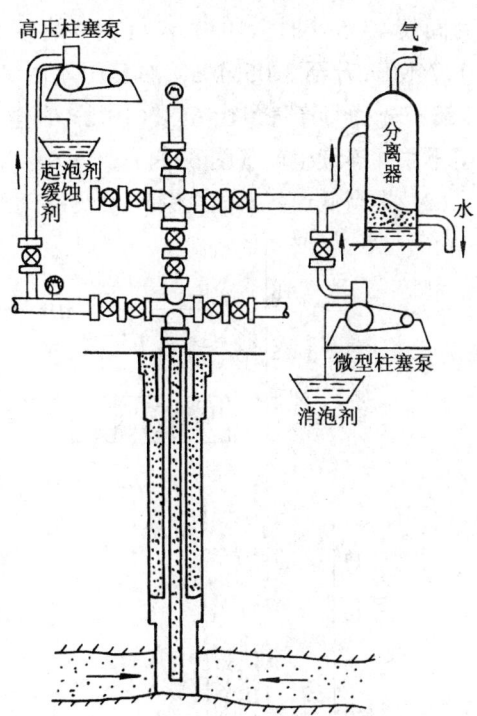

图5—3 气井泡沫排水工艺流程图

及到工作量问题,一般每日加2~3次即可维持气井的正常生产。

5) 消泡剂及用量

泡沫排水中,许多场合使用了高效起泡剂,其泡沫再生能力很强,它们的水溶液经气流带至地面管线、分离设备时,反复不断地受到搅动,或多或少有泡沫在分离器里聚积。特别是起泡剂用量过剩或泡沫过于稳定时,这种现象尤为严重,将使大量泡沫会被带到集输管线,引起阻塞,导致输压升高。因此,针对特定的起泡剂筛选相应的消泡剂势在必行。消泡剂用量,按配方推荐浓度确定,通常间歇注入,以分离器出水中不积泡为原则。

4. 泡沫排水技术的现场试验及推广应用

1) 泡沫排水现场试验

泡沫排水现场试验于1980年10月在四川盆地气田开始。十几年来,该技术在试验和推广应用中逐步完善,施工井例日益增多,施工范围日益扩大。截止1990年12月,仅四川盆地气田已先后在64个气田或含气构造上进行了300口井试验和推广应用,增产天然气12.7×10^{8}m^3。工艺流程见图5-3。

2) 泡沫排水工艺所能解决的问题

(1) 使间歇生产井转为连续生产。

间歇生产井一般是由于井下积液或生产后期能量补充不足而引起的。例如S31井,泡沫排水前基本处于半停产状态,关井复压4~5天才能生产4~5小时,试验前一个月,累计生产时间仅42.5小时。1980年11月7日后,采用8002药剂助采,生产情况逐月好转,油压由1.74MPa升至3.05MPa,油套压差由3.45MPa降至1.78MPa,月产水量从11.43m^{3}增至153.5m^3,月产气量由6.3×10^{4}m^{3}升至17.1×10^{4}m^3。每月关井次数由6次减少至1次,甚至不关井连续生产(图5—4)。

(2) 提高低产、低压气井产量及井口压力。

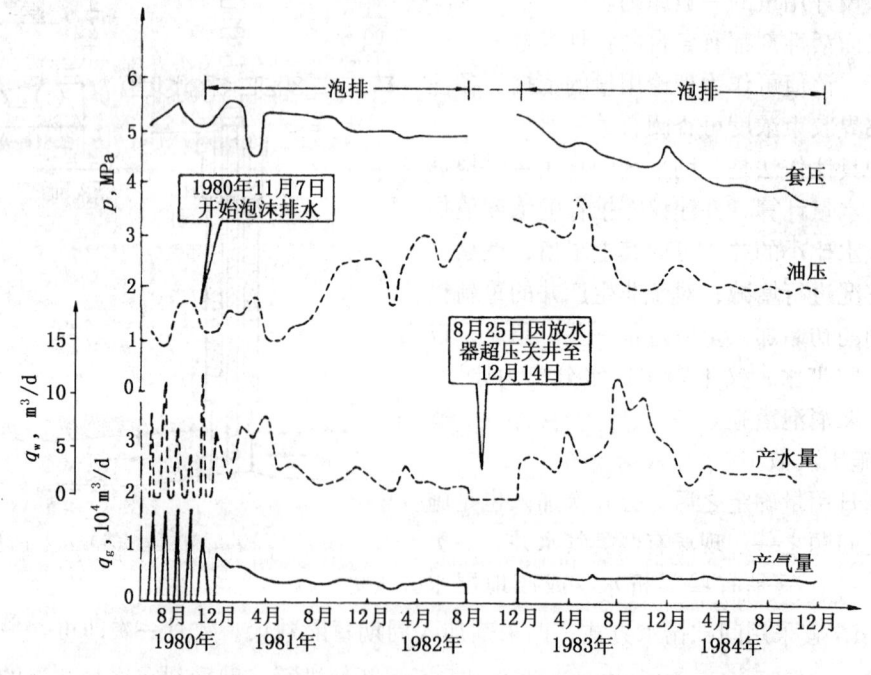

图5—4 S31井泡排采气曲线图

造成气井低产、低压的原因很多，但是井底一经出水积液，后果倍加严重。

如 B13 井，该井属于低渗透、低产气井，至少半个月需放喷 1 次。试前套压 6.90MPa，油压 4.00MPa，日产气 7035m³，不产水。1988 年 5 月首次进行泡沫助采，投 JY 棒 5 根（3.2kg），排出泡沫污水 3m³，清洗了井底及管线。次日，油压 3.98MPa，套压 7.00MPa，日产气 12832m³，日产水 2m³。

(3) 使水淹停产井复活。

对于尚有一定产能的水淹停产井，可用泡排，或辅以其它启动气源诱喷，待排出一些积液后，有可能建立起连续生产制度。

如 N39 井，该井 1988 年 11 月 6 日因井口压力下降、接近输压，被迫关井。1989 年 1 月 28 日，该井用 8002 药剂 80L 诱喷。但是，一直不能稳定生产，井口压力及气水产量逐日下降，2 月 14 日再注入 8002 药剂 30L 也无法改变递减趋势。2 月 18 日开始用 JY 棒助采，每日投加 1.6kg，以后该井井口压力及气水产量逐日回升，真正"复活"，转入正常生产。

(4) 用于同产凝析油气井助采。

凝析油在井底的积聚，对于井生产的危害也很大。例如 S28 井是一口凝析油积聚井底使产气量严重递减的气井。1988 年 5 月 14 日，该井投入 JY 棒四根（2.5kg）、投药前套压 7.05MPa，油压 4.50MPa，投药后使积聚井底的凝析油带出井口，在套压 7.00MPa 的情况下，油压上升到 5.7MPa，气产量大幅度增加。以后，该井用 JY 棒周期性助采，施工一次有效期约半月，产气量比施工前一年同期增产 $35.2 \times 10^4 m^3$。

(5) 用于含硫气井助采。

对于含硫气井泡沫排水，因涉及到油套管的保护问题，对泡沫助采剂提出了更高的要求，不但要求具有助采功能，而且要求具有缓蚀功能。为此，研制了 84—S（d）泡沫助采剂，并在威远震旦系含硫气水井上应用获得成功。

例如 W43、W72 井，1983 年 6 月~9 月及 1984 年 4 月~7 月先后用 84—S（d）药剂进行助采。试前一个月与试后一个月对比，井口压力及与气、水产量均有提高。同时，井口挂片失重试验结果表明：两口井腐蚀速率油管在 0.0028~0.0061mm/a 范围内；套管在 0.0054~0.0071mm/a 范围内。均达到设计要求，而且局部腐蚀也得到基本解决。

此外，泡沫排水可以用于洗井作业，管线排污解堵、压井液助排、非正常管串助采等领域。

四、气举排水采气工艺

气举排水采气是利用高压气井的能量或天然气压缩机为气举动力，借助于井下气举阀的作用，向产水气井的井筒内注入高压天然气，补充地层能量，排除井底积液，恢复气井的生产能力的一种人工举升工艺。

1. 气举阀结构及工作原理

气举阀主要有两个用途：一是卸去井筒液体载荷，让气体能从油管柱的最佳部位注入；二是控制卸载和正常举升的注气量。因此，气举阀与其它人工举升方式一样，能够建立所需的井底流压和达到预期的排液量。

气举阀的种类很多，国内气田普遍使用的是非平衡式波纹套管压力操作阀，现场称套压阀。现我们以 QJF—1 型气举阀为例进行说明。

QJF—1 型气举阀结构如图 5—5 所示。主要由阀体部分（包括气室、波纹管、滑套和阀等）及阀嘴部分（包括阀嘴、密封圈和钢球等）两部分组成。

非平衡式套压控制阀类似于一个压力调节器。它具有充氮腔室和波纹管。波纹管起着活

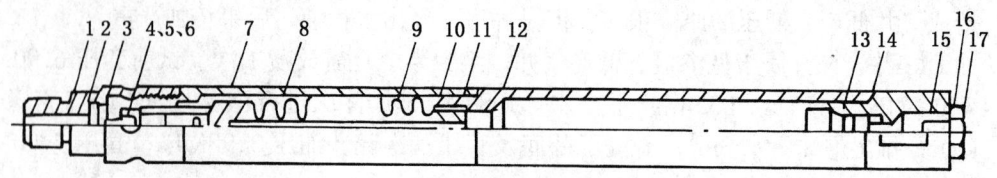

图 5—5 QJF—1 型气举阀

1—阀心套；2—密封圈Ⅰ；3—阀嘴；4—钢球；5—垫圈；6—阀心；7—波纹管；
8—波纹管外套；9—波纹管；10—导向杆；11—密封圈Ⅱ；12—气室外套；
13—阀座；14—气门心；15—密封圈Ⅲ；16—密封圈Ⅳ；17—丝堵

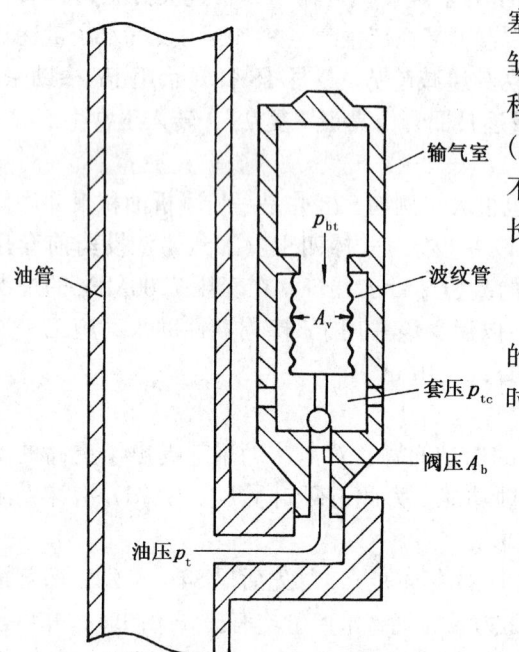

图 5—6 气举阀工作原理示意图
（不带弹簧和节流嘴）

塞的作用（图 5—6），行程均匀地分布在每一褶皱的曲面上。这样的结构能得到足够的阀杆行程，以完成阀的打开和关闭。阀座孔径尺寸（A_v）不同，使阀座孔眼全开所需的阀杆行程也不同。阀座孔眼直径越大，所需的阀杆行程也越长。

1）非平衡式套压控制阀的力平衡公式

非平衡式气举阀类型较多，这里仅介绍常用的不带弹簧和节流嘴的套压控制阀。当阀打开时，充氮波纹管的力平衡关系为：

打开阀的力 = 关闭阀的力

波纹管上的打开力 + 阀杆上的打开力
　　　　　　= 波纹管上的关闭力

在井下，用压力参数可表示为：

$$p_v@L(A_b - A_v) + p_t@L \cdot A_v = p_{bt}A_b$$

(5—6)

式中　$p_v@L$——阀深度处的套管注气压力；
　　　$p_t@L$——阀深度处的油管压力；
　　　p_{bt}——井温条件下，波纹管及腔室的充氮压力；
　　　A_v——阀座孔眼面积；
　　　A_b——波纹管有效面积。

2）阀的打开压力公式

在井下，阀打开瞬间的力平衡公式与上述力平衡基本公式相同，将式（5—6）两端除以 A_b，可得到阀打开的力平衡公式：

$$p_v@L = \frac{p_{bt}}{1 - \dfrac{A_v}{A_b}} - \frac{p_t@L \dfrac{A_v}{A_b}}{1 - \dfrac{A_v}{A_b}}$$

(5—7)

且令 $R = \dfrac{A_v}{A_b}$，上式可写为：

$$p_v@L = \frac{p_{bt}}{1 - R} - p_t@L \frac{R}{1 - R}$$

(5—8)

上式中，无量纲量：

$$\frac{R}{1-R} = \frac{\frac{A_v}{A_b}}{1-\frac{A_v}{A_b}} = TEF \tag{5—9}$$

TEF 被定义为油管效应系数，于是式（5—8）变为：

$$p_v@L = \frac{p_{bt}}{1-R} - p_t@L \cdot TEF \tag{5—10}$$

以上是油管压力 $p_t@L>0$ 的情况。当 $p_t@L=0$ 时，在井温条件下，打开阀的最大套压用 $p_{vo}@T_v$ 表示，式（5—10）即为：

$$p_{vo}@T_v = \frac{p_{bt}}{1-R} \tag{5—11}$$

3）阀的地面调试压力计算公式

气举阀在下井前必须按设计在地面预先调定打开压力。为了计算阀在地面调试温度 15.6℃ 下阀的打开压力，应先计算阀在井温条件下的充氮压力，然后将充氮压力调至温度 15.6℃。在井下，阀的充氮压力根据下式计算：

$$p_{bt} = p_v@L\left(1-\frac{A_v}{A_b}\right) + p_t@L\frac{A_v}{A_b} \tag{5—12}$$

用计算得到的 p_{bt}，根据有关图版确定 p_b，然后由式（5—11）计算阀在 15.6℃ 温度下的打开压力：

$$p_{vo} = \frac{p_b}{1-\frac{A_v}{A_b}} \tag{5—13}$$

式中 p_{vo}——调试温度 15.6℃ 条件下，阀的打开压力；
p_b——调试温度 15.6℃ 条件下，阀的充氮压力。

2．连续气举的主要优点及分类

所谓连续气举，是将产层高压气或地面增压天然气连续地注入气举管内，给来自产层的井液充气，使气、液混相，以降低管柱内液柱的密度，提高举升能力，当井底压力降至足以形成生产压差时，就造成类似于自喷排液的势头，在井内液柱被卸载后，并可达到所希望稳定生产的工作制度。

我国四川盆地、辽河、中原、青海等油气田都普遍采用这种连续气举的方法来排除井底积液，恢复气井能力。

连续气举具有注入气和地层产出气的膨胀能量可充分利用、注气量和产液量相对稳定、排液量较大的显著特点。连续气举方式主要有如下三种（图5—7）：

1）开式气举装置

无封隔器完井（图5—7A），这种装置的缺点在于：

（1）气体可能从油管底部进入油管，因而需要很高的注气启动压力；

（2）地面注气系统的压力波动会引起油套管环空液面升降，使注气点以下的气举阀经受流体的严重冲蚀，甚至损坏；

（3）每次关井时，都必须卸载，并等待稳定。因为液面在关井期间会上升，故又须将油套管环空的液体排掉。其结果，液体将再次冲蚀下面的气举阀。因此，除了采用套管生产的

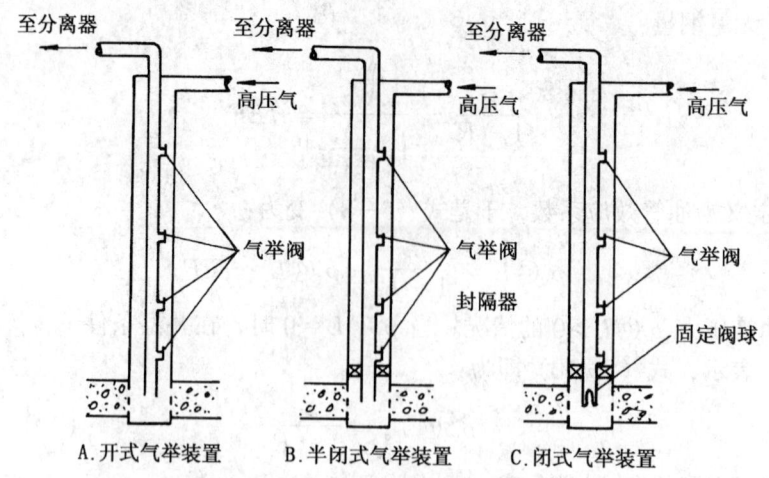

图 5—7 气举装置的类型

井、严重砂堵的井及井身质量有缺陷的井外，一般不宜采用开式气举装置。

2）半闭式气举装置

单封隔器完井（图 5—7B）。其优点是：

(1) 能阻止注入气从油管底部进入油管；

(2) 气井一旦卸载，气体就无法回到油套管环空；

(3) 封隔器能防止油管下部的液体进入套管。这种装置既适用于连续气举也适用于间歇气举。

3）闭式气举装置

单封隔器及固定阀完井（图 5—7C）。它与半闭式装置类似，所不同处是在油管柱底端或末端，阀的紧下方装有一固定阀球，避免了开式装置的种种弊端，使高压气体和井筒液体不能进入地层。

3. 连续气举装置工作原理

连续气举装置的卸载过程如图 5—8 所示。卸载过程中，连续气举装置的工作程序如下：

(1) 顶阀露出前，套管环空液体通过所有的阀，以 U 形管原理流动进入油管。此时，产层没有压降发生；

(2) 顶阀露出，其余阀仍全打开，在第二只阀露出前，注入气通过顶阀连续卸载；

(3) 第二只阀露出，其余阀仍全打开，注入气通过顶阀和第二只阀继续卸载；

(4) 顶阀关闭，其余阀全打开，在第三只阀露出前，注入气通过第二只阀进入油管并卸载；

(5) 第三只阀露出，顶阀仍关闭，第四只阀仍打开，注入气通过第二只阀和第三只阀进入油管；

(6) 顶阀和第二只阀关闭，第三只阀和第四只阀打开，注入气进入油管，卸载继续进行。第四只阀（底阀）仍在液面以下，若在此注气压力和注气条件下，排液能力已达到装置设计的生产能力，表明连续举升成功，底阀不会露出液面。

4. 连续气举设计

气举设计一般有两种方法，解析法和作图法。对解析法下面将介绍其详细步骤，对作图

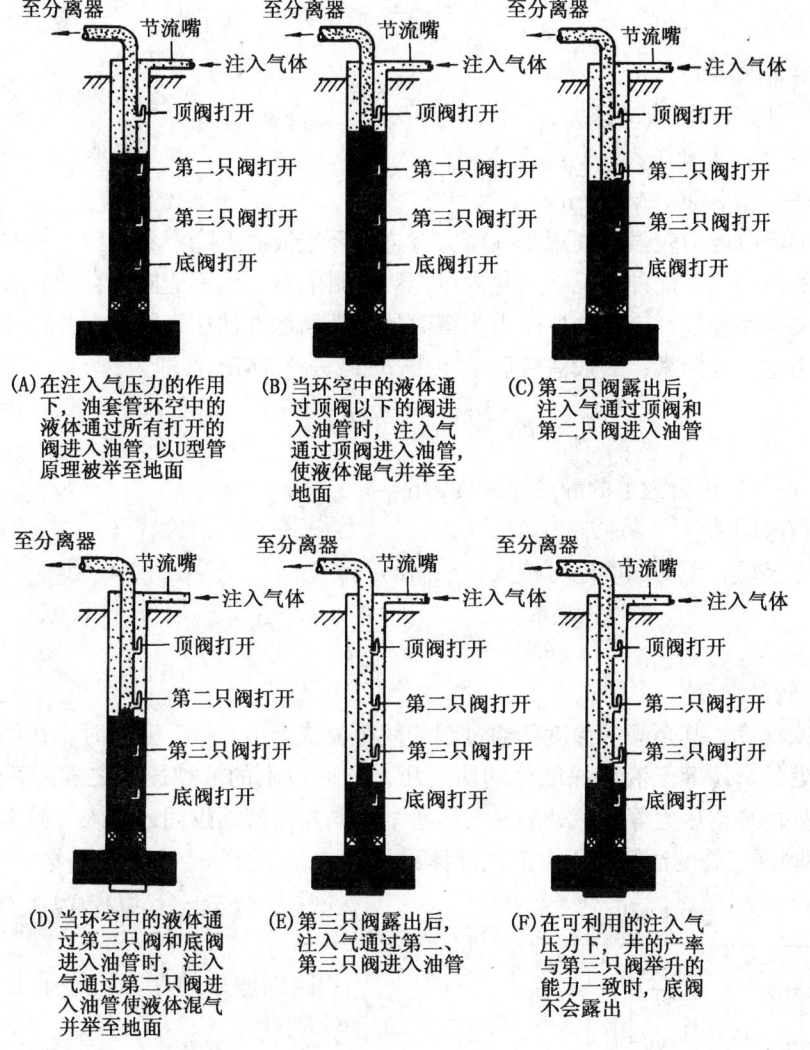

图 5—8 连续气举装置的卸载过程

法,则通过应用实例予以介绍。

气举阀采用多只串联的形式下入井中,其目的在于保证举升时阀能够自上而下工作,井筒液柱能逐段地卸载,被举升井可能在最短注气期时间内完成卸载。

连续气举设计的技术要求是:确定阀的位置及其间距。即需要自上而下确定顶阀、卸载阀和工作阀的位置及其间距。这些阀的作用在于:

顶阀:初期卸载,以降低注气启动压力。

卸载阀:工作阀以上压井液柱的卸载,排空。

工作阀:注气点以上持续卸载,正常举升或诱喷,维持正常生产。

底阀:对于深井和高产液指数的井,安置备用阀,加深排空深度。

1) 顶阀深度

顶阀的深度根据注气压力和静液梯度而定,且尽可能深一些好。顶阀深度的计算公式如下:

$$L_1 = \frac{p_{ko} - p_{tf}}{G_s} \qquad (5\text{—}14)$$

式中 L_1——顶阀深度，m；

p_{ko}——地面注气启动压力，MPa；

p_{tf}——井口流动压力，MPa；

G_s——静液梯度，MPa/m。

对产层的吸收能力较强，利用注气压力能迫使环空液面下降至希望深度的井，顶阀可安置在被压低的液面处。此种情况下，井内可能装有封隔器，但不能同时在油管底部安置固定阀，被压低的液面深度，应为井口压力为零时的静液面深度加注气压力与井口压力之差除以静液梯度。考虑安全因素，一般注气启动压力 p_{ko} 减去 0.7MPa，即为：

$$L_1 = D_{se} + \frac{p_{ko} - 0.7}{G_s} \qquad (5\text{—}15)$$

式中 D_{se}——井口压力为零的静液面深度，m。

其余符号同前。

根据实际经验，顶阀深度还可按式（5—16）确定：

$$L_1 = D_{se} + \frac{p_{ko} - p_{tf}}{G_s} - 50 \qquad (5\text{—}16)$$

2）其余阀的深度

已知顶阀深度，其余阀的深度可通过阀的间距公式求出。举升开始时，在阀露出液面之前，阀深度处的套压等于液面深度处的注气压力与阀以上的液柱压力之和。在阀露出液面时，阀深度处的环空压力等于该处的注气压力。在阀露出液面瞬间，注入气尚未进入油管时（图5—9），阀深度处的油管流压由下式计算：

$$p_t@L = p_{tf} + G_{fa}(DVA) + G_s(DBV) \qquad (5\text{—}17)$$

用阀深度处的套管注气压力替换上式中的油管压力：

$$p_v@L = p_{tf} + G_{fa}(DVA) + G_s(DBV) \qquad (5\text{—}18)$$

则阀之间的距离为：

$$DBV = \frac{p_v@L - p_{tf} - G_{fa}(DVA)}{G_s} \qquad (5\text{—}19)$$

阀的深度为：

$$DOV = DVA + DBV \qquad (5\text{—}20)$$

式中 $p_t@L$——阀深度处的油管压力，MPa；

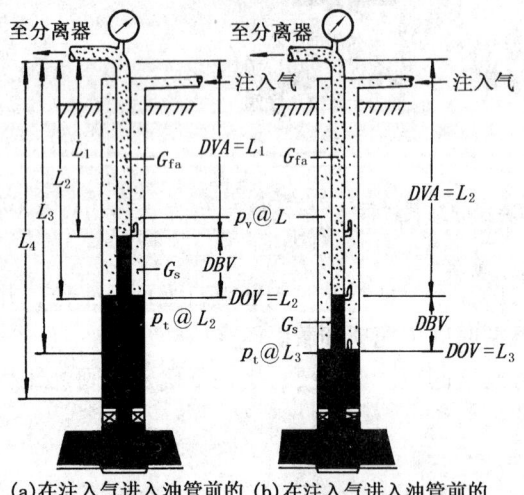

(a)在注入气进入油管前的瞬间；第二只阀已露出 (b)在注入气进入油管前的瞬间；第三只阀已露出

图5—9 套压控制阀间距公式的符号图解说明

$p_v@L$——阀深度处的注气压力，MPa；

p_{tf}——井口流动压力，MPa；

G_{fa}——注气点以上的流压梯度，MPa/m；

DBV——阀之间的距离，m；
DOV——阀的深度，m；
DVA——上一只阀的深度，m。

式（5—19）和（5—20）用于计算顶阀以下所有阀的安置深度。顶阀及其余阀的安置深度可用通式表示如下。

对顶阀：

$$L_1 = D_{se} + \frac{p_{ko} - p_{tf}}{G_s} - 50 \tag{5—21}$$

对顶阀以下的其余阀：

$$L_n = L_{(n-1)} + \frac{p_v@L - p_{tf} - G_{fa}L_{n-1}}{G_s} \tag{5—22}$$

5. 连续气举设计应用实例

连续气举的图解法设计，是现场最常采用的一种简便，快速设计方法。通常比采用数学分析的计算方法更为准确、更符合气井实际。连续气举的图解设计方法很多，不管采用那种设计方法，都必须把确定单点注气、提高气举效率放在首位。四川盆地气田 D3 井应用压力梯度曲线进行的图解法设计，是这种设计方法的典型应用实例之一。为了保证气举在实际工作中有较大的安全性，能够自上而下逐级关闭，顶阀以下的阀压差皆取 0.175MPa（250psi），由最后两阀的阀距不小于 100m 以确定底部工作阀的安置深度。

1）D3 井设计主要参数

（1）油层套管：$\phi178\text{mm} \times 3091.5\text{m}$；
（2）产层中部深度：$D = 3048\text{m}(10000\text{ft})$；
（3）油管尺寸：$\phi89\text{mm} \times 3130\text{m}$；
（4）日产气量：$q_g = 3 \times 10^4 \text{m}^3/\text{d}(1059300\text{ft}^3/\text{d})$；
（5）日产水量：$q_w = 320\text{m}^3/\text{d}(2012.8\text{bbl/d})$；
（6）地层气液比：$GLR = 89\text{m}^3/\text{m}^3$（取 $89\text{m}^3/\text{m}^3 = 500\text{ft}^3/\text{bbl}$）；
（7）井底静压：$p_{ws} = 17.4\text{MPa}(2475\text{psi})$；
（8）井底流压：$p_{wf} = 13.00\text{MPa}(1849\text{psi})$；
（9）井口流压：$p_{tf} = 3.5\text{MPa}(500\text{psi})$；
（10）地面启动注气压力：$p_{ko} = 10.55\text{MPa}(1500\text{psi})$；
（11）地面工作注气压力：$p_{so} = 10.20\text{MPa}(1450\text{psi})$；
（12）地层水相对密度：$\gamma_w = 1.08$；
（13）静液梯度：$G_s = 0.0107\text{MPa/m}(0.446\text{psi/ft})$；
（14）天然气相对密度：$\gamma_g = 0.568$；
（15）静液面深度：$D_{se} = 1344\text{m}$；
（16）井口温度：$T_v = 50℃(122℉)$；
（17）井底温度：$T_w = 119.5℃(247℉)$；
（18）气举阀型号及主要参数：
①型号：J—40 型；
②主要参数：

$$R = \frac{A_v}{A_b} = 0.255$$
$$TEF = 0.342$$

(19) 气源高压气井主要参数：

①套压：$p_c = 31.4\text{MPa}$；

②油压：$p_t = 30.8\text{MPa}$；

③日产气量：$q_g = 49.5 \times 10^4 \text{m}^3$。

2) 连续气举图解法设计程序

D3井应用流压梯度曲线进行连续气举图算法设计，其程序可简要归结如下：

(1) 根据D3井油管尺寸、日产水量（全水）、地层温度等设计参数选择一相应的图版，并将其英制单位换算为相应的SI制单位，确定一条与地层气液比$GLR = 89\text{m}^3/\text{m}^3$（$500\text{ft}^3$/bbl）相应的梯度曲线（图5—10）；

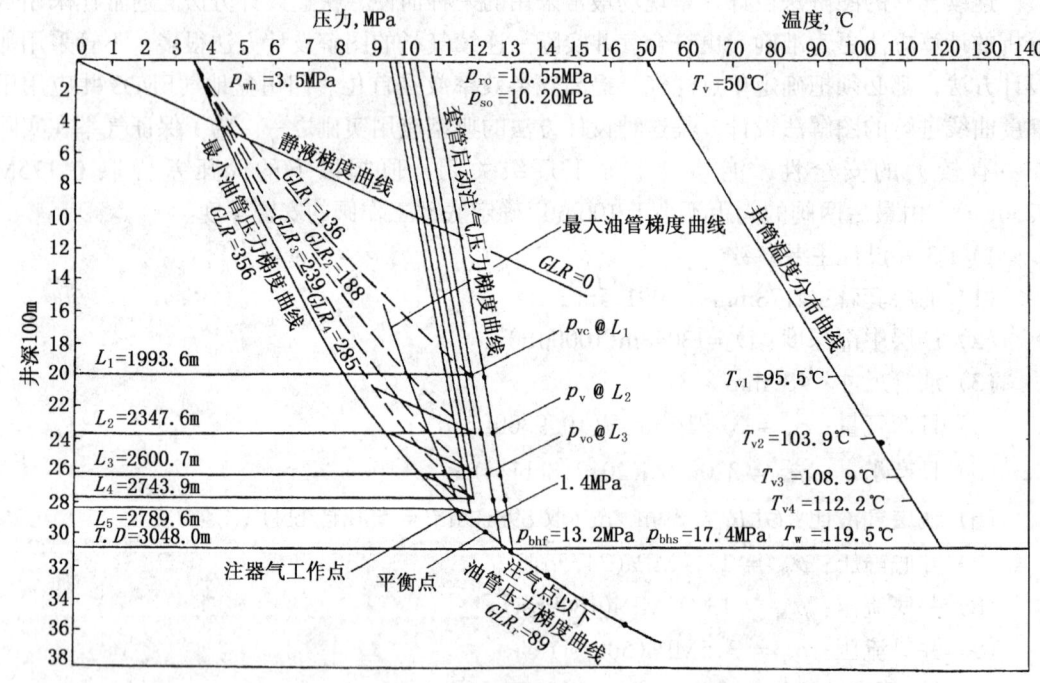

图5—10 D3井连续气举设计图

(2) 在专用的透明坐标纸上，分别标出深度、温度、压力的坐标以及$p_{ws} = 17.40$、$p_{wf} = 13.00$、$p_{wh} = 3.5$、$p_{ko} = 10.55$、$p_{so} = 10.20\text{MPa}$等已知设计参数点；

(3) 分别过$p_{ko} = 10.55$、$p_{so} = 10.20\text{MPa}$与$T_w = 119.5℃$作套管流动注气压力梯度，工作注气压力梯度与井筒温度分布曲线；

(4) 由$GLR = 89\text{m}^3/\text{m}^3$与$p_{wf} = 13.00\text{MPa}$，计算实际深度的等值图表深度（表5—2），并由实际深度与对应的油管压力，在透明坐标图5—10上绘制注气点以下的油管流压分布曲线；

(5) 由$p_{ko} = 10.55\text{MPa}$的套管注压力梯度曲线与注气点以下油管流动压力梯度的交点向左平移1.4MPa，即得注气工作点，并在图5—11上查得注气工作点的深度和相应的最小油管压力：
$$L_5 = 2789.6\text{m}$$
$$\max p_t @ L_5 = 11.53\text{MPa}$$

表 5—2 实际深度、等值图表深度与油管压力关系表

实际深度 $GLR = 89\text{m}^3/\text{m}^3$ (500ft^3/bbl), m (ft)	等值图表深度 m (ft)	油管压力 MPa (psi)
3506.1 (11500)	3872.0 (12700)	16.3 (23800)
3353.7 (11000)	3719.5 (12200)	15.32 (2180)
3201.2 (10500)	3567.1 (11700)	14.20 (2020)
3048.0 (10000)	3414.6 (112000)	13.00 (1849)
2896.3 (9500)	3262.2 (10700)	12.16 (1730)

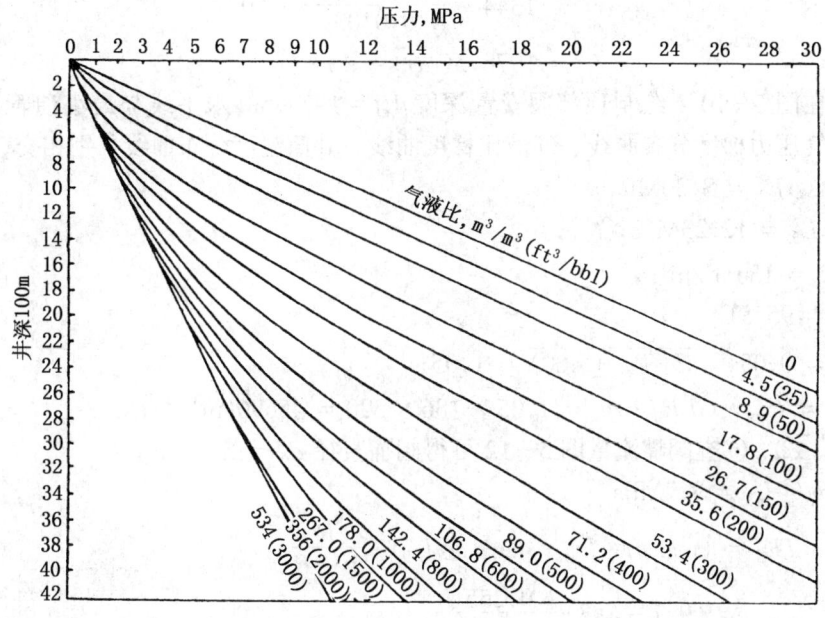

图 5—11 流动压力梯度曲线图

（6）将透明坐标图 5—10 蒙在图 5—11 上，使其深度坐标与图版坐标重合，然后向下移动，使井口流压点 $p_{tf} = 3.5\text{MPa}$、注气工作点最小 $p_t @ L_5 = 11.53\text{MPa}$ 刚好落在选定的梯度曲线下，并把其气液比 $GLR = 356\text{m}^3/\text{m}^3$ 标作该曲线的最大注入气液比；

（7）根据最大注入气液比和地层气液比计算最大日注入气量与最小日注入气量；
$$q_{\max} = GLR \cdot q_w = 356 \times 320 = 113920(\text{m}^3/\text{d})$$
气源井产量 $\geqslant q_{\max}$，满足工艺设计要求；

（8）由图 5—11 $GLR = 356\text{m}^3/\text{m}^3$、井口流压 $p_{tf} = 3.5\text{MPa}$，计算实际深度的等值图表深度（表 5—3），由实际深度与对应的油管压力，在透明坐标图 5—10 上绘制注气点以上的最小油管压力梯度曲线；

表 5—3　实际深度、等值图表深度与油管压力关系表

实际深度 $GLR = 356 \text{m}^3/\text{m}^3$ (2000ft³/bbl), m (ft)	等值图表深度 m (ft)	油管压力 MPa (psi)
0	1646.3 (5400)	3.50 (500)
609.8 (2000)	2256.1 (7400)	4.78 (680)
1219.5 (4000)	2865.9 (9400)	6.26 (890)
1829.3 (6000)	3475.6 (11400)	7.73 (1100)
2439.0 (8000)	4085.4 (13400)	9.46 (1350)
2743.9 (9000)	4268,3 (14400)	10.55 (1600)

(9) 由式 (5—21) 计算顶部阀安置深度：

$$L_1 = D_{so} + \frac{p_{ko} - p_{tf}}{G_a} - 50$$

$$= 1344 + \frac{10.55 - 3.5}{0.0103} - 50$$

$$= 1978.5(\text{m})$$

(10) 在图 5—10 上绘制顶部阀安置深度 $L_1 = 1978.5\text{m}$ 水平线与最小油管梯度曲线、套管启动注气压力梯度分布曲线、气液比梯度曲线、井筒温度分布曲线分别相交，可得：

① $\min p_t @ L_1 = 8.30\text{MPa}$；

② $p_v @ L_1 = 12.23\text{MPa}$；

③ $GLR = 136\text{m}^3/\text{m}^3$；

④ $T_{v1} = 95.5℃$；

⑤ $C_{gtl} = 0.054\sqrt{G(T_{v1} + 460)} = 1.05$；

⑥ $q_{\max} = C_{gtl} \cdot GLR_1 \cdot q_w = 1.05 \times 136 \times 320 = 45696(\text{m}^3/\text{d})$；

⑦ 由①、②、⑥查阀嘴流量图 5—12 可得阀嘴直径 $d_1 = 5.5\text{mm}$；

⑧ $\max p_t @ L_1 = 9.7\text{MPa}$

⑨ $\text{Add} \cdot TE_1 = (\max p_t @ L_1 - \min p_e @ L_1) \cdot \frac{R}{1-R}$

$$= (9.7 - 8.3)\frac{0.255}{1 - 0.255}$$

$$= 0.48(\text{MPa})$$

⑩ $p_{btl} = p_{vo} @ L_1 \cdot (1 - R) + \min p_t @ L_1 \cdot R$

$$= 12.23 \times 0.745 + 8.3 \times 0.255$$

$$= 11.23(\text{MPa})$$

⑪ $p_{bl} = C_t p_{btl} = 0.764 \times 11.23 = 8.58(\text{MPa})$

⑫ $p_{vol} = \frac{p_{bl}}{1 - R} = \frac{8.58}{0.745} = 11.52(\text{MPa})$

(11) 以 $\Delta p = 0.175\text{MPa}$ 为间距，分别绘制地面工作压力 $p_{so1} = 10.025\text{MPa}$、$p_{so2} = 9.850\text{MPa}$、$p_{so3} = 9.675\text{MPa}$、$p_{so4} = 9.5\text{MPa}$ 的注气压力分布线；

(12) 过 $\min p_t @ L_1$ 坐标点绘制与静液梯度 G_s 的平行线 $p_{so1} = 10.025\text{MPa}$ 相交，并过交点作水平线与纵坐标轴相交，即得第二只气举阀的安置深度 L_2；

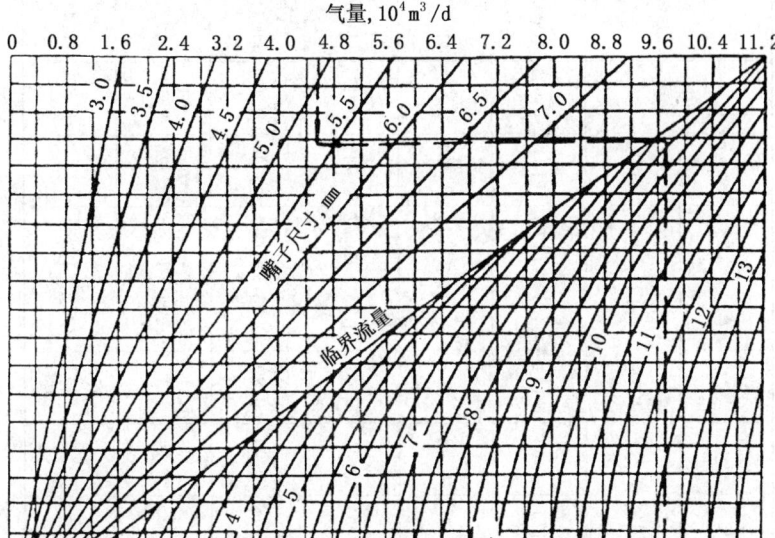

图 5—12 阀嘴流量图

（13）同步骤（10）即可得到第二只阀相应其它参数；

（14）按步骤（12）、（13）继续作下去，每次交于相邻较低压力的 p_{so} 线，直到确定出最低阀的深度与相应参数为止。

全部设计数据列于表 5—4。

该井在工艺实施中，鉴于现场受 J—40 型气举阀数量的限制，只下入了第 1～3 级气举阀，即以第 3 级作为实际的注气工作点，尽管对气举效率有不利的影响，也仍然取得了较好的气举效果。实施本次连续气举，累计增产天然气 $2000\times10^4 m^3$，使该井的采出程度由 50%提高到了 60.1%。

五、游梁抽油机排水采气工艺

游梁抽油机适用于气井中、后期排水采气。

游梁抽油机排水采气的主要优点是：能连续稳定生产，可以用天然气作燃料；工艺简单，成本低，操作方便，易于管理。

1．工艺原理

游梁抽油机排水采气是一种借助于机械能排水的生产工艺。其方法是将有杆深井泵下入井筒动液面以下适当深度，泵筒中的柱塞在抽油机带动下作上下往复运动而抽汲排水，达到排水采气目的。进入泵筒内的地层水从油管排出，而天然气则从油套环形空间产出。

为适应气水井排水采气的要求，井内设备采用有利于防腐和提高泵效的软密封深井泵，脱接器，井下气水分离器，旋转接头等机抽排水采气配套装置，提高了机抽排水采气的技术水平。

机抽排水采气的装备简单，设计方法成熟、投资少、不受高采出程度的限制，可枯竭性采气。因此，它适用于气藏中后期低压间歇井，水淹气井的排水采气。

表 5-4 D3 井连续气举设计程序表

编号	L m (1)	$pV_o@L_i$ (2)	min $p_t@L$ M (3)	$p_{vo}@L$ (4)	$T_v@L$ °C (5)	GLR m³/m³ (6)	C_{gt} (7)	q_g, m³ 修正前	修正后 (8)	嘴子直径 mm (9)	$R(\frac{A_v}{A_b})$ (10)	$1-R$ (11)	TEF (12)	max $p_t@L$ (13)	Abbi TEF (14)	ΣAbbi TEF MPa (15)	Δp (16)	p_{bt} (17)	C_t (18)	p_{bt} MPa (19)	pV_o MPa (20)
1	1978.5	12.23	8.30	12.23	95.5	136	1.05	43520	45696	5.5	0.255	0.745	0.342	9.70	0.48	0		11.23	0.764	8.58	11.52
2	2347.6	12.52	9.42	12.01	103.9	188	1.06	60160	63770	6.5	0.255	0.745	0.342	10.54	0.41	0.48	0.35	11.37	0.745	8.47	11.37
3	2561.9	12.73	10.41	11.84	108.7	231	1.07	73920	79094	7.0	0.255	0.745	0.342	11.18	0.29	0.89	0.83	11.47	0.734	8.42	11.31
4	2701.2	12.87	11.18	11.69	112.3	285	1.08	91200	98496	7.5	0.255	0.745	0.342	11.53	0.14	1.18	1.24	11.56	0.726	8.39	11.27
5	2926.8	13.01	12.23	11.67	116.7	356	1.09	11320	12173	8.0	0.255	0.745	0.342			1.32	1.38	11.83	0.719	8.50	11.41

适用范围:

(1) 适用于水淹气井和间喷井;
(2) 日排水量 10~100m³;
(3) 泵挂深度:2500m 左右;
(4) 产层中部深度:1000~2900m;
(5) 压力:
①目前地层压力 2.4~26MPa;
②复产后套管压力 1.5~20MPa;
(6) 温度:小于 100℃;
(7) 腐蚀介质:
①矿化度(或 Cl^- 含量)10000~90000mg/L;
②二氧化碳 115g/m³;
③硫化氢:不含硫管串适用于 0~300mg/m³ 的低含硫气井,防硫管串基本适用于 26g/m³ 以下的含硫气井,但目前防硫管串还存在薄弱环节,需要进一步工作。

2. 工艺流程

气井排水采气的工艺流程包括油管内排水的流程和油管环形空间采气的流程。它与采油的不同点在于油田是油管采油,气井是油管排水,油套管环形空间采气(图5—13)。

油管排水的流程是:产层水由井下分离器经过分离将气排到油套管环空,将水排到软密封深井泵。地面抽油机连接抽油杆和柱塞。由于抽油机抽吸使水通过油管、油管头、高压三通、油管出口管线到地面排液计量池。

气的流程是:从井下分离器和地层排出的气水混合物经过油套管环空、大四通、高压输气管线进入地面气水分离器。如果压力不够,必须加压将分离后的气输送到干线和用户,分离出的水进入排污池。

3. 设计计算

采用万邦烈的计算公式进行计算:

1) 最大驴头载荷的计算

$$P_{\max} = P_L + P\left(1 + \frac{SN^2}{1790}\right) \tag{5—23}$$

式中 $P_{\max}$——驴头悬点最大载荷,N;
P_L——在柱塞有效断面(柱塞断面减去抽油杆断面)上的液柱重力,N;

$$P_L = \gamma_L(f_L - f_g)L \tag{5—24}$$

γ_L——抽汲液体的密度,N/m³;
f_L——泵柱塞的断面面积,m²;
f_g——抽油杆柱的断面面积,m²;
L——由悬点最大允许载荷 $P_{\max}$ 所限制的最大下泵深度,m;
P——抽油杆在空气中的自重,N;

单级抽油杆: $P = q \times L$ (5—25)

多级抽油杆: $P = q_1 \times L_1 + q_2 \times L_2$ (5—26)

式中 q——每1m抽油杆在空气中的重力,N/m;
q_1、q_2——第一级和第二级抽油杆每1m在空气中的重力,N/m;

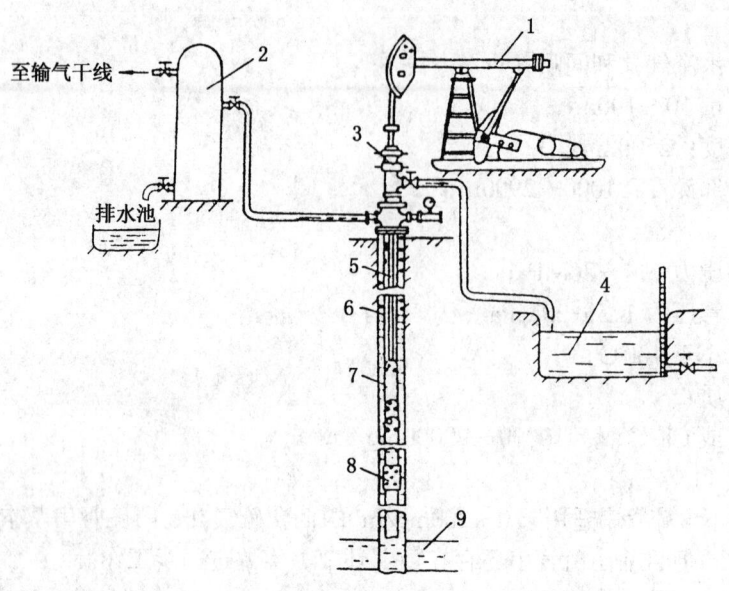

图 5—13 机抽排水采气工艺流程示意图
1—抽油机；2—地面气水分离器；3—气井机抽井
口装置；4—卤水计量池；5—抽油杆；6—油管；
7—深井泵；8—井下气水分离器；9—产层

L_1、L_2——第一级和第二级抽油杆的长度，m；

S——悬点的最大冲程长度，m；

N——悬点的最大冲程次数，$\min^{-1}$。

2）曲柄轴最大扭矩计算

$$M_{max} = 300S + 0.236S(P_{max} - P_{min}) \quad (5-27)$$

式中　M_{max}——曲柄轴最大扭矩，N·m；

P_{max}——悬点最大载荷可由（5—23）式求得，N；

P_{min}——悬点最小载荷，N：

$$P_{min} = P(1 - \frac{SN^2}{1790}) \quad (5-28)$$

S——悬点最大冲程长度，m。

3）排量及泵效计算

$$q_n = 1440 \frac{\pi D^2}{4} SN \quad (5-29)$$

式中　q_n——泵的理论排量，m^3/d；

D——泵径，m；

其余符号同前。

抽油机在井生产过程中的实际排液量一般都小于理论排液量。两者比值叫泵效，用 η 表示，即：

$$\eta = \frac{q_s}{q_n} \quad (5-30)$$

式中　q_s——抽油机井在正常生产过程中所测得的实际排水量，m^3/d。

在设计计算时，可以通过抽油杆及油管的弹性伸缩来计算其最大泵效（忽略其它因素影响）。抽油杆及油管的弹性伸缩可由式（5—31）或式（5—32）求得：

$$\lambda = \frac{\gamma_1 f_L L^2}{E}\left(\frac{1}{f_g} + \frac{1}{f_y}\right) \tag{5—31}$$

$$\lambda = \frac{\gamma_1 f_L L}{E}\left(\frac{L_1}{f_{g1}} + \frac{L_2}{f_{g2}} + \frac{L_3}{f_{g3}} + \frac{L}{f_y}\right) \tag{5—32}$$

式中　E——钢的弹性模量，2.1×10^{11} MPa；
　　　f_y——油管金属截面面积，cm^2；
　　其余符号同前。

4）抽油杆的强度校核

抽油杆柱最上端的相当应力 σ_d 应满足下式：

$$\sigma_d = \sqrt{\sigma_{max}\sigma_a} \leqslant \sigma_{dmax} \tag{5—33}$$

式中　σ_d——抽油杆最上端的相当应力，MPa；
　　　σ_{max}——在泵工作循环中，由悬点最大载荷所产生的应力，MPa；

$$\sigma_{max} = \frac{P_{max}}{f_g} \tag{5—34}$$

式中　σ_a——在泵工作循环中，由悬点载荷所产生的应力，MPa；

$$\sigma_a = \frac{P_{max} - P_{min}}{2f_g} \tag{5—35}$$

式中　σ_{dmax}——抽油杆柱最上端的最大允许相当应力。

根据万邦烈的资料，对于碳钢抽油杆，σ_{dmax} 等于 100MPa；对于表面喷丸处理或高频淬火处理的碳钢抽油杆，σ_{dmax} 等于 110MPa；而对于合金钢抽油杆（除镍钼钢外），σ_{dmax} 等于 120MPa。因此作实际计算对于目前最高强度抽油杆来说，取 $\sigma_{dmax} = 120$MPa 是合理的。对 K 级抽油杆，根据有关文献，取 $\sigma_{dmax} = 100$MPa～120MPa 比较合理。

5）功率计算

在选定抽油机的型号后，按其要求配备电动机。必要时可按下面经验公式计算：

$$N = 0.15 \times 10^{-7} \gamma_L q_n H \varphi \tag{5—36}$$

式中　N——电动机功率，kW；
　　　H——动液面深度，m；
　　　φ——考虑到抽油机平衡程度的系数，一般为 1.2～3.4（对于平衡程度较好的取小值，反之取大值）；
　　其余符号同前。

6）平衡半径的计算

抽油机井安装好后，必须在平衡条件下工作。抽油机的平衡一般采用气动平衡和机械平衡。机械平衡有三种方式，对于小型抽油机采用游梁平衡；大型抽油机采用曲柄（旋转）平衡；中型抽油机采用复合平衡。对泵挂深度较深的井，驴头载荷比较重，一般用后两种平衡方式。在计算平衡时，按各型抽油机出厂说明书上给出的计算平衡的公式计算平衡半径。对没有给出计算公式的抽油机根据平衡方式采用下列计算公式进行计算：

对于曲柄平衡：

$$R = \left(P' + \frac{P_L}{2}\right)\frac{ar}{bW_{cb}} - \frac{X_{ub}}{W_{cb}} - R_c\frac{W_c}{W_{cb}} \tag{5—37}$$

对于复合平衡：

$$R = \left(P' + \frac{P_L}{2}\right)\frac{ar}{bW_{cb}} - (X_{ub} + W_b)\frac{cr}{bW_{cb}} - R_c\frac{W_c}{W_{cb}} \tag{5—38}$$

式中　　R——曲柄平衡块重心到曲柄的距离，称平衡半径，cm；

W_{cb}——曲柄平衡块总重；N；

R_c——曲柄本身重心到曲柄轴之距离，cm；

W_c——曲柄自重（两块），N；

r——曲柄销至曲柄的距离，cm；

X_{ub}——抽油机本身的不平衡值；

a——游梁前臂长，cm；

b——游梁后臂长，cm；

c——游梁上平衡块至支架轴承距离，cm；

P'——抽油杆柱在液体中的重力，N（可由表5—5查得）；

P_L——在柱塞有效断面（柱塞断面减去抽油杆断面）上的液柱重力。

表5—5　抽油杆在不同盐水中的重力表

重力，N/m　　直径，in 盐水相对密度，N/m³	5/8	3/4	7/8	1
10300	13.970	20.104	27.124	35.762
10310	13.968	20.101	27.120	35.754
10320	13.966	20.098	27.116	35.749
10330	13.964	20.095	27.112	35.744
10340	13.962	20.092	27.108	35.739
10350	13.960	20.089	27.104	35.734
10360	13.958	20.086	27.100	35.729
10370	13.956	20.083	27.096	35.724
10380	13.954	20.080	27.092	35.719
10390	13.952	20.077	27.088	35.714
10400	13.950	20.074	27.084	35.709
10410	13.948	20.071	27.080	35.704
10420	13.946	20.008	27.076	35.699
10430	13.944	20.065	27.072	35.694
10440	13.942	20.062	27.068	35.689
10450	13.940	20.059	27.064	35.684
10460	13.938	20.056	27.060	35.679
10470	13.936	20.053	27.056	35.674
10480	13.934	20.050	27.052	35.699

续表

重力,N/m　　直径,in 盐水相对密度,N/m³	5/8	3/4	7/8	1
10490	13.932	20.047	27.048	35.664
10500	13.930	20.044	27.044	35.659
10510	13.928	20.041	27.040	35.654
10520	13.926	20.038	27.036	35.649
10530	13.924	20.035	27.032	35.644
10540	13.922	20.032	27.028	35.639
10550	13.920	20.029	27.024	35.634
10560	13.918	20.026	27.020	35.629
10570	13.916	20.023	27.016	35.624
10580	13.914	20.020	27.012	35.619
10590	13.912	20.017	27.008	35.614
10600	13.910	20.014	27.004	35.609
10610	13.908	20.011	27.000	35.604
10620	13.906	20.008	26.996	35.599
10630	13.904	20.005	26.992	35.594
10640	13.902	20.002	26.988	35.589
10650	13.900	19.999	26.984	35.584
10660	13.898	19.996	26.980	35.579
10670	13.896	19.993	26.976	35.574
10680	13.894	19.990	26.972	35.569
10690	13.892	19.987	26.968	35.564
10700	13.890	19.984	26.964	35.559

按计算时平衡半径调整好抽油机,在工作过程中,由于地层情况、气井情况及工作制度的改变都会破坏抽油机原来的平衡。因而在生产过程中要定期检查和及时调整抽油机的平衡。气井通常用测量上、下冲程时电流峰值的变化情况来检查抽油机的平衡。抽油机在平衡条件下工作时上、下冲程的电流值应该相等。如果上冲程的电流峰值大于下冲程的电流峰值,说明平衡不够,则应增加平衡质量或增大平衡半径,反之则减小平衡质量或平衡半径。

4. 设计计算的应用举例

某抽油机排水采气井,平均产水 80m/d³,静液面为 1000m,采用 CYJ11-2.1-26B 型抽油机,最大冲程 2.185m,冲次 $10.6min^{-1}$,下直径 $\phi55mm$ 软密封管式泵,泵挂深度 1200m,盐水密度为 $10320N/m^3$,采用 $\phi19mm$ 和 $\phi22mm$ 两级组合抽油杆,其长度分别为 650m 和 550m,试验证以上设计是否合理。

解题步骤:

1) 计算驴头最大载荷

(1) 抽油杆在空气中的重力 P:

查表 5—6 可知:

$\phi19mm$ 抽油杆在空气中的重力 $q_1 = 23.14N/m$;

表 5—6 抽油杆在空气中的重力表

直 径		面积	不带接箍重力	带接箍重力
in	mm	m²	N/m	N/m
5/8	15.875	1.978×10^{-4}	15.53	16.08
3/4	19.050	2.849×10^{-4}	22.36	23.14
7/8	22.225	3.878×10^{-4}	30.44	31.22
1	25.400	5.065×10^{-4}	39.76	46.16

ϕ22mm 抽油杆在空气中的重力 $q_2 = 31.22$N/m。

$L_1 = 650$m; $L_2 = 550$m;

由式（5—20）可得：

$$P = q_1 L_1 + q_2 L_2$$
$$= 23.14 \times 650 + 31.22 \times 550 = 322212(\text{N})$$

（2）柱塞以上的总重力 P_L：

ϕ55mm 柱塞的全断面面积：

$$f_L = \frac{\pi D^2}{4} = \frac{\pi (0.055)^2}{4} = 23.8 \times 10^{-4}(\text{m}^2)$$

查表 5—6 可知：

ϕ19mm 抽油杆 $f_{g1} = 2.849 \times 10^{-4}$m²；

ϕ22mm 抽油杆 $f_{g2} = 3.878 \times 10^{-4}$m²；

由式（5—24）可得：

$P_L = \gamma_L [(f_L - f_{g1})L_1 + (f_L - f_{g2})L_2]$

$= 10320 \times [(23.8 \times 10^{-4} - 2.849 \times 10^{-4}) \times 650 + (23.8 \times 10^{-4} - 3.878 \times 10^{-4}) \times 550]$

$= 25362(\text{N})$

（3）驴头最大载荷：

由式（5—23）可得：

$$P_{\max} = P_L + P(1 + \frac{SN^2}{1790})$$
$$= 25362 + 32212 \times (1 + 2.185 \times 10.6^2 / 1790)$$
$$= 61992(\text{N})$$

2）曲柄轴最大扭矩 $M_{\max}$

$$P_{\min} = P(1 - \frac{SN^2}{1790})$$
$$= 32212 \times (1 - \frac{2.185 \times 10.6^2}{1790})$$
$$= 27794(\text{N})$$

由式（5-27）可得：

$$M_{\max} = 300S + 0.236S(P_{\max} - P_{\min})$$
$$= 300 \times 2.185 + 0.236 \times 2.185 \times (61991 - 27794)$$
$$= 18290(\text{N} \cdot \text{m})$$

11型抽油机的被动轴额定扭矩为26300N·m。因此，是安全的。
3）排量及泵效计算
（1）理论排量 q_n：
由式（5—29）可得：

$$q_n = \frac{1440\pi D^2 SN}{4}$$

$$= \frac{1440 \times \pi \times (0.055)^2 \times 2.185 \times 10.6}{4}$$

$$= 79.2(m^3/d)$$

（2）泵效 η：

只考虑抽油杆和油管的弹性伸缩，忽略其它因素对泵效的影响，按式（5—31）计算冲程损失：

$E = 2.1 \times 10^{11}$(MPa)；

$\phi 62$mm 油管，$f_y = 11.9$cm^2，由式（5—31）可得：

$$\lambda = \frac{\gamma_1 f_L L}{E}\left(\frac{L_1}{f_{g1}} + \frac{L_2}{f_{g2}} + \frac{L}{f_y}\right)$$

$$= \frac{23.8 \times 103.2 \times 1200}{2.1 \times 10^{11}} \times \left(\frac{650}{2.849} + \frac{550}{3.878} + \frac{1200}{11.9}\right)$$

$$= 0.66(m)$$

有效冲程：

$$S_p = S - \lambda = 2.185 - 0.66 = 1.525(m)$$

$$\eta = \frac{\lambda}{S} = \frac{0.66}{2.185} = 0.30 = 30\%$$

即泵工作很正常时，因油管柱和抽油杆柱的伸长和缩短，使泵的冲程损失0.66m，有效冲程为1.525m，泵效降低30%，即泵效为70%。
实际泵效根据正常生产后的实际排水量来计算。
4）抽油杆的强度校核
（1）$\phi 19$mm 抽油杆：
查表5—4
$f_{g1} = 2.849 \times 10^{-4}m^2 = 284.9$mm^2
$P = 23.14 \times 650 = 15041$(N)
由式（5—23）、（5—28）、（5—33）、（5—34）、（5—35）可分别得到：

$$P_{max} = P_L + P\left(1 + \frac{SN^2}{1790}\right)$$

$$= 25362 + 15041\left(1 + \frac{2.185 \times 10.6^2}{1790}\right) = 42466(N)$$

$$P_{min} = P\left(1 - \frac{SN^2}{1790}\right)$$

$$= 15041 \times \left(1 - \frac{2.185 \times 10.6^2}{1790}\right) = 12978(N)$$

$$\sigma_{max} = \frac{P_{max}}{f_g} = \frac{42466}{284.9} = 1490(MPa)$$

$$\sigma_a = \frac{P_{\max} - P_{\min}}{2f_g} = \frac{42466 - 12978}{2 \times 284.9} = 52(\text{MPa})$$

$$\sigma_d = \sqrt{\sigma_{\max}\sigma_a} = \sqrt{149 \times 52} = 88(\text{MPa})$$

(2) $\phi 22\text{mm}$ 抽油杆：

查表 5—4 可知：$f_g = 3.878 \times 10^{-4}\text{m}^2 = 378.8\text{mm}^2$，并可由式（5—33）、（5—34）、（5—35）分别得到：

$$\sigma_{\max} = \frac{P_{\max}}{f_g} = \frac{61992}{387.8} = 160(\text{MPa})$$

$$\sigma_a = \frac{P_{\max} - P_{\min}}{2f_g} = \frac{612992 - 27794}{2 \times 387.8} = 44(\text{MPa})$$

$$\sigma_d = \sqrt{\sigma_{\max}\sigma_a} = \sqrt{160 \times 44} = 84(\text{MPa})$$

所以 $\phi 19\text{mm}$ 和 $\phi 22\text{mm}$ 抽油杆的强度都小于 K 级抽油杆的 $\sigma_{d\max} = 110\text{MPa}$，故是安全的。

5) 功率计算

取 $\varphi = 2.4$、$H = 1000\text{m}$ 代入式（5—36）可得：

$$N = 0.15 \times 10^{-7} q_n H \gamma \varphi$$
$$= 0.15 \times 10^{-7} \times 79.2 \times 1000 \times 10320 \times 2.4 = 29.4(\text{kW})$$

6) 平衡半径计算

11 型抽油机的平衡半径：

$$R = \frac{M' - Q_2 r}{Q_1} \tag{5—39}$$

式中　R——曲柄两边的平衡重上齿轮孔中心连线到曲柄旋转中心的距离，m；

　　　r——曲柄零件的重心到曲柄旋转中心的距离，m，本抽油机的 $r = 0.78\text{m}$；

　　　Q_1——平衡扭矩可调部分的重力，其中包括主平衡重 4 件（5930N/件），副平衡重数按需要而定（5450N/件），其它重力 560N；

　　　Q_2——两件曲柄零件的重力，N（5760N/件）；

　　　M'——最大平衡扭矩，N·m。

$$M' = \frac{S}{4}(P_u + P_d)\zeta \tag{5—40}$$

式中　S——抽油机光杆冲程，m；

　　　P_u——下冲程时最大静载（等于动液面以上柱塞上的环形空间液柱重 P_L' 加上抽油杆柱在井液中的重力 P_g'），N；

　　　P_d——上冲程时最大静载荷（等于抽油杆柱在井液中的重力），N；

　　　ζ——修正系数，本抽油机 $\zeta = 1.02$。

平衡半径 R 合适与否要通过抽汲过程中测量电动机电流来验证，在一个冲程中电动机的电流有两个峰值，其差值如果小于最大峰值电流的 10% 平衡为合适，如果差值大于 10%，则要调整平衡半径 R 值使其达到规定要求。

(1) 最大平衡扭矩计算：

$$M = \frac{S}{4}(P_u + P_d)\zeta$$

$$P_u = P_L' + P_g'$$

$P_L' = \gamma_L[(f_L - f_{g1})L_1 + (f_L - f_{g2})L_2]$
$= 10320 \times [(23.8 \times 10^{-4} - 2.849 \times 10^{-4}) \times 450 + 23.8 \times 10^{-4} - 3.878 \times 10^{-4}) \times 550]$
$= 21037(N)$

$$P' = q_1'L_1 + q_2'L_2$$

查表 5—5 知：$\phi19$mm 抽油杆 $q_1' = 20.098$N/m，$\phi22$mm 抽油杆 $q_2' = 27.116$N/m

$P' = 20.098 \times 650 + 27.116 \times 550 = 27978(N)$
$P_u = 21037 + 27978 = 49015(N)$
$P_d = P' = 27978(N)$
$M' = \dfrac{S}{4}(P_u + P_d)\zeta$
$= \dfrac{2.185}{4}(49015 + 27978) \times 1.02 = 42899(N \cdot m)$

（2）平衡半径 R：

$$R = \dfrac{M' - Q_2 r}{Q_1}$$

由 11 型抽油机说明书可知：$Q_2 = 2 \times 5760 = 11520$N。这里主平衡用 4 块，副平衡用 8 块。

$$Q_1 = 4 \times 5930 + 8 \times 5450 = 67880(N)$$

$$r = 0.78\text{m}$$

$$R = \dfrac{42899 - 11520 \times 0.78}{67880} = 0.499(\text{m})$$

通过计算证明该井设计是合理的。

六、电潜泵排水采气工艺

1. 工艺原理及流程

变速电潜泵排水采气工艺是采用随油管一起下入井底的多级离心泵装置。将水淹气井中的积液从油管中迅速排出，降低对井底的回压，形成一定的"复产压差"，使水淹气井重新复产的一种机械排水采气生产工艺。

其工艺流程是在地面"变频控制器"的自动控制下，电力经过变压器、接线盒、电力电缆使井下电机带动多级离心泵作高速旋转。井液通过旋转式气体分离器、多级离心泵、单流阀、泄流阀、油管、特种采气井口装置被举升到地面排水管线，进入卤水池计量并处理；井复产后，气水混合物经油、套管环形空间、井口装置、高压输气管线进入地面分离器，分离后的天然气进入输气管线集输。图 5—14 是典型的变速电潜泵排水采气工艺流程图。图 5—15 是典型的电潜泵排水采气地面流程图。

2. 变速电泵系统的组成

变速电泵系统包括潜卤电机、保护器、离心式气体分离器、泵、电缆、变频控制器、升降压变压器及一系列与上述主要部件配套的附属部件，可归属为由以下三大部分组成：

（1）井下机组部分：包括电机、保护器、泵、离心式气体分离器、PHD 或 PSI 井下传感器；

（2）中间部分：包括电缆、油管、泄油阀、单流阀；

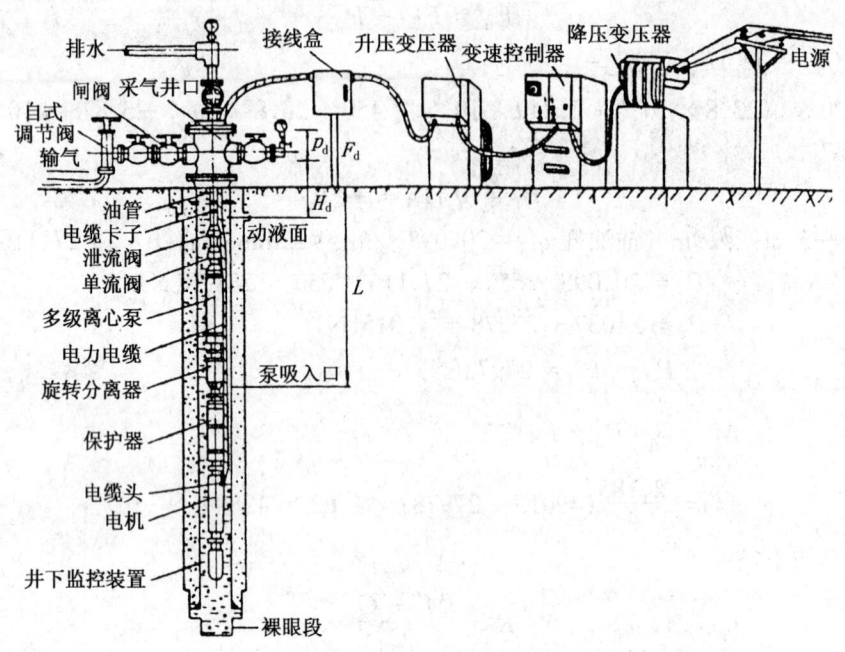

图 5—14 电潜泵排水采气工艺流程图

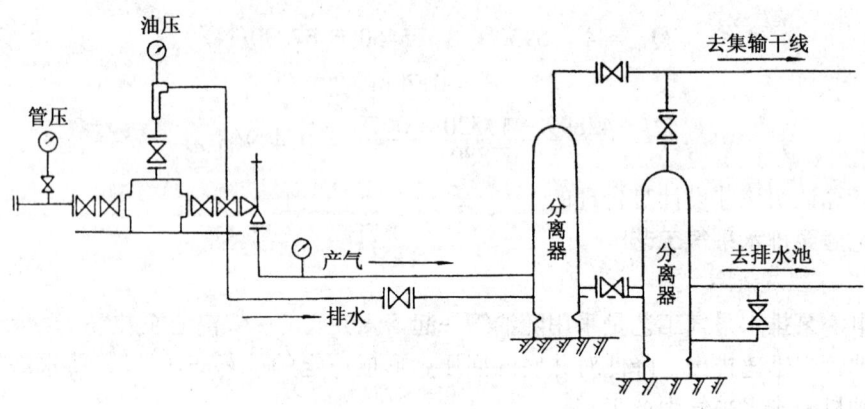

图 5—15 电潜泵排水采气地面流程图

(3) 地面部分：包括变速控制器、升—降压变压器、井口装置、接线盒。

这项排水采气工艺适用于各种类型的水淹气井。其特点是排量范围大，扬程范围广，能大幅度降低井底流压而扩大生产压差，是气井强排水的重要手段。适用于开发中、后期的气水井，由于地层压力低，产水量大，采用其它排水采气工艺都不能复产的水淹井。

3. 变速电潜泵机组的选择与设计

1) 气井的最大供液量预测与确定泵的最大排量

气井最大供液量预测可采用沃格尔公式计算：

$$Q_{w\,max} = \frac{q_w}{1 - 0.2(\frac{p_{wf}}{p_r}) - 0.8(\frac{p_{wf}}{p_r})^2} \tag{5—41}$$

式中 $Q_{w\,max}$——产层最大供液量，m^3/d；

p_{wf}——井底流压，MPa；
p_r——地层压力，MPa；
q_w——当井底流压为 p_{wf}、地层压力为 p_r 时的产液量，m³/d。

泵挂深度可按下式计算：

$$L = D - H_{pwf} + H_{jmin} \tag{5—42}$$

式中　L——泵挂深度，m；
　　　D——气层中部深度，m；
　　　H_{pwf}——泵最大排量抽汲时形成的井底流压的折算高度值，m；
　　　H_{jmin}——设计的泵最小吸入口压力（p_{jmin}）的折算高度值，m。

$$p_{jmin} \geqslant p_s + 1\text{MPa}$$

　　　p_s——地面管网输气压力，MPa。

2）计算总扬程

泵的总扬程由下式计算：

$$H = H_d + H_t + H_f \tag{5—43}$$

式中　H——总扬程，m；
　　　H_d——净扬程，可由（$L - H_{jmin}$）算得，m；
　　　H_t——井口排出口压头，m；
　　　H_f——Lm 油管摩阻损失压头，m。

3）泵型选择

对变速电潜泵机组，应以设计的最高频率 f 来选择泵的最大排量和扬程。在参照厂家泵的有关技术数据选择泵型前，应首先按公式（5—44）和（5—45）计算出50Hz下对应的泵的排量和扬程。然后按50Hz下泵的排量从厂家提供的各种泵的特性曲线中选择具有最高泵效率的泵型，再由扬程/单级扬程确定泵的级数。

$$Q_{50} = Q_f \frac{50}{f} \tag{5—44}$$

$$H_{50} = H_f \left(\frac{50}{f}\right)^2 \tag{5—45}$$

式中　Q_{50}——50Hz转速的泵排量，m³/d；
　　　H_{50}——50Hz转速的泵扬程，m³/d；
　　　Q_f——fHz转速的泵排量，m³/d；
　　　H_f——fHz转速的泵扬程，m³/d；
　　　f——设计的变速机组最高运转频率，Hz。

4）变频电机的选择

在最高频率 fHz 运转时所需电动功率（即泵制动功率）用下式计算：

$$p_f = \frac{q_f H_f \rho}{8800 \eta} (\text{kW}) \tag{5—46}$$

式中　p_f——运转频率为 fHz 时电机的输出功率，kW；
　　　q_f——运转频率为 fHz 时泵的排量，m³/d；
　　　H_f——运转频率为 fHz 时泵的扬程，m；
　　　ρ——流体的相对密度；

η——运转频率为 f Hz 时的泵效率。

用下式计算所需的 50Hz 标准电机的功率：

$$P_{50} = \frac{50P_f}{f} \tag{5—47}$$

式中 P_{50}——50Hz 下的电机功率，kW；

P_f——fHz 下的电机功率，kW；

f——最高运转频率，Hz。

根据（5—47）式计算出的 50Hz 标准电机功率，选择耐压级别能满足最高频率 fHz 运转的变速电机（可按厂方提供的电机技术参数选择），注意选择的电机在外形尺寸上，在与电力电缆配合上一定要满足下井的综合要求。对于泵挂深的井，尽量选择高电压、小电流的变速电机。并按气井使用要求，选择出与电机配套的双连胶囊沉淀式保护器。

5）电缆的选择

选择电缆的规格和型号，主要依据电缆的载流能力、工作电压、工作环境（流体性质、井底温度、井底压力）及套管环空尺寸等因素来确定。可依据厂方提供的电缆技术规范选择合适的电缆型号和尺寸。要求所选择的电缆每 305m 电压降应小于 30V，以减少电力损失，必须防腐蚀性能好、耐气蚀性能好。目前国产的电缆均在金属铠片外面多制作了一层防卤水腐蚀的保护层。如沈阳电缆厂生产的 WQLB22 圆电缆，WQPN12 型扁电缆均多属此类型。这种电缆已基本上可以满足 90℃ 以下井温的气井排水采气使用。对 90℃ 以上井温，国外进口的 CL—81、CL—280、CL—350HG 型中具有防气蚀性能的三元乙丙橡胶电缆在气井中使用效果较好。主要缺点是铠片外无防腐蚀的保护层，起出井后，由于盐水在空气中腐蚀性更强，电缆铠皮很快被腐蚀坏。选择气井排水采气用的电力电缆时，对温度较高的井有时选用价额较贵的优质电缆可能会显得更为经济。

6）变频控制器的选择

目前国外电潜泵使用的"变频控制器"已从油冷式可控硅逆变型发展为风冷式大功率晶体管 GTR 逆变型。其中触摸键盘式"电子变速控制器"最为先进。这种"电子变速控制器"的输入电压有 380V 和 480V 两种类型，480V 为标准型。可参考厂家的技术规格选择。一般选择输入电压为 480V 最为经济。选择"变频控制器"时，最重要的是确定变频控制器输出的额定电流值，可按公式（5—48）计算：

$$I_k = 1.2 \times I_d \times K_v \tag{5—48}$$

式中 I_k——变频控制器输出的额定电流值，A；

I_d——电机的额定电流，A；

K_v——升压变压器变压比。

K_v 的确定必须由"变频控制器启动报表"的设计提供。它与井下电机的额定电压，电缆压降、确定的最高运转频率等有关。变频控制器容量的选择：一般与配套的变压器容量相等，有时容量也可定为变压器容量的 1.1~1.2 倍。开始就选择容量稍大一些的"变频控制器"显得更经济。因变速运行中随着频率的增大，控制器输出功率增大。容量稍大的变频控制器，控制运转参数设计时灵活性更大。

7）变压器的选择

变压器规格可由公式（5—49）计算出容量进行选择：

$$变压器容量(KVA) = \frac{\sqrt{3}(\frac{f}{50}U_d + \Delta U) \cdot I_d}{1000} \tag{5—49}$$

式中　f——电机最高运转频率值，Hz；
　　　U_d——50Hz 时电机的额定电压，V；
　　　I_d——电机的额定电流，A；
　　　ΔU——电力电缆的电压降，V。

变压器类型应根据初级电源电压值和次级所需的"地面电压"值去选择。在电网是高电压的地方（如 10kV），使用"变速电潜泵机组"时，需配置两台变压器。其中一台降压变压器，将高压电变换为"变频控制器"的输入电压；一台升压变压器，将"变频控制"输出的可变频率的电压变换为"地面电压"。因不同类型的电机，额定电压不同；泵挂深度不同，电缆压降也不同。故要求升压变压器的次级具有 28～50 个档位可调节，能输出 750～4000V 范围内的各种"地面电压"，才能满足"变速电潜泵机组"运转设计的要求。可参考厂家提供的技术规格选择。

8）井口装置的选择

电潜泵采气井口装置应根据轴向总载荷的大小、套压大小、套管及油管的规格来选择合适的类型。可参考厂家的技术规格选择。

9）附属部件的选择

可根据需要选择长度和型号合适的小扁电缆、小扁电缆护罩、电缆卡子、单流阀、泄流阀及必要的大小头等附属部件。在排水采气中的这些部件必须具有好的防腐性能。例如小扁电缆应选用铅封不锈钢铠装电缆，电缆卡子和护罩均应选用不锈钢材料。

4．选择和设计实例

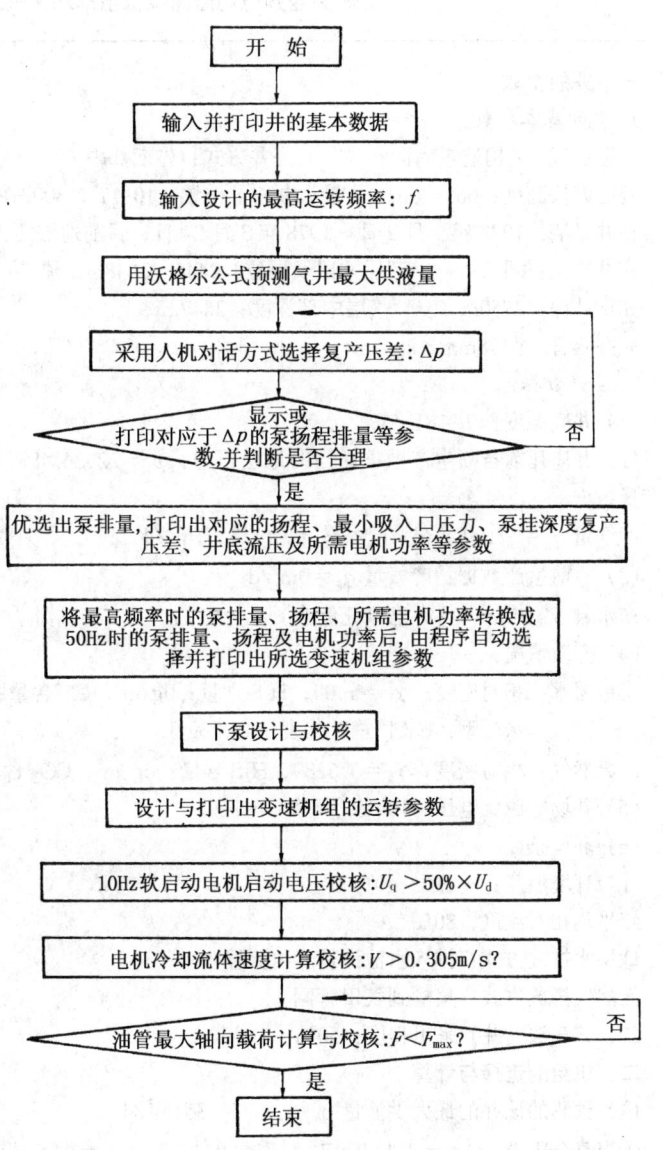

图 5—16　变速电潜泵机组设计程序框图

下面是四川盆地气田 Z35 井采用计算机编程设计打印出的结果。这口井作为"气藏排水"应用，不仅实现了单井复产，而且通过强排水，气藏邻井 Z4 井、Z36 井等四口井均随之增产，取得了好的经济效益。

（1）图 5—16 为电潜泵机组设计程序框图。

（2）Z35 井变速电潜泵机组排水采气工艺设计实际程序如下。

Z35 井变频电动潜油泵机组排水采气工艺设计

一、井的参数

1．井的基本参数

构造位置：Z 构造东南面　　　　完井方式：先期裸眼

补心海拔高度：665.76m　　最大井斜及位置：10.17°，800～825m

钻井日期：1978 年 1 月 2 日～1978 年 3 月 24 日，目前地层压力：18.7MPa（1992 年 2 月）

完井层位：须二　　　产层井段及层位：2446～2648m，须二

完钻井深：2750m　　　气层中部深度：2647m

完井套管：ϕ178mm×2646m

2．生产数据

（1）井底温度：T = 81.5℃

（2）井淹死前自喷生产数据：当时地层压力，p_r = 22.36MPa，井底流动压力，p_{wf} = 17.3MPa 时，测得产量数据：

产气量 q_g = 37100m³/d，产水量 q_w = 128.71m³/d

（3）目前生产数据：产气量 q_g = 0m³/d

产水量 q_w = 0m³/d（井已淹死停产）

（4）介质情况：

①地层水：相对密度：γ_w = 1.04，H_2S 含量：0g/m³，Cl^- 含量：29132mg/L

水　型：$CaCl_2$ 总矿化度：49.73g/L

②天然气：相对密度，γ_g = 0.6289，H_2S 含量：0g/m³，CO_2 含量：46g/m³

（5）井场电源：电压：10kV，频率：50Hz

（6）环境条件：

井口环境温度：-3℃～40℃

年平均相对湿度：80%

地层水排放方式：排入水池计量后再集输

天然气排放方式：集输到气田管网

（7）该气藏（井）采出程度：50%

二、机组的选择与计算

（1）预测的该井的最大供液量 $q_{w\,max}$ = 351.351m³/d。

①当复合压差：Δp = 3.1MPa 时所需泵的排量：q_w = 165m³/d，该排量下所需泵的总扬程为 H = 1183m

②当复合压差：Δp = 7.13MPa 时所需泵的排量：q_w = 240m³/d，该排量下所需泵的总扬程为 H = 1610m

③当复合压差：Δp = 13MPa 时所需泵的排量：q_w = 315m³/d，该排量下所需泵的总扬程为 H = 2248m

（2）设计的电动潜油泵生产数据：

①油管排出口压力 p_t = 0.5MPa；

②泵最小沉没度：400m；
③泵挂深度：$H_{挂} = 2486$m。

(3) 当选择的泵排量 $q_w = 315$m³/d，造成井底流压 $p_{wf} = 5.71$MPa，可形成最大复活压差：$\Delta p = 12.98$MPa。

(4) 这时泵的净扬程：$H_d = 2086$m；泵的总扬程为：$H = 2247$m。

在频率 $f = 80$Hz，排量 $q_w = 315$m³/d，总扬程 $H = 2247$m 时，所需电机功率，$N_{电机} = 143$kW

(5) 根据该井的基本参数和上述计算结果，选择 90℃ 井温，耐盐水和 H_2S 腐蚀的电动潜油泵机组作为排水采气的设备如下：

①多级离心泵：

型号：1—42B，扬程：878m；排量：197m³/d；级别：104，外径：130mm；长度：3.85m；质量：255kg

②旋转式分离器：

型号：GRSXING，外径：130mm，长度：99m，质量：59kg

③电机：

50Hz：562 系列，功率：93kW，电压/电流：1842V/39A，外径：142.748mm，长度：4.93m，质量：522kg

④保护器：

双连皮囊沉淀式保护器：长度：4.01m，外径：130mm；质量：240kg

⑤电力电缆：4#；耐压：3~4kV，长度：2516m，质量：4528.8kg

⑥小扁电缆：

耐压：5kV，长度：12m

⑦井下监控装置：

类型：PHD，测压范围：0~24.1MPa，质量：25kg

⑧控制屏：

容量：211kVA

输入电压：480V，输入频率：50Hz，输出频率范围：22~88.9Hz，输出电压范围：40~480V

⑨降压变压器：

三相；油冷式；容量：211kVA，电压变换：10kV/480V；频率：50Hz

⑩升压变压器：

三相；油冷式；容量：211kVA，电压变换：480V/744~3617V；适应频率：6~90Hz

⑪井口装置：

型号：KQL21/65 型，压力级别：21MPa，质量：1500kg

⑫接线盒：

耐压：3~5kV，质量：25kg

⑬单流阀：

质量：4.5kg，长度：0.13m

⑭泄流阀：

质量：4.5kg，长度：0.13m

⑮井下机组重量：5690.748kg

三、下泵设计与校核

(1) 静液面时泵的吸入口压力值：$p_{max} = 17.05974$MPa。

(2) 达到设计沉没度时泵吸入口压力值：$p_{min} = 4.07$MPa。

(3) 变速机组的运转参数设计

最高运行频率：$f = 80.47$Hz

升压变压器变压比：$k_V = 6.93$；

变压器档位选择

变换挡位	Y 型 输 出
NO-1|NO-2	Y 型输出电压（V）
A-D	3326

50Hz 时控制屏输出的驱动电压：$U_{驱} = 292.03V$；

②10Hz 下电机启机电压校核：

$V_{启} = 371.1093V > 368.4 \times 50\% V$，启动顺利！

(4) 井液通过电机周围的流速：$V = 1.026 m/s$。

因 $V > 0.305 m/s$，不需装电机冷却护罩！

(5) $\phi 62mm$ 外加厚油管，9.67kg/m，所承受的最大载荷：$F_{max} = 45210 kg$

该井排水时油管所受的最大轴向力：$F = 37535.92 kg$，$F < F_{max}$，故安全！

七、射流泵排水采气工艺

1. 射流泵的适用范围和使用注意事项

1) 射流泵的优缺点

射流泵的优点：

(1) 由于没有运动件，井下设备有较高的可靠性，维修费用低。

(2) 由于喷嘴和喉道使用了抗磨材料，泵体使用了抗腐蚀材料，因而能在高温、高气液比、出砂和腐蚀等复杂条件下工作。

(3) 检泵时不须起出油管，只要使动力液反循环即可将泵冲出，从而大大减少了维修工作量和起下管柱的作业次数。

(4) 可用于斜井和弯井。

(5) 排量比活塞泵高，深度和排量的变化范围大，通过更换不同的喷嘴—喉道组合调节流量，可以满足不同的生产要求。

(6) 地面设备可与活塞泵共用一套，并且可以整体撬装，具有较高的灵活机动性。

射流泵的缺点：

(1) 泵效较低，比活塞泵需要更高的地面功率。

(2) 为了避免气蚀，要求较高的吸入压力和一定的沉没度。

(3) 对回压的变化较敏感。

2) 射流泵的适用范围

总排液量：$16.0 \sim 1900.0 m^3/d$；

举升高度：$450 \sim 3050.0 m$；

地面泵功率：$22.0 \sim 460.0 kW$。

3) 射流泵使用注意事项

(1) 作好优化设计，选择合理的喷嘴和喉道组合，防止气蚀。

(2) 对于地层水结垢或产腐蚀性介质的井，应向动力液中加入防垢剂和防腐剂。

(3) 停机时，井下泵不能长久停留于井内。

2．射流泵的结构及工作原理

最简单的射流泵如图 5—17 所示，其工作件是喷嘴、喉道和扩散管，喷嘴是引擎，喉道是泵。泵送是通过两种运动流体的能量转换达到的。地面泵提供的高压动力流体通过喷嘴把其位能（压力）转换成高速流束的动能。喷射流体将其周围的井液从汇集室吸入喉道而充分混合。喉道是一入口很平滑的直圆柱孔眼，其直径大于喷嘴直径，这样才能使动力液周围的井液进入喉道。在喉道中混合时，动力液把动量转给产液而增大产液的能量。在喉道末端，两种完全混合的流体仍具有很高的流速（动能），此时它们进入一扩散管通过流速降低而把部分动能转换成压能，流体获得的这一压力足以把泵从井下返出到地面。

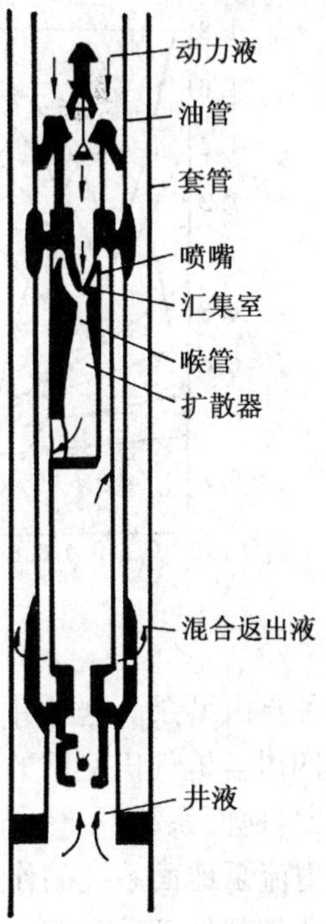

大直径的喷嘴和喉道具有较高的排量，但是更重要的因素是喷嘴与喉道的面积比，因为它决定着泵压头与排量之间的关系。对于过流面积一定的喷嘴，选用小的喉道组合将是一压头高而排量低的射流泵，这种泵适用于举升高度大的深井。如果选用大的喉道组合将是一压头低而排量高的射流泵，这种泵适用于低举升高度的浅井。

1）射流泵理论

泵的排量（无量纲流量比）与压头（无量纲压力比）的关系：

$$p_D = \frac{1-N}{q_D + N} \tag{5—50}$$

图 5—17 射流泵原理图

式中 p_D——无量纲压力比；

q_D——无量纲流量比；

N——与摩擦损失、无量纲流量比和无量纲面积比有关的参数。

2）射流泵特性

射流泵的工作特性可用射流泵无量纲特性曲线来描述。射流泵无量纲特性曲线如图 5—18 所示，它表明了 A_D 取不同值时，E 与 q_D 和 q_D 与 p_D 的对应关系。用无量纲曲线表示的射流泵特性，可使选泵工作大大简化。对于任何一台射流泵，无论其尺寸大小如何，将有一条特性曲线与其特定面积比的标准曲线相符合。

3．射流泵装备

1）井下系统

井下装置用来连接地面设备和井下生产设备，它为动力液和产出流体流入流出井下泵提供必需的通路。流体通路和需用设备的布置由所用井下装置的类型决定。射流泵井下装置一般分为两类：固定型井下装置和自由型井下装置。

（1）固定型井下装置：

固定型井下装置的井下泵固定安装在油管串下部。检泵必须起下油管。这种井下装置有插入式和套管式两类。

（2）自由型井下装置：

自由型井下装置的井下泵可以从油管内泵入或泵出，检泵不必起下油管，现在一般都使

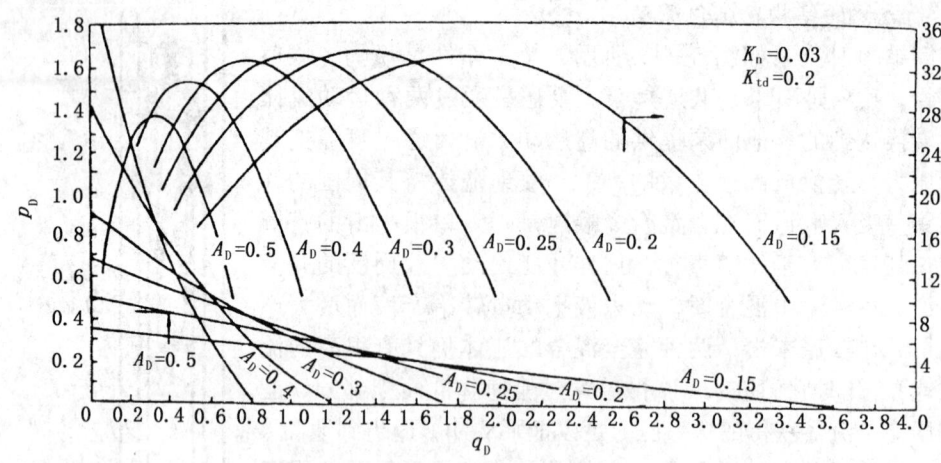

图 5—18 射流泵无量纲特性曲线图

用这种自由型泵。这种井下装置又有平行双管式和套管式（标准套管式和气体排出式）两类。四川盆地气田使用的是标准套管式。

2）地面系统

射流泵地面系统的作用是：分离产出流体作为动力液；除去动力液中的游离气和固体；加入化学剂处理动力液；在足够的压力下循环动力液，操作井下射流泵。

射流泵地面系统中有中心站系统和独立井场动力站系统两类。中心站系统用于海上平台或井比较密集的地区，而对于那些边远地区或井距较大的井，最好采用独立井场动力站系统（图 5—19）。

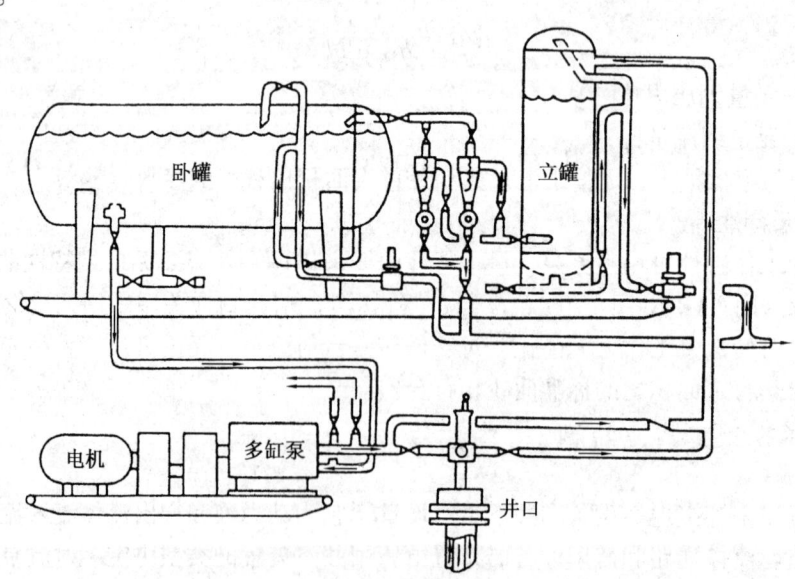

图 5—19 四川盆地气田纳 30 井射流泵
排水采气的地面系统示意图

独立井场动力站系统由地面动力装置和地面净化装置组成，设备主要包括多缸泵、电动机或天然气发动机、动力液罐、气液分离器、旋风分离器。根据地面设备的大小，地面动力装置和地面净化装置可以整体撬装，也可分两撬撬装。

4．射流泵选井条件

(1) 井底流压：≥6.0MPa；

(2) 排水量：50～400m³/d；

(3) 产气量：1.0×10^4～5.0×10^4m³/d；

(4) 泵挂深度：≤3500m；

(5) 井下温度：≤120℃；

(6) 输气压力：2MPa；

(7) ϕ177.8mm（7in）套管完井，套管无损坏；

(8) 气中 H_2S 含量：≤250g/m³；

  水中 CO_2 含量：≤100g/m³；

  水的矿化度：≤50000mg/L。

5．优化设计

由于射流泵的各个方程比较复杂，射流泵的特性受各种变量的影响，如压力梯度、温度、气液比以及动力液工作压力或极限排量等。因此现场仅能进行粗略的选泵工作，射流泵的优化设计必须用计算机来完成。

1）优化设计流程

给定地面泵型下的射流泵优选计算流程见图5—20。

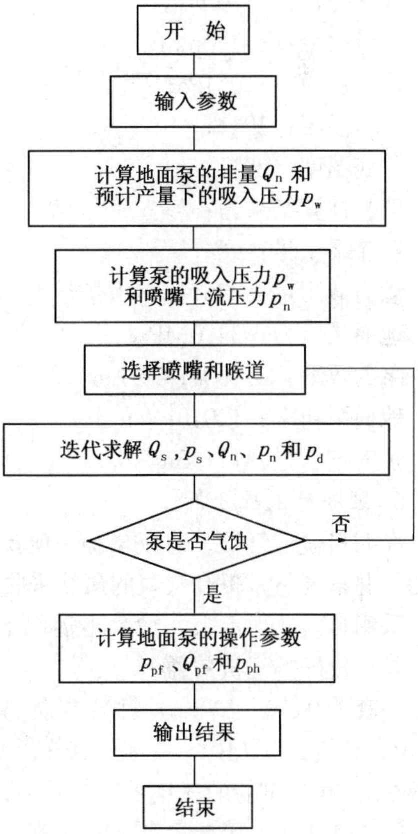

根据优化设计软件，对影响射流泵排水采气的参数地层压力、产液指数、井口回压、生产气量和泵挂深度进行了分析计算，分析计算中采用川南矿区纳30井的基本参数，井下使用9C型的射流泵，分析计算的结果如下。

(1) 地层压力：

井的其它参数不变，改变地层压力，计算出泵的排量与地层压力的关系：地层压力越高，泵的吸入压力越高，泵的压力比越低，泵的排水量也就越大。

(2) 产液指数：

其它参数不变，改变井的产液指数，计算出泵的排量与产液指数的关系：产液指数越大，表明地层供液能力越强，泵的吸入压力越高，泵的压力比越低，泵的排水量也就越大。

(3) 泵挂深度：

其它参数不变，改变泵挂深度，计算出泵的排量与泵挂深度比的关系：当生产气水比为0时，随着泵挂深度的增大，泵的排水量增大；当生产气水比为150m³/m³时，随着泵挂深度的增大，泵的排水量降低，但泵的排水量受泵挂深度的影响很小。

(4) 井口回压：

图5—20 给定地面泵型的优选计算流程图

其它参数不变,改变井口回压,计算出泵的排量与井口回压的关系:井口回压越低,泵的压力比越低,泵的排水量越大。

(5) 生产气量:

其它参数不变,改变井的生产气水比,计算出泵的排量与生产气水比的关系:随着生产气水比的增加,泵的排水量增大,但当生产气水比增大到一定值以后,泵的排水量会降低。但井的产气量是随生产气水比的增大而增大的。

2) 计算实例

(1) 已知纳30实验井参数。

井底深度:2308.0m;   井底静压:17.2MPa;
泵挂深度:2200.0m;   生产气水比:200m^3/m^3;
油管内径:62.0mm;   预计排水量:120m^3/d;
油管外径:73.0mm;   产水指数:15.0m^3/(MPa·d);
套管内径:157.0mm;   气体相对密度:0.571;
井口压力:1.0MPa;   水的相对密度:1.028;
井口温度:30℃;   地面泵功率:125kW;
井底温度:80℃;   泵最高工作压力:34MPa。

(2) 计算结果为:

射流泵型号:9C;
动力液用量:276.1m^3/d;
地面泵压力:34.0MPa;
泵的效率:27.8%;
地面泵功率:120.0kW;
泵的排水量:121.3m^3/d。

6. 经济有效性分析

在四川盆地气田,射流泵是一项新的排水采气工艺,适用范围大,排水采气效果好,能增加单井采气量,提高气藏的最终采收率,具有明显的经济效益和社会效益。

采用自由式射流泵,检泵不需起下油管,可减少起下作业次数,节约人力、物力和财力,具有较好的经济效益。

一套149kW(200hp)射流泵装备,在中等井况条件下,每年可排水 $3×10^4 \sim 10×10^4 m^3$、产气 $500×10^4 \sim 1000×10^4 m^3$。

在纳30井试验的三年零三个月中,除去等进口配件和处理井下污物等耗时外,实际生产时间439.4天,因此盈利124.5万元。

射流泵装置国产化后,就可解决配件不足的问题,同时还可节约外汇,降低成本,达到"少投入多产出"的目的。

该工艺若采用平行双油管柱,待射流泵将井举活后,就可停泵,井就可自喷生产,这样就只需间歇起动射流泵而实现井长期稳定的生产,同时还可节约能耗,减少耗电量,提高综合经济效益。

7. 使用注意事项

(1) 作好优化设计,选择合理的喷嘴和喉道组合,防止气蚀,提高泵效。

(2) 对于结垢或有腐蚀的井,应向动力液中加入防垢剂、防腐剂,使井下射流泵和地面动力泵能长期有效正常地工作。

(3) 停机时，井下泵不能长久停留于井内，以免发生堵塞等意外情况。

第二节 凝析气藏气井的开采

通常，天然气中凝析液量含量在 $50g/m^3$ 以上者属于凝析气藏。凝析气藏是一种特殊的、复杂的且经济价值很高的气藏，开采中同时采出天然气和凝析油。凝析油主要为汽油、煤油馏分，密度为 $0.66\sim 0.84g/cm^3$。凝析气藏的油气体系在地层条件下（高于初始凝析压力）处于气态，但随地层压力低于初始凝析压力后，从气相中析出液态烃，它将粘附岩石颗粒表面而造成损失。因此，开采凝析气藏具有其特殊性。

一、凝析气藏特点和开采特征

凝析气藏的气体中含有戊烷（C_5）以上的重碳氢化合物较多，地层压力高，在气井开采时有它的特点。为便于和非凝析气藏气井开采比较，根据统计资料，列表5—7进行对比。从表5—7中可看出，凝析气藏的气体组成、地层压力及开采时动态、方式都比纯气藏气井复杂。

表5—7 凝析气藏与非凝析气藏的比较

序号	气藏名称	组分特点	地层压力	采出时动态	开采方式
1	纯气藏	$C_1\sim C_4$ 的烷烃为主，C_5 以上的重烃很少，一般低于0.2%	有高、有低	采出纯气	消耗地层压力的纯气开采
2	湿气藏	C_5 以上的重烃含量较高，采出 $1\times 10^4\sim 1.8\times 10^4 m^3$ 气中产凝析油 $1m^3$	多数较低	随压力降低，凝析油从气中正常析出，不发生反转凝析	与纯气藏气井开采同，采出后分离凝析油
3	凝析气藏	C_5 以上重烃含量高，气油比高，每采出 $0.14\times 10^4\sim 1.25\times 10^4 m^3$ 气中可产凝析油 $1m^3$	地层压力高，一般为几十MPa	随地层压力下降，气体组成中的重烃产生凝析～反转凝析	为预防气体中有价值的重烃成分在地层析出而采不出来，采取回注干气，保持地层压力高于临界压力开采

凝析气藏具有以下特点。

1. 凝析气反转凝析和再蒸发

从油层物理中可知，凝析气藏存在反凝析和再蒸发这一特点。因此，在开发中应保持地层压力高于流体的露点压力，避免在地层中发生发凝析现象，让反凝析在井筒或地面发生，这样将提高凝析油的采收率。

2. 凝析气藏埋藏深、温度高、压力高

一般凝析气藏深度在3000m以上，故储层温度和压力较高。如欧洲的马拉莎凝析气藏产层深度5196～5830m，地层压力为103.46MPa，温度155℃。我国的凝析气藏一般深度也在3000～5000m之间，地层压力30～50MPa。因此，埋藏深、温度和压力高是凝析气藏的又一重要特点。

3. 富含腐蚀性流体

一般凝析气藏流体中含有 CO_2 和 H_2S 等，这些腐蚀性组分对开采设备的腐蚀较为严重。

因此，凝析气藏高温高压且含有腐蚀性气体的特点，使凝析气藏的开采变得更加复杂。

我国目前已发现的凝析气藏大体可分为两类：一类属于油型气凝析气藏，如新疆的柯克亚、大港的板桥、四川盆地气田的八角场、卧龙河等气藏较为典型；另一类属于煤成气成因的、未见气顶型凝析气藏，如冀中的苏桥、四川盆地气田的遂南、中坝等气藏较为典型，其特征参数可见表5—8。

表5—8 中国部分凝析气藏特征参数

凝析气藏名称	基本特征							生气类型
	凝析油含量，g/m³	上露点压力，MPa	地层压力MPa	最高临界压力，MPa	临界凝析温度，℃	地层温度℃	一般井身m	
柯克亚	361.4	23.92	39.40	20	178.1	79	3500	油型气
板桥沙²	458	35.90	33.61	10	210	98	3000±	油型气
濮城沙²	97	21.00	23.50	64.8	205.8	88.5	2200~2400	油型气
卧龙河	23.5	7.12	22.24	72.6	84.42	55	1695~2400	油型气
八角场	200	21.40	40.12	62.4	79.41	69.5	2500~2700	油型气
遂南香⁴	70	21.50	28.94	20	85	73.6	2000±	煤型气
中坝须²	46.22	20.98	27.52	54.8	103.25	73.05	2000~2550	煤型气

综上所述，凝析气井的合理开采必须从整体效益出发，在开采技术上尽可能有利于整个气藏能实现较高的采收率；尽可能优化地面工程建设和设备生产工艺制度；尽可能回收凝析油和轻烃产品。

二、凝析气井开采的主要技术要求

由于凝析气藏的特殊性，使凝析气井的开采工艺与非凝析气井有所不同。凝析气藏的开发方式可以有：衰竭式、回注干气式、部分回注干气和注N_2、CO_2等开发方式。

凝析气井的合理开采，必须从整体效益出发，在开采技术上，尽可能有利于整个气藏能实现较高的采收率，尽可能优化地面工程建设和设备生产工艺制度，尽可能回收凝析油和轻烃产品。为此，在研究与实施凝析气藏的合理开采中，应十分注重解决好合理产量的研究与选择、地面轻烃的高效回收工艺技术以及针对反凝析现象，加强油气体系在多孔介质的相态研究力度，研究发展一套相态分析、应用技术。

1. 合理产量的选择

气藏（井）合理产量选择的基本原则，主要是要求在该产量下最大限度地采出气凝析油的储量，以提高整个气藏油气采收率。合理产量的选择应从以下3个方面考虑。

（1）在基本搞清油气储量和气藏特征的基础上制定开发方案、试采方案和气藏（井）的合理产气量。

合理的产气量与采气速度是提高凝析气藏油气采收率与经济效益的首要条件。表5—9列出了四川盆地八角场气田大三凝析气藏角15井裂缝系统拟定井口废弃压力为2MPa时，在不同产量（采气速度）下天然气采收率的开采预测数据。

表5—9表明，该裂缝系统以$2.5 \times 10^4 m^3/d$、采气速度5%生产是合理的。反之，采用$8.6 \times 10^4 m^3/d$、采气速度17.30%生产，即是后期采取了较低采气量与采气速度生产，最终采收率比前者也减少11个百分点以上。

表 5—9　大三气藏不同产量（采气速度）下的采收率

序号		产量 $10^4m^3/d$	采气速度 %	井口压力 MPa	地层压力 MPa	可采年限 a	递减指数	累计产量 $10^4m^3/d$	采出程度 %	说明
1	A	8.6	17.30	22.5↓14	38.3↓19.5	1.5	0.6761	5356	33.12	先高速后低速合计采出程度73.82%
	B	2.5	5.01	14↓2	19.5↓9.5	8.0	0.9226	6600	40.7	
2		2.5	5.01	22.5↓14	38.3↓19.5	7.5	0.9226	7269	45.03	低速采一阶段与高速对比
3		2.5	5.01	22.5↓2	38.3↓9.5	15.3	0.9226	13780	84.76	始终保持低速采气

（2）在凝析气井的地层和井底不应过早出现凝析液，即是说在开采初期阶段，应保持地层压力高于开始凝析的临界压力（或露点压力）。

四川盆地中坝气田须二凝析气藏，根据恢复的地层气组成，计算了相应的凝析油含量随压力变化的关系曲线图（图5—21）。

由图5—21可知，理论上可将凝析油的开采划分为初期（Ff）、衰竭（Fd）、基本稳定（DE）3个阶段，只有当地层压力大于露点压力时，凝析油的含量不仅最高，而且是不变的。反之，当地层压力小于露点压力时，大量的凝析油在地层就被凝析出来，不仅使凝析油的含量随压力降低而衰减，而且使地层形成局部阻塞，严重降低了有效渗透率，致使一部分油气不能开采出来，显著地降低了采收率。

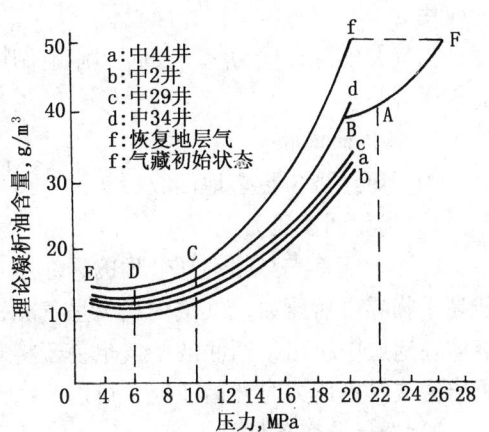

图 5—21　凝析油含量随地层压力变化趋势图

因此，在开采初期阶段，首先应取得实测的露点压力值。如中坝须二气藏，实测露点压力值为 $p_d=20.98MPa$，然后在生产中尽可能控制合理的产量，使地层压力高于露点压力 p_d，从而避免凝析油在地层和井底过早析出。

（3）当气藏地层压力随着开采时间逐步下降，井底出现凝析油聚集时，要选择合理的产量和生产压差，确保将凝析油带出地面。

为了确保将凝析油带出地面，参考文献[1]，可推导出凝析气井必须具有的合理管柱和临界流量的计算公式：

$$d = 0.9009(\gamma_g ZT)^{1/4}[\sigma_0(9.81\gamma_0 - 34158\frac{\gamma_g p_{wf}}{ZT})]^{-1/8} p_{wf}^{-1/4} q_{kp}^{1/2} \quad (5—51)$$

$$q_{kp} = 1.2320(\gamma_g ZT)^{-1/2}[\sigma_o(9.81\gamma_0 - 34158\frac{\gamma_g p_{wf}}{ZT})]^{1/4} p_{wf}^{1/2} d^2 \quad (5—52)$$

式中　q_{kp}——气井将凝析油连续带出地面在标准状况下必须建立的临界流量，$10^3m^3/d$；

γ_g——天然气的相对密度；

Z——油管鞋处井底状态下的天然气偏差系数；

T——油管鞋处井底状态下的绝对温度，K；

σ_o——凝析油界面张力，N/m；

γ_o——油管鞋处沉降条件下凝析油的密度，kg/m³；

d——油管直径，cm；

若取 $\sigma_o = 0.02$ N/m

$\gamma_o = 785.73$ kg/m³

代 σ_o、γ_o 值入式（5—51）、(5—52)可得：

$$d = 1.4691(\gamma_g TZ)^{-1/4}\left[7708 - 34158\frac{\gamma_g p_{wf}}{ZT}\right]^{-1/8} p_{wf}^{-1/4} q_{kp}^{1/2} \tag{5—53}$$

$$q_{kp} = 0.4633(\gamma_g TZ)^{-1/2}\left[7708 - 34158\frac{\gamma_g p_{wf}}{ZT}\right]^{1/4} p_{wf}^{1/2} d^2 \tag{5—54}$$

式（5—53）、(5—54)已在四川盆地、中原、新疆等凝析气田的合理开采中得到了很好的应用。

当气井实际产量 $q_g < q_{kp}$ 时，则可采取相应的人工举升排油采气配套技术，以确保气井的科学开采。

2．凝析油回收

为了更经济，更多地回收凝析油，可以采取如下办法。

1）优化回注压力

回注干气首先必须选择合理的回注压力，回注压力可选高于临界凝析压力或露点压力。若高于临界凝析压力，气藏内烃类呈气相，重烃易于采出；若在露点压力附近，尽管有少量液体在地层中析出，回注的干气也易于将其再气化带出地面。当气藏压力下降至接近临界凝析压力或露点压力时开始注气，可以节约回注动力消耗，降低回注成本。

2）选择分离条件

选择适当的分离条件也十分重要。为了节省回注干气所需动力，应尽量提高分离器压力和降低回注干气压力。但过分提高分离器压力会导致甲烷乙烷凝析液增加，可用于回注的干气减少，且油气密度增加，油气分离困难。从增加凝析油的回收考虑，应降低分离器的压力和温度，可以增大烃重组分的相对密度，从而减少甲烷乙烷的液化率，提高丙烷及重组分的收率，但过多地降低分离器压力要增加回注动力消耗。

在实际应用时，应综合上两个方面的因素进行比较选择。例如，某凝析气藏不同温度压力下的各组分液化率见表5—10。从表中可以看出分离压力为5~6MPa时，丙烷及更重组分能有较高的液化率，约可分出气量的70%用于回注。压力提高到8MPa时，丙烷收率明显下降。压力取7MPa是可行的，但阀门和管件要提高一个压力等级。压力降到4MPa或更低可以提高液化率，但液化率的提高不多，却使回注压力上升较多。

表 5—10　不同温度、压力下的液化率比较表（基准：100mL 的进料）

分离压力，MPa		12	8	7	6	5	4	3
分离温度,℃		20	−41	−48	−55	−64	−73	−84
液化率 %	C_3	29.7	46.3	65.5	79.6	89.3	94.6	97.1
	$C_3 + C_4$	34.1	51.6	74.1	82.7	91.6	95.9	97.6
	C_{5+}	92.9	95.6	98.3	99.1	99.9	99.9	99.9

3. 高温、高压条件下凝析气井的相图研究

高温、高压多孔介质地层条件下烃类流体的相态研究，对凝析气藏（井）合理开采和提高凝析油采收率以及地面回收率有重要的指导作用。

四川盆地沈公山气田沈 17 井嘉一气藏是典型的凝析气藏。天然气储量为 $3.47×10^8 m^3$，凝析油储量为 $5.24×10^4 t$。该井于 1989 年 4 月 8 日投产后采用衰竭式生产，图 5—22 为地层条件下该井烃类体系的相图。该气藏烃类流体组分 C_5^+ 占 0.312%，地面状况下，气油比达 $156 g/cm^3$。由图 5—22 可知，该气藏特征为：原始地层压力 32.59MPa；最高临界凝析压力 32.40MPa；最高临界凝析温度 388K；初始凝析压力 24.75MPa；露点压力 25.01MPa，临界压力 7.52MPa；临界温度 182K。

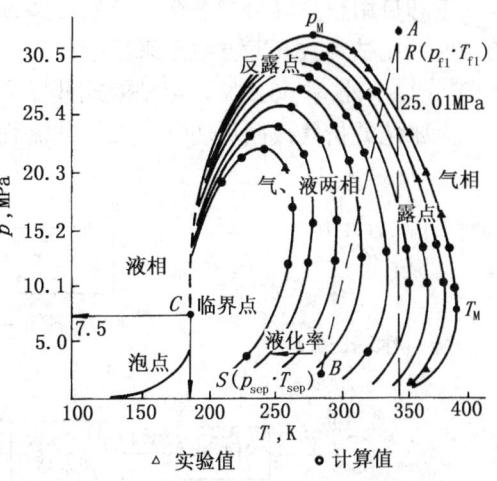

图 5—22 沈 17 井嘉一凝析气藏地层烃类
体系计算相同

$R(p_{fl}, T_{fl})$：气藏状态（32.6MPa，70℃）
$S(p_{sep}, T_{sep})$ 一级分离器状态（21MPa，10℃）

为了不使凝析油过早在地层中析出，在地面尽量回收凝析油，根据相态分析研究，采取了以下措施：一是投产初期尽可能控制地层压力大于露点压力 25.01MPa；二是将开采初期的采气速度由 11.4% 控制为 6% 左右；三是分离器压力保持在 2.0MPa 以上，温度控制在 284K 左右。投产初期每生产 $1×10^4 m^3$ 气所产出凝析油最高达 2.2t。至 1994 年底，沈 17 井采气 $1.53×10^8 m^3$，产凝析油 $1.65×10^4 t$，气和油采出程度分别达 44.09%、30.44%。

三、凝析气藏的循环注气方式开发与应用实例

1. 循环注气方式开发

当气井的凝析油含量 $>100\sim200 g/m^3$ 时，则应回注干气保持地层压力开采，在注气期能采出的凝析油含量一般可为潜在含量的 60% 以上。停注后，再采出天然气和剩余的可采凝析油。也就是说，对于凝析油含量较高的凝析气藏的开采过程，是在通过注气使生产井作用地区保持地层压力高于开始凝析的露点压力的条件下，从生产井中开采气体，在油气处理厂加工提取凝析液，以及将提取凝析液后的部分干气循环回注井中的系统工程。

2. 应用实例

大港板桥油气田的大张坨凝析气藏就是典型的循环注气方式开发实例之一。

大港油田所属板桥油气田的大张坨凝析油藏，凝析油原始含量高达 $800 g/m^3$，由于与早期以枯竭式开发的相邻凝析气藏通过鞍部水体区域性水动力连通，至开发前，地层压力已下降 5MPa，凝析油含量降至 $630 g/m^3$。尽管如此，仍属凝析油含量较高的凝析气藏。

大张坨凝析气藏位于已开发的板桥油气田板中断块西南部，地面位于行洪河槽内，气藏埋深 2650m，产层为下第三系沙一段板Ⅱ油组砂岩。气藏连通良好，含气面积 $12.65 km^2$，经数值模拟初始化核实的气层地质储量为 $15.315×10^8 m^3$，凝析油地质储量为 $158.66×10^4 m^3$。

大张坨凝析气藏开发方案选定循环注气方式开发，采用 2 口注气井，2 口采气井。第一年采出井流物为 $40×10^4 m^3/d$。其中，凝析油 180t/d，高压气 $34×10^4 m^3/d$，中低压气 $2×10^4 m^3/d$，注干气 $32×10^4 m^3/d$，注采比 0.8，注气期 7a。选定的方案保证了采出气量与注

入气量和自用气量的自身平衡。开发方案预测：15a 累计采出凝析油 96.0×10^4t，采收率为 60.5%，比枯竭式开发方案多采出凝析油 40×10^4t，提高采收率 25.5%；15a 累计采气 10.2×10^8 m³，采收率 66.8%，与枯竭式开发方案（68.5%）相近。

大张坨凝析气藏循环注气开发工艺流程如图 5—23 所示。

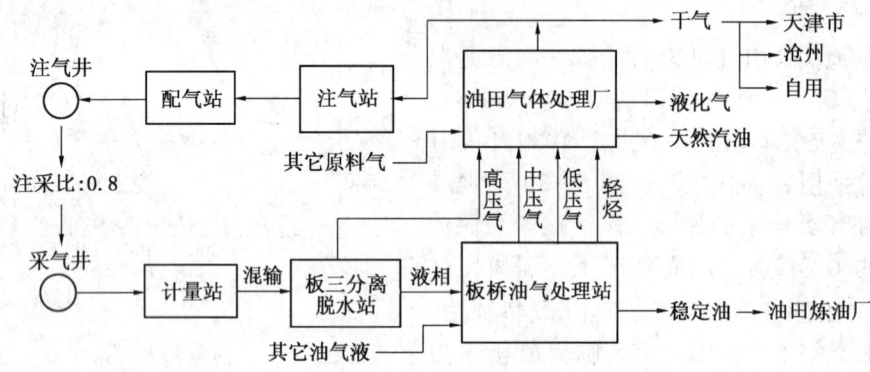

图 5—23　大张坨凝析气藏循环注气开发工艺流程图

注气站、高压配气站、高压三相计量站与板 52 井均集中建在行洪河槽中心的人工岛上。采出井流物经计量后，混输至行洪河槽外的高压分离站；经高压分离后的液相，输至板桥油气处理站，高压气经干醇脱水输至气体处理厂；注入气取自气体处理厂脱除的 C_3^+ 干气。它经注气站的两台注气压缩机组增压至 20MPa。再经高压配气计量装置和单井高压注气管道注入 2 口注气井。显然，大张坨凝析气藏循环注采系统是开式的，与油田的油气集输、油气处理紧密联系。

大张坨凝析气藏于 1995 年 1 月 16 日投入循环注气开发，投产 2 年多，运行良好，效果显著。至 1997 年 3 月，已累计采出井流物 25097×10^4m³，其中，凝析油 11.6×10^4t，高压气 21489×10^4m³，累计注气 20841×10^4m³，累计注采比 0.76。与枯竭式开采对比，已累计增产凝析油 7.0×10^4t。1997 年 5 月平均日产井流物 38.9×10^4m³，其中，凝析油 153t/d，高压气 33.93×10^4m³/d，日注气 30×10^4m³，月注采比 0.81，表现了旺盛的自喷生产能力。

第三节　含硫气藏气井的开采

含硫气藏是指产出的天然气中含有硫化氢以及硫醇、硫醚等有机硫化物。如四川的卧龙河气田，H_2S 含量 5.0%～7.28%，中坝气田，H_2S 含量 6.75%～13.3%；华北油田的赵兰庄含硫气藏，气层天然气中 H_2S 的含量高达 92%，属世界高含硫的气藏之一，含硫量名列世界第四位。

硫化氢分压大于 0.00034MPa 或其体积含量大于 0.0014% 的气井称为含硫气井；其中 H_2S 体积含量在 0.0014%～0.5% 的气井称微含硫气井；在 0.5%～2.0% 的气井称低含硫气井；在 2.0%～5.0% 的称中含硫气井；在 5.0%～20.0% 的称高含硫气井；大于 20.0% 的称特高含硫气井。

除了与不含硫气井一样的开采方法外，含硫气井的开采还有三个十分重要的问题：防硫化氢中毒、防硫化物应力腐蚀破裂、防硫元素沉积，因此含硫气田的开发必须解决以上三方面问题。

一、含硫天然气的危害性

含硫天然气是生产硫磺的重要原料之一。在生产建设中，硫化氢是硫磺、造纸、橡胶、医药和军火等工业的重要化工原料和生产物资。因此，含硫天然气的开采和硫磺回收，对国家的经济建设十分重要。但是，天然气中硫的存在，也给钻井、采气带来一系列复杂的问题，必须认真加以解决。

1．硫化氢的剧毒性

硫化氢对于人畜是一种剧毒性气体，其毒性比一氧化碳更大、更危险。

硫化氢对人体的毒性，决定于环境中的浓度及人在环境中的停留时间，详见表5—11。

在含硫气田的井场和集气站工作，由于设备泄漏及容器不密闭等原因，都会造成工作人员的中毒。轻微中毒的现象是眼睛发痒，咽喉受刺激，继之有头痛和恶心等症状。中毒严重时，面色苍白，呼吸紧促，全身抽筋，甚至休克死亡。

一旦发生上述情况，应指挥人员撤离现场。中毒严重者，立即撤到空气新鲜、通风良好的地方，并对受害者进行人工呼吸，注意保持体温，直到呼吸完全恢复正常。

继续留在现场坚持工作的人员，应配带防毒面具或空气供应装置。

表5—11 硫化氢毒性描述

环境中 H_2S 浓度	连续工作时间	症 状
0.001%～0.010% 或 10～100mg/L	8h	无
0.001%～0.020% 或 100～200mg/L	30～60min	眼睛和呼吸道受刺激嗅觉失灵
0.020%～0.050% 或 200～500mg/L	2～15min	致命
0.005%～0.060% 或 500～600mg/L	30～60min	致命
0.060%～0.150% 或 600～1500mg/L	30～60min	致命

鉴于硫化氢的毒性，含硫气田上的井场和集气站等场所，都应配备选用先进的检测硫化氢浓度的仪表。低浓度的硫化氢有类似臭鸡蛋的气味，浓度稍高或嗅时一久，人的嗅觉神经就被麻痹而失灵。因此，依靠人的嗅觉辩别有无硫化氢的存在是不科学的，也潜伏着极大的危险。

H_2S 的相对密度为1.1765，比空气重。泄漏到大气后易浓集于地势较低洼的地方，造成那里的人畜中毒。此外，当硫化氢在空气中浓度达到4.3%～4.5%时，一遇明火立即爆炸，破坏性更大。因此，站场的所有放空管线，都应置于地势的高点，放空时要自动点火灼烧。

预防硫化氢中毒应作好以下工作：
(1) 加强管线和设备的维护保养，杜绝漏气漏油；
(2) 放空的含硫气和从排污口排出的含硫油水要烧掉；
(3) 开采含硫气的井站应配备足够数量的防毒面具或空气供应装置；

(4) 开采含硫气的井站应配备硫化氢检测仪器，坚持经常对设备管线进行检查，如发现硫化氢浓度超过规定值，应加强通风，及时查漏堵漏。

(5) 对于含硫气田站场的操作人员，必须进行安全和急救的教育，做到未经培训不准上岗。

2．硫化氢的腐蚀性

硫化氢对金属是一种强烈的腐蚀剂，特别是天然气中同时含有水汽、CO_2 和 O_2 时，腐蚀更加严重。

1) 硫化氢的腐蚀类型

硫化氢对金属材料的腐蚀破坏有三种类型：一是电化学失重腐蚀，这种腐蚀较缓慢，逐渐造成设备壁厚减薄；二是氢脆，电化学腐蚀产生的氢渗入到钢材内部，使材料韧性变差，甚至引起微裂纹，使钢材变脆；三是硫化物应力腐蚀，它是在拉应力和残余张应力作用下，钢材氢脆微裂纹的发展直至材料的破裂过程。氢脆和硫化物应力腐蚀破坏可能在没有任何征兆的情况下，在短时间内突然发生。因此，这类腐蚀破坏是我们预防的重点。

天然气中含有 CO_2 和 O_2，当水分存在时，将产生类似上述的电化学腐蚀。显然，此时金属的电化学腐蚀将更加严重。这类腐蚀使金属表面形成针孔、斑点、蚀坑，在生产中造成管壁或设备的厚度减薄，穿孔等破坏事故。例如四川石油管理局威远到成都的输气干线（$\phi 630 \times 8mm$ 的螺旋焊接管），由于 H_2S、CO_2、水的腐蚀作用及高速气流的冲蚀，管线投产后的三、四年内，先后发生两次由于电化学坑蚀，管壁局部减薄而引发的严重爆破事故，造成巨大的经济损失。

在四川威远气田勘探开发初期，由于当时对氢脆和硫化物应力腐蚀破裂缺乏认识，也没有成熟的材料选择标准和检查方法，连续发生多次油管断裂事故，不到半年内爆了 38 支压力表弹簧。威 2 井从测试到投产，井口装置阀门丝杆断裂了 10 根，阀板密封面脆裂了 6 个，国产优质高炭钢录井钢丝（T9A），下井后 2~3h 就脆断。威 23 井由于对井口底法兰与套管联接处错误地使用了焊接加固措施，完井后即发生爆炸起火，烧了 44 天，造成巨大的资源与经济损失。

2) 通过长期的研究，现已掌握了如下规律

(1) 硫化物应力开裂的临界值超过许用应力的 40%。

(2) 材料的硬度与抗硫性能的关系为：当 $HRc \leqslant 22$ 时，具有可靠的抗硫性能。

(3) 当硫化氢的分压大于 $0.0003MPa$ 时，必须按抗硫规范设计。

(4) 含硫天然气对金属材料的电化学腐蚀在以下工艺部位表现得很突出：

长期静止积存含硫污液的容器底部或盲管处，碳钢的腐蚀速度可达 1~2mm/a；

在 80℃ 以上高温环境中的换热器碳钢管束，腐蚀速度可达 4~6mm/a。

(5) 长期处于封闭性生产状态下的油套管及地面集输管道，在无游离水存在的条件下，电化学腐蚀较轻微。

二、含硫气藏的防腐技术

对于含硫气井的开采技术措施主要在于防腐。目前防腐有三个方面：选用抗硫材料，采用合理的结构和制造工艺；选用缓蚀剂保护金属，减缓电化学腐蚀。

1．选择抗硫材料

选择抗硫材质时，首先应选择抗氢脆及硫化物应力腐蚀破裂性能，并采用合理的结构和制造工艺。选择抗硫材质应严格遵循我国《含硫气井安全生产技术规定》，设计时考虑如下因素：

（1）新井在完井时可安装井下安全阀。

（2）集气管线的首端（井场）应设置高低压切断阀，末端应设置止回阀，集气管内应避免出现死端和液体不能充分流动的区域，以防不流动的液体聚集。

（3）集输气管线采用优质碳钢10号、20号制作。抗硫油套管材质可选J—55、C—75、AC—80、SM—80S、NT—80SS，BGC—90抗硫油管和CS—90SS抗硫套管等。

（4）采用抗硫的井口装置。目前所用的抗硫采气井口装置主要有KQ—35、KQ—70、KQ—100（MPa）型几种。闸阀和角式节流阀的阀体、大小四通均采用碳钢或低合金钢锻造制作，其性能均应满足标准的要求。

阀杆密封填料采用氟塑料、增强氟塑料制作。"O"形密封圈宜采用氟橡胶制作。

（5）抗硫阀件、仪表在其规范编号前加"K"字。目前广泛使用抗硫平板阀KZ41y—6.4（10、16）、抗硫节流阀KJL44y—16（32）、新型放空阀FJ41、FZ43、抗硫压力表P—250型。

（6）采用抗硫录井钢丝：DL—659和DL—660分别用于井深3500和6000m。

2．采用合理的结构和制造工艺

优质碳素钢、普通低合金钢经冷加工或焊接时，会产生异常金相组织和残余应力，将增加氢脆和硫化物应力腐蚀破裂的敏感性。因而，这些加工件在使用前需进行高温回火处理。硬度应低于HRc22。

在现场焊接的设备、管线应缓慢冷却，使其硬度低于HRc22。

3．选用缓蚀剂保护含硫气井油套管和采输设备

缓蚀剂的作用原理是：借助于缓蚀剂分子在金属表面形成保护膜，隔绝硫化氢与钢材的接触，达到减缓和抑制钢材的电化学腐蚀作用，延长管材和设备的使用寿命。

缓蚀剂的类型繁多，其缓蚀机理和效果不尽相同。目前，四川盆地含硫气井常用的缓蚀剂有五种：液氮、粗吡啶、1901、7251、CT2—1。这些药剂的性能和使用情况见表5—12。

表5—12 气井常用缓蚀剂

缓蚀剂	液氮	粗吡啶	1901	7251	CT2—1
性质	棕褐色液体 溶于水 吡啶味	棕褐色液体 溶于水 吡啶味	棕褐色液体 溶于乙醇 恶臭	棕褐色液体 水溶性较好 无恶臭	褐色粘稠液体 溶于油 无恶臭
成分	重质吡啶，喹啉	吡啶类	甲基吡啶类	季胺盐类	酰胺类
方法	用酒按1:1冲释后使用	直接使用	直接使用	与异丙醇和乌洛托品（以1:15:0.2其余为水）一起使用，边滴边加为好	用煤油配制成10%缓蚀剂溶液
浓度	气井产量为$25×10^4m^3/d$，每10天消耗40kg	气井产量为$25×10^4m^3/d$，每10天消耗40kg	每半月加一次，每次加40kg	每天滴加，7至8小时共滴入20kg水溶液或每天加0.25kg 7251缓蚀剂使气井水中达到50mg/L浓度	28天投加3kg至9kg川天2—1缓蚀剂配成10%煤油溶液

续表

缓蚀剂	液氮	粗吡啶	1901	7251	CT2—1
效果	缓蚀率>90%从某井和尚头处测量,注缓蚀剂12天后腐蚀速度为0.0057mm/a表面光亮	同左	缓蚀率>90%从某井和尚头处测量效果,15天后腐蚀速度为0.0146mm/a,30天后为0.0165mm/a,表面微有针孔状蚀坑	缓蚀率>90%从某井和尚头处测量效果,14天后腐蚀速度为0.012mm/a,21天后为0.0046mm/a,表面光亮、未见明显蚀坑	油管四通处挂片结果,缓蚀率>95%,套管挂片腐蚀率为67%~92.1%,腐蚀速率<0.05mm/a,试片表面均匀腐蚀

液氮、粗吡啶和1901三种缓蚀剂曾用于气田防蚀。通过井口挂片，长期观测鉴定，证明上述三种缓蚀剂有较好的缓蚀作用，缓蚀效果稳定在90%以上。但是这类缓蚀剂有恶臭，尤其是1901具有强烈的恶臭，现场已不用。7251水溶液缓蚀剂及CT2—1油溶性缓蚀剂均无恶臭。现场应用表明，很多指标和性能均接近或优于1901缓蚀剂，可在含硫气井和输气管线中使用。上述缓蚀剂均为有机物，挥发性强，对皮肤、鼻粘膜有刺激作用，操作时应带上口罩和手套，作业完洗手。

对于高含硫气井的防腐，四川盆地气田在对腐蚀情况进行调查，对国外三十多种缓蚀剂进行缓蚀效果评价的基础上，开展了新型缓蚀剂的研究和试验，研制出的CZ3—1和CZ3—3复合型缓蚀剂效果最好，已在磨溪气田得到普遍应用，在中坝气田和大天池构造带高含硫气井试用也取得了显著的防蚀效果。

缓蚀剂可用平衡罐（或泵）注入含硫气井或集输气管线。注入方法，可根据缓蚀剂特性和井内情况而定，一般有下列两种情况：

（1）周期地注入缓蚀剂，主要适用于关井和产气量小的井。金属表面形成的缓蚀剂膜愈固，两次注入之间的周期可愈长。

（2）连续注入缓蚀剂，可不断修补金属表面的缓蚀剂膜，维持它的覆盖层，适用于产气量大或产水量多的井。

金属防蚀与防腐是一大学科，本身又涉及很多其它专业知识，本节不再论述。作为一个在含硫气田工作的人来说，考虑钻井、完井、采气和集输的规划时，选什么材质，用什么仪表，都要顾及含硫气田的腐蚀，采取相应的保护措施。

4．完井选用带生产封隔器的一次性完井管柱

采用带封隔器完井的一次性完井管柱完井，也是开采含硫气井的重要措施。此部分内容，本书将在第八章中予以详细介绍。

三、含硫气井中元素硫的沉积及溶解剂的注入

当气井天然气中含H_2S体积容量高于5%时，气井中可能会产生元素硫的沉积，H_2S含量高于30%以上的气井，大部分都发生硫堵塞。元素硫在地层、井底周围或油管内及地面设施中的沉积是含硫气田开采中的又一新难题。例如，加拿大的一口气井含H_2S为10.4%，在油管中发现有大量的元素硫沉积（硫堵）；我国的赵兰庄气层，在1976年试采中，因严重的元素硫沉积而被迫关井，至今尚未能投产。随着天然气高含硫气田的不断发现和硫价格的上涨，开发高含硫气田的经济意义日益增大。因而，解决由硫沉积引起的生产难题日益迫切，不解决此问题，将会导致整个气田无法开采。

1. 含硫气井中元素硫的沉积机理

元素硫存在于火山、某些煤、石油及天然气中。同时，元素硫也可以以纯化学晶体出现于石灰的沉积层内。在这些来源中，最丰富的来源是含硫天然气中的硫化氢。

国外学者研究认为，地层中的元素硫靠三种运载方式而带出：一是与硫化氢结合生成多硫化氢；二是溶于高分子烷烃；三是在高速气流中元素硫以微滴状（地层温度高于元素硫溶点时）随气流携带到地面。

在地层条件下，元素硫与 H_2S 结合生成多硫化氢。

$$H_2S + S_x \rightleftharpoons H_2S_{x+1} \tag{5—55}$$

当天然气运载着多硫化氢穿过递减的压力和温度梯度剖面时，多硫化氢分解，发生元素硫的沉积。因此，从地层到井口的流压和地温梯度的变化，对确定元素硫沉积，都起着重要的控制作用。无论井底或油管，少量的元素硫沉积都可造成气井的减产或停产。

天然气流也能携带元素硫微滴。但是，当气流温度低于元素硫的凝固点以下时，一旦其固化作用开始，已固化的元素硫核心将催化其余液体元素硫，以很快的沉积速度聚积固化。因此，尽管早期采气没有发生元素硫沉积，但是一旦固化作用开始，气井很快就会被元素硫堵死。

2. 影响元素硫沉积的主要因素

导致气井发生元素硫沉积的主要影响因素见表 5—13。

表 5—13　含硫气井的硫沉积

发生硫沉积气井位置	H_2S体积含量 %	井底温度 ℃	井底压力 MPa	备 注
西德 Buchhorst	4.8	133.8	41.3	井底有液流
加拿大 Devonian	10.4	102.2	42.04	干气、在井筒 4115~4267m 处沉积
加拿大 Crossfield	34.4	79.4	25.3	在有凝析液存在的情况下沉积
加拿大 Leduc	53.5	110.0	32.85	干气、在井筒 3353m 处沉积
美国 Josephine	78.0	198.9	98.42	估计气体携带硫量为 120g/m³ 沉积量为 32g/m³
美国 Murray Franklin	98.0	232.2~260.0	126.54	井底有液流

从表 5—14 可以看出，井深、井底条件及气体 H_2S 含量大不相同的气井都发生了硫沉积现象。多年现场观察结果表明，含硫气井出现硫沉积的可能性主要与以下因素有关。

1）气体组成

一般而言，H_2S 含量愈高愈容易发生元素硫沉积。当然，这不是唯一因素。有的气井 H_2S 含量仅 4.8% 就发生硫堵塞，有的气井 H_2S 含量高达 34% 以上却未发生堵塞。但从统计角度看，H_2S 含量高于 30% 以上的气井大部分都发生硫堵塞。发生硫堵塞气井的 C_5 以上烃含量均很低，或者为零，而且也不含芳香烃，C_5 以上烃组分（还有苯、甲苯等）很象是硫的物理溶剂，它们的存在往往能避免硫沉积。CH_4、CO_2 等其它组分以及气井产水量则没有发现与硫沉积有直接关系。

2）采气速度

气体在井内的流速直接关系到气流携带元素硫的效率。流速愈高，则愈能有效地使元素硫粒子悬浮于气体中带出，从而减少了硫沉积的可能性。现场调查发现，发生硫堵塞的井采

气量都在 $28.2 \times 10^4 m^3/d$ 以下，采气量超过 $42.3 \times 10^4 m^3/d$ 的井均未发生硫堵塞。提高采气速度有利于解决硫堵塞的问题。

3）井底温度和压力

这两个因素的影响比较复杂，但从统计角度看，井底温度和压力较高的井容易发生硫沉积。

从采气角度看，由气井生产方式入手，控制井筒压力和温度的变化，有可能限制元素硫井底或油管中沉积。显然，控制范围是十分有限的，必须从溶硫机理入手，寻找解决元素硫沉积的其它方法。

3. 溶硫剂及溶硫剂的注入方式

1）溶硫剂

对出现元素硫沉积的气井，向井口注入溶硫剂是当今解决硫堵的有效措施。

溶硫剂可按其作用原理分为两类：

物理溶剂：如脂肪族烃类、硫醚、二硫化碳等，在溶解硫过程中不伴随有化学反应，一般只能处理中等硫沉积；

化学溶剂：二硫化物及胺或烷醇胺类等，在溶解硫过程中伴随有化学反应，一般可处理量较大的硫沉积。

各种溶剂的溶硫能力如表 5—14 所示。

表 5—14 溶剂的溶硫能力

溶剂类型	溶剂名称	25℃时溶硫量，质量%	备 注
物理溶剂	庚 烷	0.2	溶硫能力很低
	甲 苯	2.0	
	二硫化碳	30.0	有毒，易燃
二硫化物	Merox 溶剂	40～60	有臭味
	二硫化二甲基	>100	价格贵
胺或烷醇胺	D-Tron's 溶剂	>10	腐蚀较严重

胺或烷醇胺是应用较多的化学溶剂。它们和酸气中的 H_2S 反应形成硫氢根离子（HS_9^-），然后再和元素硫作用而使之溶解。当用一乙醇胺为溶剂时，溶硫后的溶剂可用 CO_2 处理而回收：

$$PNH_2(水溶液) + H_2S + S_8 \longrightarrow PNH_3^+ HS_9^- (水溶液) \qquad (5—56)$$

$$PNH_3^+ HS_9^- (水溶液) \xrightarrow{CO_2} S_8 \downarrow + PNH_2(水溶液) + H_2S \uparrow \qquad (5—57)$$

二烷基二硫化物的溶硫能力很强，但需要在溶剂中加入催化剂，使二硫化物中的 S—S 键断裂而形成活性物质（RS^-），后者能打开 S_8 环而使之溶解。

选择溶硫剂的标准是：有很高的吸硫效率，能溶解大量的元素硫，活性稳定且价廉。

2）溶硫剂的注入

通常，通过一条 $\phi\frac{3}{4}in$ 或 $\phi 1in$ 的、或与原油管同心、或与油管同平行的管线，将溶硫剂泵入井下，经管鞋喷嘴喷射成雾状，与含硫天然气在井下混合。

溶硫剂的注入量取决于元素硫在含硫天然气井中的溶解度、井筒温度和压力、天然气的组成和喷注方式等因素。

注入的溶硫剂返出后,应进行再生,完成硫的回收。

思考题

1. 何谓非常规气藏开采,为什么要研究非常规气藏的开采?

2. 何谓有水气藏的一次开采与二次开采,试举例说明二次开采对提高有水气藏最终采收率的重要意义。

3. 试述排水采气工艺的主要类型及其适应条件。

4. 一次开采的"三稳定"带水采气工作制度与优选管柱排水采气工艺有何联系与区别?

5. 应用第三章与本章所学知识,并根据本章 D3 井设计参数,试对该井以作图法进行气举设计。

6. 四川盆地气田 L_3 井采出程度为 80%。因该井产气量较小,难以排出井底积液,生产日益困难,长期间歇生产,决定采取气举人工助喷以提高采气速度。

已知该井生产参数为:$q_g = 30000 \text{m}^3/\text{d}$,$q_w = 0$,井底静压 $p_{ws} = 13.0 \text{MPa}$,井口注气压力 $p_{ow} = 8.0 \text{MPa}$,井口流压 $p_{tf} = 2.5 \text{MPa}$,静液梯度 $G_s = 0.0103 \text{MPa/m}$,油管 $d = 62 \text{mm}$,油管下入深度 $H = 3018.91 \text{m}$。试确定气举阀的合理安置深度位置?当井完全水淹时,试求油管内最大积液量?

7. 已知:井的深度 $H = 3000 \text{m}$,油管直径 $d = 62 \text{mm}$,井口压力 $p_{tf} = 2.0 \text{MPa}$,平均流动温度 $\bar{t} = 60 \text{℃}$,产气量 $q_{sc} = 22640 \text{m}^3/\text{d}$,产水量 $q_w = 159 \text{m}^3/\text{d}$,天然气相对密度 $\gamma_g = 0.65$,水的相对密度 $\gamma_w = 1.08$。根据图 5—24,用作图法试求井底流压。

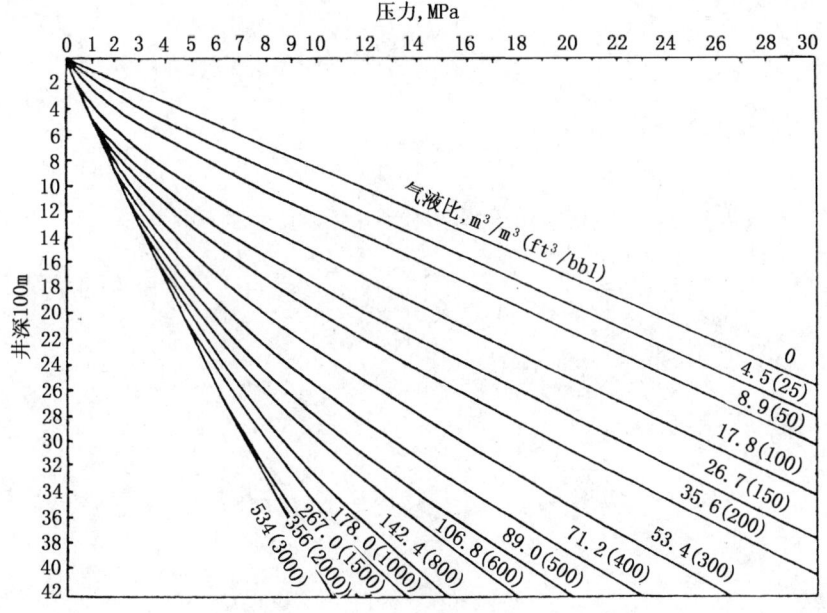

图 5—24 流动压力梯度曲线图

8. 已知某井目前生产参数:产层中部井深 $H = 2982 \text{m}$,油管尺寸 $d = 73 \text{mm}$,下入产层中部井深;地层压力 $p_{wf} = 6.898 \text{MPa}$,井口套压 $p_{cf} = 5.1 \text{MPa}$,井口油压 $p_{tf} = 2.0 \text{MPa}$,最小输压 $p_{min} = 1.5 \text{MPa}$,产气量 $q_{sc} = 1.0 \times 10^4 \sim 3.5 \times 10^4 \text{m}^3/\text{d}$,水产量 $q_w = 0 \sim 10^3 \text{m}^3/\text{d}$。该

井采用油管生产,因排液困难,井底积液严重,使产气量由 $3.5\times10^4m^3/d$ 快速递减到 $1.0\times10^4m^3/d$,试对该井进行优选管柱排水采气工艺设计。

9. 何谓产水气藏?试述合理开采产水气藏的基本原则。

10. 何谓凝析气藏?试述合理开采凝析气藏的基本原则。

11. 何谓含硫气藏?试述合理开采含硫气藏的基本原则。

参 考 文 献

杨川东主编.采气工程.北京:石油工业出版社,1997 年 8 月

杨川东等.关于凝析气藏(井)合理开采技术的探索,凝析气藏勘探开发技术论文集,成都:四川科学技术出版社,1998 日 5 月

王鸿勋等.采油工艺原理.北京:石油工业出版社,1981 年

陈赓良.含硫气井的硫沉积及其解决途径.石油钻采工艺,1990 年 Vol.12,No 5

C.U.Ikoiu. Natural Tasprokuctiow Engineering. Gohnwile & Sons, INC, 1984

第六章 气井增产措施

气井增产措施很多，最常用的有水力压裂及酸处理，两者都是气井增产最重要的技术措施。本章将具体讨论这两种方法的增产原理、工艺措施及工作液体系等。

第一节 水 力 压 裂

水力压裂是人们利用地面高压泵组，将高粘液体以大大超过地层吸收能力的排量注入井口，在井底附近憋起高压。此压力超过井壁附近地层压力及岩石的抗张强度后，在地层中形成裂缝（图6—1）。然后，继续将携带支撑剂的压裂液注入裂缝中，使裂缝向前延伸并在缝中填以支撑剂。这样，停泵后即可在地层中形成足够长度、一定宽度及高度的填砂裂缝。它具有很高的渗滤能力，大大地改善了气层的渗透性，使气畅流入井，从而起到增产的作用。

为什么通过水力压裂后气井能增产呢？这是因为经过压裂后：

（1）使气层与井沟通。由于地质上的非均质性，地层中有产能的地区并不一定与井底相连通，如碳酸盐岩地层中的裂缝带不一定都被井所钻穿，通过压裂后所形成的人造裂缝可以将它们与井底沟通起来，这样就增加了新的供给区。

（2）改变了流动型态。在压裂前，地层中的流体是径向地流向井底，压裂后由于地层中形成了一条高导流能力的填砂裂缝，从井底延伸到地层深处。所以流体就先单向地进入裂缝中，然后单向地流入井底（图6—3a），由原来的径向流变为单向流，节省了大量能量。

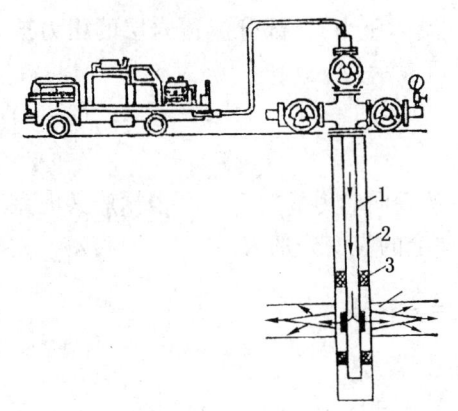
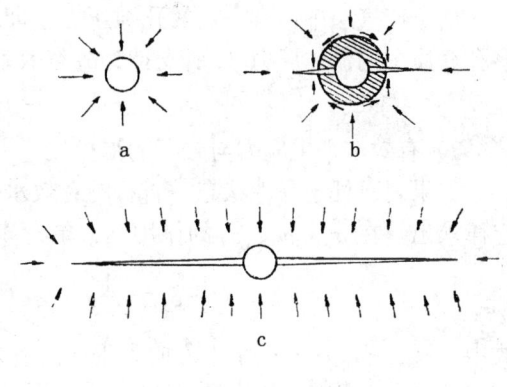

图6—1 压裂过程示意图
1—油管；2—套管；
3—封隔器；4—气层

图6—2 气液流入井流型
a—压裂前；b—损害井压裂后；
c—未损害井压裂后

（3）穿过了井底附近的阻塞地带。在钻井过程中由于有些泥浆会流入气藏，从而在井筒周围形成一个受损害区，压裂形成裂缝，对于堵塞严重的地层来说，相当于打开一条渗流通道，解除了气体流动的阻力和障碍，大大改善了井底流动条件（图6—2b）。这样，若压裂前后保持相同的生产压差，压裂后的产量要比压裂前增加几倍。

一、压裂机理

在水力压裂中,了解裂缝的形成条件、裂缝的形态和方位,就能更有效地发挥压裂在增产增注中的重要作用。下面介绍的造缝理论是假设井为单层厚壁筒,高粘压裂液从裸眼井壁上把地层张破形成裂缝。其破裂机理相似于厚壁被内压力张裂。虽然这种理论与实际情况有出入,但它是进一步进行研究和了解压裂理论的基础。此外,还有渗透压差理论、沿天然裂缝破裂等造缝理论。

根据破裂理论,要在地层中产生裂缝,所加压力必须能克服岩石所承受的应力和岩石本身的强度。岩石承受的应力与地层所处的条件(埋藏深度、构造情况等)有关,而岩石本身的强度则与岩石的性质有关。

1. 岩石承受的地应力

一般情况下,地层中的岩石处于压应力状态。作用在地下岩石某单元体上的应力为垂向主应力 σ_z 及水平主应力 σ_H(又分为互相垂直的 σ_x 及 σ_y,如图6—3所示)。

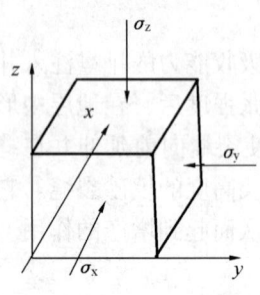

图6—3 单元体上的应力

1) 垂向主应力及其有效应力

作用在单元体上的垂向应力来自上覆岩层的质量,它的数值为:

$$\sigma_z = \gamma_z H \tag{6—1}$$

式中 H——地层深度,m;

σ_z——垂向主应力,kPa;

γ_z——垂向主应力梯度,kPa/m。

考虑岩石的平均相对密度从各个气田统计得出的垂向应力梯度的变化范围为:

$$\gamma_z = 23 \sim 26 \ (\text{kPa/m}) \tag{6—2}$$

由于产气层中均有一定的孔隙压力(即地层压力或流体压力),部分上覆岩层的压力被多孔介质中的流体压力 p_r 所支持,故有效垂向应力 $\bar{\sigma}_z$ 可表示为:

$$\bar{\sigma}_z = \sigma_z - p_r \tag{6—3}$$

2) 有效水平主应力与岩石的泊松比

如果岩石处于弹性状态,岩石的有效水平应力与有效垂向应力的关系,可根据广义虎克定律求出。在 $\bar{\sigma}_x$、$\bar{\sigma}_y$、$\bar{\sigma}_z$ 的作用下,单元体在 x 轴方向上的应变分别为:

$$\varepsilon_{x1} = \frac{1}{E}\bar{\sigma}_x; \quad \varepsilon_{x2} = \nu\frac{\bar{\sigma}_y}{E}; \quad \varepsilon_{x3} = -\nu\frac{\bar{\sigma}_z}{E}$$

式中 $\bar{\sigma}_x$、$\bar{\sigma}_y$、$\bar{\sigma}_z$——水平方向和垂向的有效应力,kPa;

E——岩石弹性模量,kPa;

ν——岩石的泊松比,无量纲;

ε_x——在 x 轴上的应变。

在 x 轴上的总应变为:

$$\varepsilon_x = \varepsilon_{x1} + \varepsilon_{x2} + \varepsilon_{x3} = \frac{1}{E}[\bar{\sigma}_x - \nu(\bar{\sigma}_y + \bar{\sigma}_z)]$$

因存在侧向应力的限制,侧向应变为零,整理后得到:

$$\sigma_x = \frac{\nu}{1-\nu}\bar{\sigma}_z \tag{6—4}$$

式中 $\dfrac{\nu}{1-\nu}$ ——侧压系数。

岩石的泊松比值由实验测定，随岩石的类型而异（表6—1）。泊松比愈大，水平应力愈接近垂向应力。

表6—1 各种岩石的泊松比与弹性模量值

岩 石 类 型	泊 松 比	弹 性 模 量，kPa
硬砂岩	0.15	4.3×10^7
中硬砂岩	0.17	2.1×10^7
软砂岩	0.20	2.9×10^6
硬灰岩	0.25	7.3×10^5
中硬灰岩	0.27	9.8×10^7
软灰岩	0.30	7.8×10^8

3）地质构造对地应力的影响

实际上，由于受到地质构造的影响，岩石的水平应力与垂向应力之间的关系，并不象公式（6—4）所描述的那样简单。例如，在逆断层或褶皱地带（图6—4），水平应力要比垂向应力大得多，甚至可大到3倍；在正断层地带，水平应力可能只有垂向应力的1/3。水平应力 σ_H 中的两应力 σ_x、σ_y 也可能彼此不等。

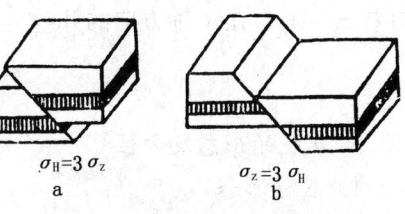

图6—4 构造对应力的影响

a—逆断层地带；b—正断层地带

2．井眼引起的井壁应力集中

当油气层被钻开之后，破坏了原始应力的平衡状态，使井壁上的应力分布发生了变化。为了应用弹性力学中现存的理论则可将三轴向应力问题简化为双向应力问题。近似地直接采用弹性力学中，对双向受力的无限大平板中钻有一圆孔时的应力计算公式来分析井壁应力。

如图6—5所示，在无限大平板上钻孔之后，将使板内原来均匀分布的应力重新分布，造成孔眼附近的应力集中，根据弹性力学给出的公式进行分析，可以得到：

（1）在 $r=a$，$\theta=0$ 及 $180°$ 处，孔壁上周向应力：

$$\sigma_\theta = 3\sigma_y - \sigma_x \tag{6—5}$$

式中 r——距圆孔中心的距离，m；

a——圆孔半径，m；

θ——任意径向与 σ_x 方向的夹角。

（2）在 $r=a$，$\theta=90°$ 及 $270°$ 处，孔壁上周向应力为：

$$\sigma_\theta = 3\sigma_x - \sigma_y \tag{6—6}$$

也就是说，由于井眼引起的井壁应力集中，井壁的周向压应力有两种情况：

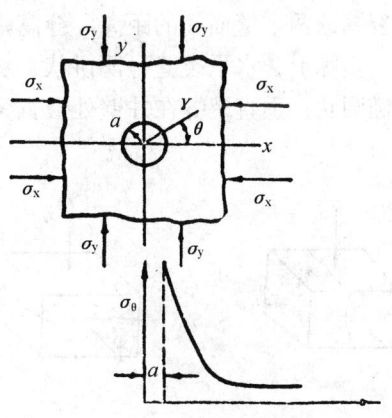

图6—5 无限大平板中钻有一圆孔的应力分布

①如果 $\sigma_x = \sigma_y = \sigma_H$，则：

$$\sigma_\theta = 2\sigma_x = 2\sigma_y = 2\sigma_H = 2\frac{\nu}{1-\nu}\sigma_z \quad \text{kPa} \tag{6—7}$$

②如果 $\sigma_x > \sigma_y$，则：

$$(\sigma_\theta)_{0°,180°} = (\sigma_\theta)_{\min}; \quad (\sigma_\theta)_{90°,270°} = (\sigma_\theta)_{\max}$$

③如果 $\sigma_y > \sigma_x$，则：

$$(\sigma_\theta)_{90°,270°} = (\sigma_\theta)_{\min}; \quad (\sigma_\theta)_{0°,180°} = (\sigma_\theta)_{\max}$$

式中　$(\sigma_\theta)_{\min}$——最小周向应力，kPa；
　　　$(\sigma_\theta)_{\max}$——最大周向应力，kPa。

随着 r 的增加，周向应力迅速减小，大约在几个圆孔直径之外，即降为原地应力值。

以上分析结果说明，井壁上的应力比远处大得多，即在井壁上有应力集中，这将增大地层破裂时的破裂压力值。如果 $\sigma_x > \sigma_y$，在 x 轴方向的井壁上，出现两个最小周向应力点：

$$(\sigma_\theta)_{0°,180°} = 3\sigma_y - \sigma_x$$

如果 $\sigma_y > \sigma_x$，在 y 轴方向的井壁上，出现两个最小周向应力点：

$$(\sigma_\theta)_{90°,270°} = 3\sigma_x - \sigma_y$$

3. 裂缝的形态及方位

1）裂缝形态

裂缝形态是指裂缝属于水平缝或垂直缝以及其尺寸。如果岩石是均质各向同性的材料，根据前面的分析结果，说明岩石破裂时，总是沿着最小周向应力的方向产生裂缝，裂缝面总是垂直于最小主应力轴（图6—6）。如果 $\sigma_z > \sigma_x > \sigma_y$，两个最小周向应力会出现在 z 轴的方向上。所以，裂缝面垂直于 y 轴，产生垂直裂缝（裂缝面与井轴平行）。如果 $\sigma_y > \sigma_x > \sigma_z$，两个最小周向应力点出现在 y 轴方向上。所以，裂缝面垂直于 z 轴，形成水平裂缝（裂缝面与井轴垂直）。

裂缝尺寸系指裂缝的长度、宽度和高度。缝长是裂缝从井筒内向外延伸的长度。缝宽是指裂缝的两个壁面间的距离。缝高是指裂缝在井筒（轴）方向上扩张的高度（图6—7）。

实际上，水平裂缝呈薄饼状，从井眼向四周延伸，井壁处宽度最大，顶端为楔状，其它为椭圆状；垂直裂缝在井壁处最宽，愈向外宽度愈小，横断面除顶端呈楔状外，其它为椭圆状。

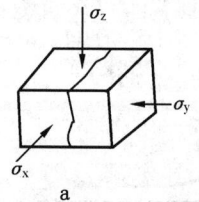
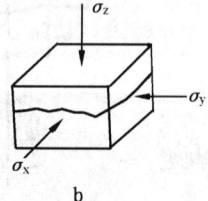

图6—6　裂缝面垂直于最小主应力方向
a—$\sigma_z > \sigma_x > \sigma_y$，产生垂直裂缝；
b—$\sigma_x > \sigma_y > \sigma_z$，产生水平裂缝

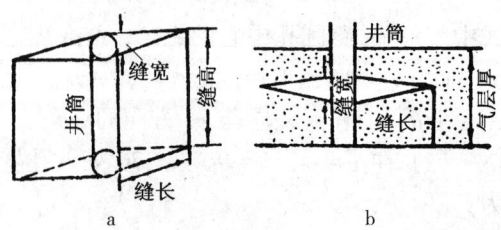

图6—7　裂缝尺寸图
a—垂直裂缝；b—水平裂缝

2）裂缝方向

由于在井壁上的最小周向应力是在0°和180°两个方向同时出现，因而形成的裂缝总是以井轴为对称的两条，其确切的方位由地应力的分布确定。预测裂缝的方向是很困难的，可以在压裂后用声波测定法、水动力学试井法、地电测定、地倾斜仪、放射性同位素检验测定法等来测出裂缝的方位。

4．裂缝形成条件

欲使地层破裂，要在井底增加压力（向井内注入高压流体）致使其井壁上产生有效张应力 σ_θ'，不但能抵消由于地应力所形成的有效压应力 $\bar{\sigma}_\theta$，还要大于岩石的抗张强度 σ_t。

$$\sigma_\theta' \geqslant \bar{\sigma}_\theta + \sigma_t \tag{6—8}$$

1）对于垂直裂缝

有效周向张应力≥地层水平方向有效压应力+岩石在水平方向的抗张强度 σ_{tH}。即当 $\sigma_x = \sigma_y$ 时：

$$p_F - p_r \geqslant 2\frac{\nu}{1-\nu}\bar{\sigma}_z + \sigma_{tH} = 2\frac{\nu}{1-\nu}(\sigma_z - p_r) + \sigma_{tH}$$

$$p_F \geqslant 2\frac{\nu}{1-\nu}(\sigma_z + p_r) + p_r + \sigma_{tH} \tag{6—9}$$

式中　p_F——破裂压力，地层岩石破裂时注入的流体压力，kPa；

p_r——孔隙压力（地层压力），kPa；

σ_x、σ_y、σ_z——x、y、z 方向的有效压应力，kPa。

2）对于水平裂缝

有效垂向张应力≥上覆地层垂向有效压应力+岩石在垂直方向的抗张强度 σ_{tV}。即：

$$\sigma_z' \geqslant \sigma_z' + \sigma_{tV} \text{ 或 } p_F \geqslant \sigma_z + \sigma_{tV} \tag{6—10}$$

3）破裂压力梯度（破裂梯度）

为了便于比较与预测各气田(气井)的破裂压力，常使用破裂压力梯度 α 来表示，它的含义是：

$$\alpha = \frac{\text{地层破裂压力 } p_F}{\text{地层深度 } H} \quad \text{(kPa/m)} \tag{6—11}$$

地层破裂压力梯度是确定地面设备的一项很重要的参数，可通过以下方法获得。

(1) 应用统计方法。

根据大量资料统计结果，破裂梯度值一般砂岩为18～25kPa/m，一般为21～23kPa/m；石灰岩为15～25kPa/m，一般为18～20kPa/m。也有超出上述范围的，主要视原有裂缝情况而定。

(2) 利用瞬时停泵压力来确定。

在压裂施工中，当认为地层压开时，突然停泵，准确记录停泵压力（p_ρ），则破裂压力梯度 α 可用下式确定。

$$\alpha = \frac{p_\rho + p_H}{H} \tag{6—12}$$

式中　α——破裂压力梯度，kPa/m；

p_ρ——瞬时停泵压力，kPa；

p_H——静液柱压力，kPa；

H——气层中部深度，m。

地层破裂压力梯度的大小还可用来估计裂缝的形态，一般认为 α 小于 15～18kPa/m 的形成垂直裂缝，而大于 23kPa/m 的则是水平裂缝。因此深地层出现的多为垂直裂缝，浅地层出现水平裂缝的几率多，这是由于浅地层的垂向应力相对小些，近地表地层中构造运动也较多，水平应力大于垂直应力的几率也多，所以浅地层出现水平裂缝。但是，浅地层也可能出现垂直裂缝。

5. 压裂施工曲线的分析应用

压裂施工曲线纪录了压裂过程中泵压、排量随时间的变化。它不仅能指导现场的施工，还可以从曲线上估算出压裂设计中有用的参数。图 6—8 是一口井的施工曲线，此井是油管压裂，井深 3000m，地层压力 24500kPa。

A 点的压力是地面破裂压力。地层破裂后，使裂缝继续延伸的压力叫延伸压力。裂缝在延伸压力下向地层深处发育。B 点压力是地面瞬时关井压力。

地层破裂后，裂缝延伸远离井壁，故由于井筒产生的应力集中已经消失，代替的是垂直作用在缝壁面的最小主应力。如果 $\sigma_x > \sigma_y$，作用在壁面上的将是最小主应力 σ_y。即延伸压力与地层最小有效主应力（$\bar{\sigma}_y$）之间的关系是：

$$\bar{\sigma}_y = p_E - p_r \text{ 或 } \sigma_y = p_E \tag{6—13}$$

井底裂缝延伸压力为瞬时关井压力与井筒液柱压力之和：

$$p_E = p_I + p_H \tag{6—14}$$

式中　p_E——井底裂缝延伸压力，kPa；

　　　p_I——地面瞬时关井压力，kPa；

　　　p_H——井筒液柱压力，kPa。

根据式 $\sigma_z = (21 \sim 25)H$，算出垂向应力 σ_z；另外可根据下式估算出 σ_x：

$$\sigma_x = 2p_E - p_F + \sigma_y - p_r \tag{6—15}$$

这样，在一定条件下，利用压裂施工曲线可简单地估算本井地区的三个主应力。

一般在加砂时，图 6—8 曲线稍有起伏，泵压有所下降，而在中间替置时，泵压略有上升，这是由于加砂时液柱较重而替置时液柱较轻之故。

在施工中，最好能直接观察到井底压力的变化（一般很困难）。由于井筒中的摩阻、液柱、液体的压缩性等作用，有时井口与井底压力并不一定是平行变化的。压裂中井底压力的变化更有利于施工分析。井底压力随时间变化的典型曲线如图 6—9 所示，p_E 是地层的破裂压力，p_F 是裂缝的延伸压力，p_r 是地层压力。

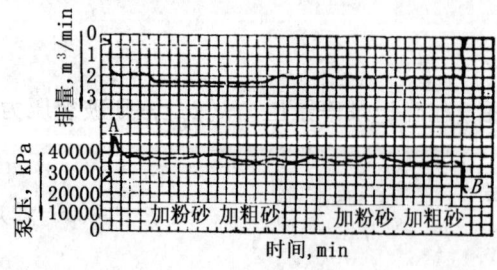

图 6—8　压裂施工曲线

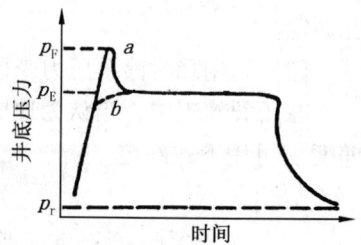

图 6—9　压裂过程中
井底压力变化曲线
a—致密岩石；b—裂缝高渗岩石

在致密岩石的地层里，向井内注入压裂液，井底压力达到 p_F 值后，地层发生破裂（图 6—9 中的 a 点），然后在较低的 p_E 下延伸。在地层渗透率较高或存在微裂缝的情况下（图中的 b 点），地层破裂时的井底压力并不比延伸压力有明显的升高。

这些现象反映了井底附近地层中，地应力分布的不同以及岩石在力学性质上的差异。

二、压裂液

水力压裂工艺中使用的液体，统称压裂液。压裂液的性能是影响压裂工艺成败最重要的因素之一。特别对高温深井和大型压裂，这一因素尤为重要，压裂液的类型及其性能，对能否造出一条足够尺寸的、有足够导流能力的裂缝有着密切的关系。

1. 压裂液的作用

在压裂过程中，由于注入井内的压裂液在不同施工阶段有各自的任务，所以，不同类型的压裂液其功能与作用亦不相同。

1）前置液

它的作用是破裂地层，撑开一定几何尺寸的裂缝，为携砂液的进入创造条件。

2）携砂液

它的作用是将支撑剂带入裂缝中，并将支撑剂充填到预定位置上去。同时，携砂液也具有扩展、延伸裂缝和冷却地层的作用。

3）顶替液

顶替液分为中间顶替液和末尾顶替液。中间顶替液用来将携砂液送到预定位置，打完携砂液后将井筒中全部携砂液替入裂缝中。

2. 对压裂液性能的要求

1）流变性

压裂液的流变性是指它变形和运动的性能，即作用于物体（如压裂液）上的应力与所产生的运动之间的关系，它是表征压裂液特性的最重要的参数之一。

2）滤失性

低的滤失性是造长缝、宽缝的重要条件。压裂液的滤失量主要取决于它的粘度与造壁性，粘度高则滤失少。添加防滤剂，能大大改善液体造壁性，从而降低滤失。

3）稳定性

压裂液的稳定性包括以下三方面：一是热稳定性，压裂液在挤入裂缝的过程中不能由于温度的升高而使粘度有较大的降低。二是剪切稳定性，压裂液应具有抗机械剪切的稳定性，不能因为剪切速率的增加而发生大幅度的降解。三是放置稳定性，这是衡量分批配制压裂液的一个重要指标，若放置时间很短就发生降解变质，这样的压裂液将很难适应现场施工。

4）降阻性

指压裂液在管道流动时的水力摩擦阻力特性，摩阻愈小，在设备马力一定的条件下，用来造缝的有效马力就愈多。降阻性差的压裂液，施工时将提高井口压力、降低排量甚至限制施工。

5）携砂性

携砂性能指压裂液对支撑剂的携带能力。主要取决于液体的粘度、密度及其在管道和裂缝中的流速。流速是液体携带支撑剂能力高低的重要因素。清水粘度虽低，但如果高速泵送仍能很好地携带支撑剂。对于高砂比及大砂径施工，液体的粘度就是非常关键的因素，不仅可以保证不产生砂堵、砂卡，还能将支撑剂输送到裂缝中预期的位置，获得更好的效果。

6) 配伍性

配伍性指液体与地层矿物及流体相接触,不产生不利于油气渗滤的各种物理—化学反应。如不产生粘土膨胀,不产生沉淀堵塞地层等。

7) 残渣

压裂液在地层中破胶化水后残渣量愈少愈好,以免降低岩石及填砂裂缝的渗透率。

8) 对地层的伤害

指压裂液对地层渗透率的影响,这是一个相当复杂的综合因素,压裂液中含有的机械杂质及残渣可降低地层渗透率,乳化及粘土膨胀亦能造成伤害。压裂液在施工完成后,应当易于从地层中返排出来,尽量减少压裂液对地层的伤害。

9) 经济性

货源广,便于配制,价钱便宜。由此可知,一种理想的压裂液应具备滤失量小、稳定性好、摩阻损失小、携砂能力强、配伍性好、残渣低和对地层伤害小等特点。随着我国天然气开发技术的发展,压裂施工的规模越来越大,压裂液的用量亦越来越大。因而,压裂液还应具备货源广、成本低、配制简便等特点,以满足大型压裂和深井压裂施工的需要。

3. 压裂液的类型

压裂液按其性质可分为油基、水基、酸基压裂液,乳状及泡沫压裂液等。

1) 水基压裂液

水基压裂液是以水为基本成分,加入各种添加剂配制而成的压裂液。其具有来源广、价格低,有利于安全生产等优点;缺点是由于其粘度低,滤失量大,必须在大排量下才能压开气层。但如果在水基压裂液中加入某些添加剂后就可以消除或减低对气层不良影响,特别是60年代发展起来的水基冻胶压裂液,不仅具有一般水基压裂液的特点,还具有粘度高、摩阻低、滤失量小及悬砂性能好等优点,目前已被广泛应用。

2) 油基压裂液

油基压裂液是以油为基本成分,加入油溶性物质配制而成。油基压裂液取材方便,对地层无害,缺点是滤失量大,不易压开深远的裂缝。

3) 酸基压裂液

可以用植物胶或纤维素稠化酸液得到稠化酸,也可以用非离子型聚丙烯酰胺在浓盐酸溶液中,以甲醛交链而得到酸冻胶。用 OP 型表面活性剂可配制油(20%~50%体积)酸(3%~35%质量)的油酸乳状液。

4) 泡沫压裂液

泡沫压裂的基液用淡水、盐水、原油或成品油,气相为氮气、二氧化碳、空气、燃气,其主要优点是滤失量很小、携砂能力很强。适用于含气砂岩或页岩地层,渗透率低于 10^{-3} μm^2 的水敏性地层。

4. 压裂液的流动性质

1) 流变性

目前常用的压裂液基本属于假塑型非牛顿流体,其剪切应力与剪切速率不成线性关系,流变基本遵守幂律模式:

$$\mu_a = KD^{n-1} \tag{6—16}$$

式中 μ_a——视粘度,Pa·s;

K——稠度系数,0.1Pa·s^n;

n——流态指数,无量纲,$n<1$;

D——剪切速率,s^{-1}。

即假塑流体的粘度,在一定温度下是 K、n、D 的函数,也就是说剪切速度愈大,视粘度愈低。压裂液这一特性,有利于施工时在管道中流动和经过炮眼时有较小的摩擦阻力。但是,视粘度的下降也不能太大,压裂液到达裂缝中,还必须具有一定的粘度,以利于撑开较宽的裂缝,并将支撑剂送到预期位置,使裂缝闭合后具有较高的导流能力。

2) 压裂液的摩阻压降公式

$$p_{fr} = \frac{0.2013 L v^2 f \rho}{d} \quad (6-17)$$

式中 p_{fr}——摩阻压降,kPa;

f——摩阻系数,无量纲;

L——油管长度,m;

d——油管内径,cm;

ρ——压裂液密度,g/cm³;

v——压裂液在管内流速,cm/s。

①牛顿型压裂液雷诺数计算公式:

$$Re = \frac{v d \rho}{10 \mu_a} \quad (6-18)$$

$$v = 212.21 \frac{q}{d^2} \quad (6-19)$$

式中 Re——牛顿型压裂液的雷诺数,无量纲;

μ_a——压裂液动力粘度,Pa·s;

q——排量,m³/min。

牛顿型压裂液的摩阻系数 f:

当 $Re<2800$ 时是层流,$f = 64/Re$;

当 $2800<Re<100000$ 时是过渡区,$f = 0.3164/\sqrt[4]{Re}$;

当 $Re>100000$ 时是紊流,$f = 0.0032 + 0.221 Re^{-0.237}$。

②非牛顿型压裂液雷诺数计算公式:

$$Re = \frac{d^n v^{2-n} \rho}{K(D)^{n-1}} \quad (6-20)$$

式中 Re——非牛顿型压裂液的雷诺数,无量纲;

n——流变指数,无量纲;

K——稠度系数,g·s^{n-1}/cm;

式 (6—18) ~ (6—20) 其余符号同前。

非牛顿液的摩阻系数 f:

当 $Re<2000 \sim 3000$ 时,$f = 64/Re$;

当 $Re>2000 \sim 3000$ 时,$f = 0.079/Re^{0.25}$。

5. 压裂液的滤失性及滤失系数

压裂在注入量一定的条件下,滤失量愈小,造缝的体积则愈大;反之,则愈小。影响滤失量大小的主要因素是压裂液的粘度和造壁性能。

压裂液的滤失性是指压裂液在裂缝中流动时,在缝内压力和地层压力之差的作用下,使部分压裂液渗入地层的性质。压裂液滤失性受三种机理控制,即压裂液粘度、地层流体压缩性和压裂液造壁性。压裂液滤失性的大小用压裂液滤失系数 C 表示。

1) 受压裂液粘度控制的压裂液滤失系数 C_1

在压裂液的粘度大大超过地层流体的粘度时,压裂液的滤失速度主要取决于压裂液的粘度。根据液体在多孔介质中的流动,利用达西公式可得到滤失速度 v。v 也是时间 t 的函数,滤失时间愈长,滤失速度愈慢。

$$v = \frac{C_1}{\sqrt{t}} \tag{6—21}$$

式中 v——滤失速度,m/min;

t——滤失时间,min;

C_1——由压裂液粘度控制的滤失系数,$m/\sqrt{\min}$。

$$C_1 = 0.054 \sqrt{\frac{K \Delta p \phi}{\mu_F}} \tag{6—22}$$

式中 K——地层垂直于裂缝壁面的有效渗透率,μm^2;

Δp——裂缝内外的压差,$\Delta p = p_E - p_r$,kPa;

μ_F——压裂液在缝内流动条件下的粘度,mPa·s;

ϕ——地层有效孔隙度,小数。

当地层参数 K、ϕ、缝内外压差 Δp 及液体粘度 μ_F 不变时,C_1 是常数。

2) 受地层流体压缩性控制的压裂液滤失系数 C_2

当压裂液粘度接近于地层流体粘度时,地层流体压缩性对滤失起主要控制作用。这是因为流体在受到压缩时,让出一部分空间,压裂液才得以滤失进来。此时的滤失速度可用下式计算:

$$v = \frac{C_2}{\sqrt{t}} \tag{6—23}$$

$$C_2 = 0.043 \Delta p \sqrt{\frac{K C_f \phi}{\mu}} \tag{6—24}$$

式中 C_2——受地层流体压缩性控制的滤失系数,$m/\sqrt{\min}$;

C_f——地层流体的压缩系数,kPa^{-1};

μ——地层流体的粘度,mPa·s;

其它符号同前。

公式表明,在其它条件不变时,流体压缩性愈大,即 C_f 愈大,则 C_2 愈大,滤失速度 v 愈大。

3) 具有造壁性的压裂液滤失系数 C_3

有的压裂液具有很好的造壁性,在壁面上形成滤饼,有效地降低滤失速度。

$$v = \frac{C_3}{\sqrt{t}} \tag{6—25}$$

C_3 值需用压裂液进行滤失试验求得:

$$C_3 = 0.005 \frac{m}{A} \quad (\text{m}/\sqrt{\text{min}}) \tag{6—26}$$

式中 m——滤失量与时间关系曲线（图6—10）的斜率，$\text{cm}^3/\sqrt{\text{min}}$；

A——试验时用的岩心截面积，cm^2。

实际上，压裂液滤失时，同时受上述三种机理的控制，根据电导的相似原理，可用如下方法求综合滤失系数 C：

$$\frac{1}{C} = \frac{1}{C_1} + \frac{1}{C_2} + \frac{1}{C_3} \tag{6—27}$$

三、支撑剂及裂缝导流能力

支撑剂是指为了支撑开水力压裂压开的裂缝壁面，使之在岩石压力作用下不再重新闭合的固体颗粒。

1．支撑剂的类型

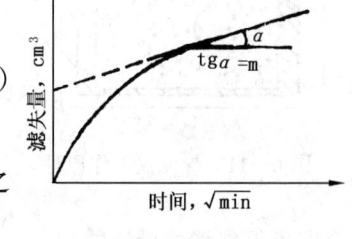

图6—10 滤失试验曲线

支撑剂按其机械性能，一般可分为两大类：

脆性支撑剂：石英砂、陶粒、玻璃球等，特点是硬度大，几乎不变形。

韧性支撑剂：塑料球、核桃壳、铅球等，特点是变形大，承压面积随之加大，在高压下不易破碎。

2．支撑剂在应力下的状态

停泵后作用在裂缝壁面上欲使之闭合的力称为闭合压力：

$$p_c = p_E - p_r = p_I + p_H - p_r \tag{6—28}$$

式中 p_c——闭合压力，kPa；

p_E——裂缝延伸压力，kPa；

p_I——地面瞬时关井压力，kPa；

p_H——井筒液柱压力，kPa；

p_r——地层压力。

3000m的深井，停泵后的闭合压力可达50MPa以上，所以支撑剂选择得恰不恰当是深井压裂成败的一个关健，因此岩石硬度、闭合压力的大小和支持剂强度三者的关系，应进行室内试验来进行选择配合，以获得较高的导流能力。

3．对支撑剂的要求

（1）粒径要均匀。目的为了提高支撑剂的承压能力及渗透性。

（2）强度要高。使支撑剂在裂缝闭合时的高压下不致被压碎。中深井多采用石英砂。对于深井，裂缝闭合时压力大，一般采用高强度的陶粒。

（3）杂质含量少。如砂子中的杂质对裂缝导流能力有害，一般对砂子除进行筛选、水洗外，还应作酸处理。

（4）圆球度好。带棱角的支撑剂，渗透率低且易破碎，破碎下来的小颗粒堵塞孔隙，降低渗透性能。

（5）来源广、价廉。

4．导流能力测定方法

在实验室使用能模拟地下条件的导流仪来测定（图6—11）。

方法：将岩心放在一钢套内，底面及侧面均灌好乌德合金。两片岩心间放置若干层一定网目的压裂砂，用千斤顶加压钢套到预定负荷，然后用气或压裂液测填砂裂缝渗透率及裂缝

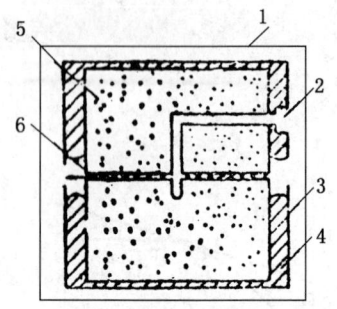

图 6—11 导流仪工作原理

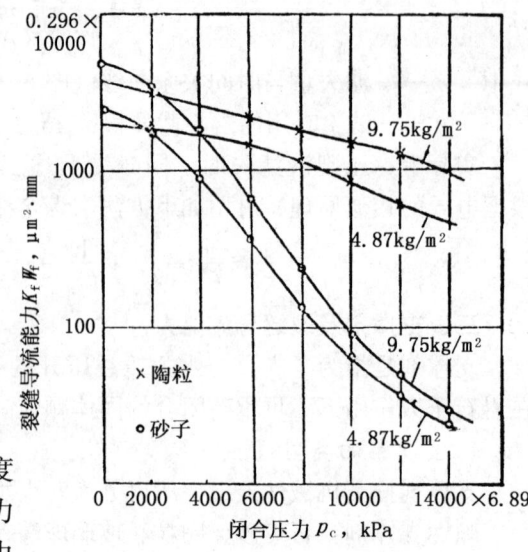

图 6—12 砂子与陶粒的导流能力

宽度即可得裂缝的导流能力。

图 6—12 所示为休斯石油公司在支撑剂浓度为 $4.87 kg/m^2$ 及 $9.75 kg/m^2$，在不同的闭合压力下，对比 20～40 目砂子与陶粒的导流能力，由实验可知不同类型支撑剂及其浓度、支撑剂颗粒大小、均匀程度、支撑剂的排列以及在不同闭合压力及岩石条件下支撑剂的强度对裂缝导流能力都有影响。

5．支撑剂的选择

对于浅地层，闭合压力不大，则选择砂子做支撑剂。

对于深井，选择的仍然是砂子，但要选择粒径大、单位面积大、浓度高的砂子。从实验效果看，砂子最好在 5～8 层。

对于井底附近的缝口处，由于此处闭合压力最大，可部分使用高强度支撑剂，如陶粒、玻璃珠，粒径也可选大些。

6．支撑剂在裂缝内的运移及分布情况

砂子在裂缝中的移动，主要受垂直方向的重力 P、压裂液对支撑剂的悬浮力 W 和水平方向液流携带力 F 的控制（图 6—13）。

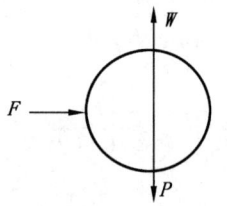

图 6—13 支撑剂受力分析

因此，砂子在裂缝中的状态有三种。

1）全悬浮型

压裂液粘度高，砂子在液体中呈悬浮状态，没有沉降。液体所到之处，皆有砂子。由于液体的滤失，离井轴越远，该处砂子浓度越高，有些压裂液在井底温度及剪切速率下，粘度小于 $0.1～0.2 Pa·s$，不足以使砂子悬浮。所以砂子进入裂缝后，逐渐沉降下来。

2）沉降式

如图 6—14 所示的垂直裂缝中，砂子沉积在底面上形成砂堆。随砂面升高，液流速度增大，当砂堆上面的液流速度大到砂子的沉降与将砂子卷起的速度相平衡时，砂堆不再上升，后来的砂子在液体高速的携带下，越过已形成的砂堆，沉积在流动的前方，使砂堆在原有的高度上向前延长，一直到加砂结束。砂面不再升高的高度称平衡高度，它取决于沉砂速度及混砂比。砂子在裂缝内前进的水平距离与液流速度、沉砂速度及裂缝高度有关。

支撑剂在裂缝中运行、沉积的规律是：开始注入的砂子，首先沉积在井筒附近，随后视流体的流速、排量及支撑剂的密度、颗粒大小依次逐渐沉积，犹如河口泥砂的沉积现象。

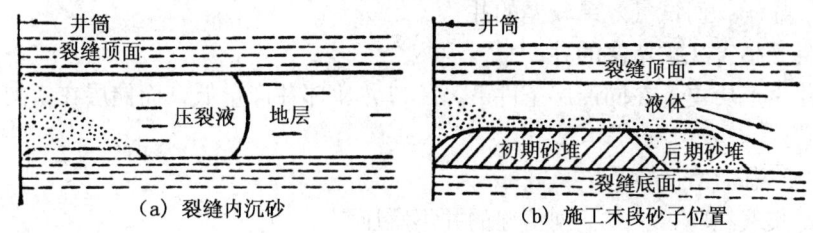

图 6—14　垂直裂缝内沉砂示意图

实际上，砂粒直径不均匀，大颗粒与小颗粒先后沉积下来，当中不连续，后面的填砂裂缝不起作用，有效填砂裂缝很短，如图 6—15 (a)。图 6—15 (b) 是在井底附近缝口处，由于携砂液经过孔眼的射流作用，砂子不能在缝口沉降，造成缝口闭合，前种情况应加大砂量，改变排量或压裂液粘度，改善砂子的沉降条件，使砂堆连续。后种情况，则应在加砂快结束时，加一部分粗砂并降低排量或压裂液粘度，将缝口处填满。

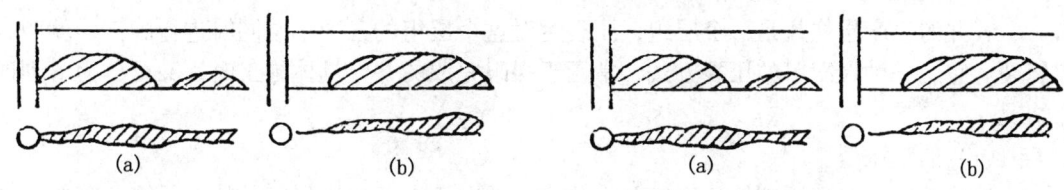

图 6—15　砂子在裂缝中的实际分布　　　图 6—16　砂柱式加砂方式

3）砂柱式加砂方式

高粘携砂液与中间顶替液（粘度低，甚至是清水）交替地按预先设计好的数量加到缝中，在缝中交替地出现填砂区与未填砂区，形成一个个砂柱，用以支撑壁面（图 6—16）。实际替置中，中间顶替液驱动前面的粘稠携砂液，由于界面的粘滞指进，低粘液体侵入携砂液中形成若干杂乱而相互沟通的沟道，成为油气最好的通道。油气不是在填砂孔隙中渗滤，而是沿沟道流动。在高闭合压力地层，压后即使砂子压碎没什么渗透性，压裂效果仍较好。在低闭合压力的高渗层，这种填砂裂缝具有很高的导流能力。此外，这种加砂方式还有节约压裂液及砂子的特点。

四、压裂工艺

压裂的成功率一般都很高，偶而效果不明显，甚至失败，这主要与压裂井（层）的选择、压裂方式，施工参数等诸多因素有关。

1．压裂选井（层）的一般原则

1）压裂选层的原则

压裂选层的原则就天然气而言，压裂后要能增产，首先必须具备以下几个条件：

（1）油气层要有足够的天然气储量；

（2）油气层要有充足的能量；

（3）处理层有效厚度、渗透率、孔隙度、含气饱和度、供给半径尽可能大一些；

（4）压裂后能在井底附近地层形成一条或数条高渗透裂缝通道。

2）压裂选井的原则

（1）在油气层渗透性和含气饱和度低的地区，应优先选择油气显示好，孔隙度、渗透率较高的井；

(2) 有气显示，但试气效果较差的井；

(3) 产层受损害或被堵塞的井；

(4) 邻井生产历史。在同产层条件下，一口井比邻井产量低，而储层在横向上又较为稳定的情况。

3) 不宜压裂的几种情况

根据现场实践经验，具有下列情况的井不宜压裂：

(1) 高含水层不宜压裂；

(2) 气—水过渡带或靠近断层的产层，不宜进行压裂；

(3) 高渗透层、地下亏空大的井；

(4) 固井质量不高，有管外窜槽以及套管损坏的井。

2．压裂工艺方式

目前采用的压裂方式有合层压裂、单层选压和一次多层分压。

1) 合层压裂

气井的生产层往往是一个层组，压裂时对这个层组的各个小层同时进行施工，就叫合层压裂。它是一种最简单的压裂方式，常用于裸眼完成的井。具体施工时，又可分为下列四种情况。

(1) 油管压裂。

油管压裂是将高压液体从油管泵入井底，适合于自喷井压裂。其特点是施工简单。在深井中，则应在气层上坐封隔器，必要时带水力锚及套管加压平衡，以避免套管受到高压而破坏。缺点是油管截面小，会增加液流阻力和设备负荷，降低有效功率。

(2) 套管压裂。

套管压裂是井内不下油管，坐好井口即可进行压裂。其优点是施工简单，可以最大限度地降低管路摩阻，缺点是这种方法携砂能力低，一旦造成砂堵，则无法进行循环洗井。

(3) 油、套管同时压裂。

油管、套管合压是在井内下入油管，压裂时油管接一部压裂车，套管接加砂压裂车。施工时，油、套管同时泵入液体，从套管加砂。此法适合于深井。其优点是利用油管泵入液体，从油管鞋出来时流向改变，可防止压裂砂下沉，一旦发生砂堵，进行反循环洗井也比较方便。缺点是施工压力受到套管强度的控制。

(4) 环形空间压裂。

环形空间压裂是高压液体从环形空间进入井底，在排量相同时，与油管压裂相比，其优点是阻力损失小，缺点是流速较低，携砂能力弱。

2) 分层压裂

在多产气层或厚产气层气井，各层渗透率差别较大，需要分层（段）进行压裂，以保证压开渗透率低的层段。多用于射孔完成的井。

(1) 上提封隔器法。

用两个封隔器卡住压裂层段，施工时先压下层，压完后上提到第二层，用这种方法依次将产层压裂。如图6—17，应用上提法压裂时，应注意防止提封隔器时发生井喷。为此，在最上部分几根油管装上旋塞阀（图6—18）。起油管时，关一个阀，卸去一根油管，并在井口装有封井器。这样，就可保证上提封隔器时不会井喷。此法优点是施工方便，缺点是当选压层段距离差别较大时，配封隔器比较困难，且工作速度慢，因此此法适用于选压层段间距均匀、选压层位较少的井。

(2) 滑套喷砂器分层压裂。

滑套喷砂器分层压裂是采用自下而上直径增大的滑套，用销钉将其固定在喷砂器上，堵死喷砂器孔眼，只有最下一级喷砂器不堵。压开最下层后，投球封上面一级滑套，并憋压剪断销钉，使滑套下移，露出上面一级喷砂器孔，使下面一级堵死。压开上面一层后，依次自下而上投球逐层压开。自下而上可分为四层，图6—19是滑套喷砂器法的压裂管柱图。

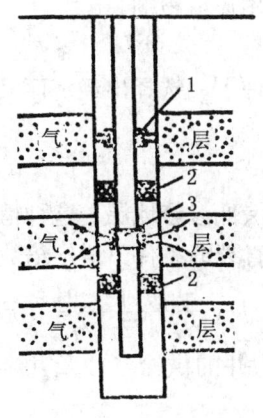

图6—17 双封隔器
选压示意图
1—水力锚；2—封隔器；
3—喷砂器

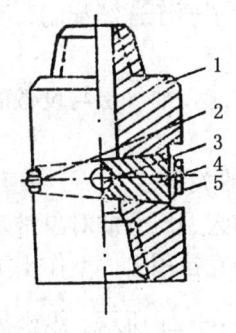

图6—18 旋塞阀
1—壳体；2—螺帽；
3—旋塞孔；4—旋塞；
5—扳手平塞

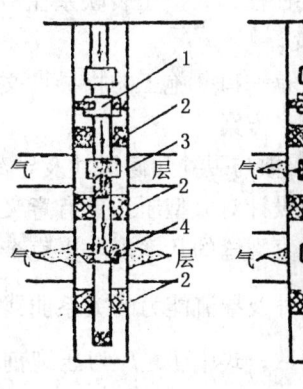

图6—19 滑套喷砂器
分层压裂管柱示意图
1—水力锚；2—封隔器；3—滑套；
4—喷砂器；5—堵塞球

3) 一次压裂多条裂缝

(1) 塑料球封堵法。

对于射孔完成的井，可采用塑料球、尼龙核心橡胶球、铝合金球、橡胶包铅球等将已压开裂缝处的射孔孔眼暂时封堵起来，继续憋开新的裂缝（图6—20）。施工时，压开裂缝充填支撑砂后，由井口专门的投球器，不停泵投入比处理层段射孔数多10%～20%的封堵球，堵着已压开裂缝段的射孔孔眼，继续压开新裂缝。依此可连续压开几条裂缝。

(2) 暂时堵塞剂法。

对于裸眼完成井或射孔井段套管变形井不宜用封隔器卡开，或气井套管虽然完好，但固井质量不好，容易窜槽的井，都可采用暂时堵塞剂法进行分层压裂。其方法是将颗粒状堵塞剂或纤维状的堵塞剂随同压裂液注入井中，较大的堵塞剂在缝口或缝内桥架起来，小颗粒充填于大颗粒之间，从而将已形成的裂缝堵住，致使地层吸水量下降，井底压力增加，而将其它低渗透层段再压开裂缝。

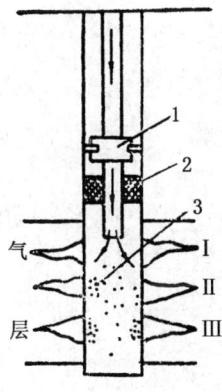

图6—20 投球堵塞
形成多条裂缝
1—水力锚；2—封隔器；
3—堵塞器

4) 深层压裂

深层的特点是岩石致密坚硬，闭合压力大、地温高、摩阻大，针对这些困难，一般的压裂工艺已难以解决，因此在压裂设备、压裂液、井下工具、支撑剂等方面就有了更新的要求。

在闭合压力较高的致密岩层中，裂缝壁面的岩石硬度比砂子大，而闭合压力又高，砂子很容易被压碎。因此，可采用高强度的陶粒代替砂子作支持剂。同时地面压力也因井深而提高，为此可进一步降低压裂液的摩阻，并在井下工具上装特殊开关。压裂地层前，由油管注入，破裂后，油、套管混压。压裂液在井底及裂缝中的携砂能力、滤失性都受温度及剪切的控制。因此压裂液的热稳定性与抗剪切能力在深井中显得特别重要。为此除选择耐温的压裂液外，延迟交联也是解决热稳定性的方法之一。

深层压裂往往和大型压裂联系在一起，为了便于连续配制，要采用速溶粉剂。

3. 压裂设计

压裂设计是一口井施工的指导性文件，它能在油气层与设备的条件下，选择出经济而又有效的压裂增产方案。

1）增产倍数与裂缝几何尺寸及导流能力的关系

由于压裂设计对大型压裂更有意义，目前大型压裂的对象常是深层低渗透地层，这种情况下出现的垂直裂缝的几率多。麦克奎尔和西克拉用电模型作出了垂直裂缝条件下增产倍数与裂缝几何尺寸及导流能力的关系曲线，如图6—21所示。纵坐标 $J_f/J\left(\dfrac{7.13}{\ln 0.472 r_e/r_w}\right)$ 是无量纲增产倍数，式中 J、J_f 为压裂前后气井的采气指数，r_e、r_w 为井的供给半径及井半径（钻头尺寸）。

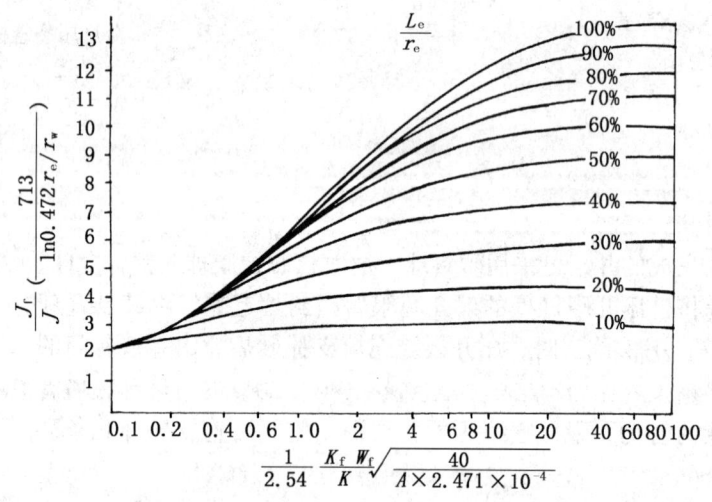

图6—21 增产倍数曲线

横坐标为 $\dfrac{1}{2.54}\dfrac{K_f W_f}{K}\cdot\sqrt{\dfrac{40}{A\times 2.471\times 10^{-4}}}$，式中 $K_f W_f$ 为裂缝的导流能力（$\mu m^2 \cdot cm$），K 为地层渗透率（μm^2），A 为井控制面积（m^2），根号内的数字是当井的控制面积不是 16187.4m^2（即40acre）时的修正系数。

纵坐标括号内的数字是当井径不是 15.24cm（即 6in）时的修正系数。

曲线上的数字是缝长 L_e（单翼长）与供给半径 r_e 的比，称无量纲缝长。

可以把横坐标上的数值看成裂缝与地层导流能力的比值。在同样情况下，裂缝导流能力愈高，则增产倍数也愈高，造缝愈长，倍数也愈高。从曲线的变化趋势上看，在横坐标上以

0.4为界，在它的左边要提高增产倍数，则应以增加裂缝导流能力为主。以裂缝长度为供给半径的50%这条曲线为例，导流能力比从0.1提高到0.4，增产倍数则从2倍提高到4倍多。此时增加缝长对增加倍数并不起多大的作用（图6—21）。在0.4右边，曲线趋于平缓，增产主要靠增加缝的长度，进一步提高裂缝的导流能力基本上不能增加增产倍数。图6—21是体现三个主要参数的关系曲线，给我们的概念是：

（1）对低渗地层（$K<0.001\mu m^2$），在闭合压力并不很大的情况下，容易得到较高的导流能力比值，一般位于0.4右边，要提高增产倍数，应以加大裂缝长度为主，这是当前在压裂低渗透层时，强调增加缝长度的依据。国外的压裂实践也证明了这一点，裂缝长度可达1km。

（2）在较高渗透率的地层中（$K>0.01\mu m^2$），闭合压力较高，不易获得较高的导流能力，常位于0.4的左边，这时要得到好的压裂效果，主要是靠提高裂缝的导流能力。在这种情况下片面追求缝长是得不到很好的效果的。

（3）我国的气田都存在这两种情况。在压裂设计中，应解决它们的主要矛盾。对特低渗地层，应当加大压裂规模，造缝要长。有的是中等渗透率地层或深地层高闭合压力，则应着眼于裂缝导流能力的改善。在这里要强调一点，在这种情况下，要防止由于各种原因降低缝面或裂缝中的渗透性。

上述几种情况不包括透镜体产层的压裂

2）裂缝几何尺寸的确定

从80年代末到90年代初，我国不少单位先后开展了拟三维压裂模型及压裂设计程序的研究，并逐步投入现场应用，但目前国内各油气田现场施工设计仍普遍采用二维模型来完成。

（1）PKN模型。

$$W_{max} = \left[\frac{128}{3\pi}(n+1)\left(\frac{2n+1}{n}\right)^n\left(\frac{0.9775}{10^3}\right)\left(\frac{1}{60}\right)^n\right]^{\frac{1}{2n+2}}\left(\frac{q^nKLH^{1-n}}{E}\right)^{\frac{1}{2n+2}}$$

(6—29)

$$\overline{W} = 0.785 W_{max}$$

式中　W_{max}——缝口最大宽度，m；

　　　n——压裂液流态指数；

　　　K——压裂液稠度系数，$Pa \cdot s^n$；

　　　q——泵注排量，m^3/min；

　　　L——裂缝长度，m；

　　　H——裂缝高度，m；

　　　E——岩石弹性模量，kPa；

　　　$\overline{W}$——裂缝的平均宽度，m。

PKN模型中PerKin和Kern的非牛顿液体缝宽公式，由于没有考虑液体滤失，所以与实际情况不相符。

（2）GDK模型。

$$L = \frac{1}{2\pi}\frac{q\sqrt{t}}{HC}$$

(6—30)

$$W = 0.135\sqrt[4]{\frac{\mu qL^2}{GH}}$$

(6—31)

$$G = \frac{E}{2(1+\nu)} \tag{6—32}$$

$$\overline{W} = \frac{2}{3}W = 89.6\sqrt[4]{\frac{2(1+\nu)q\mu_F L^2}{EH}} \tag{6—33}$$

式中　L——裂缝长度，m；

　　　q——泵注排量，m³/min；

　　　t——从压开裂缝算起的泵注时间，min；

　　　H——垂直裂缝高度，m；

　　　C——压裂液滤失系数，m/$\sqrt{\min}$；

　　　μ_F——压裂液粘度；Pa·s；

　　　W——裂缝的缝口宽度，m；

　　　ν——岩石泊松比；

　　　$\overline{W}$——垂直裂缝的平均宽度，m。

在 GDK 模型中 Geertsma 的方法考虑了液体滤失，且采用了合理的边界条件，即端部的应力是有限的并等于岩石的抗张强度。

裂缝高度 H 是一个难以准确确定的参数，它与油气层顶、底层性质，压裂液粘度，泵注排量等有关。可利用压裂前的微型压裂进行井温和放射性测井（在注入裂缝的支撑剂中加入放射性物质），其结果可以确定裂缝的实际高度。

3）压裂设计的内容

压裂设计的内容一般包括：

①选择该井层进行压裂的目的、地质依据、有关的地层及井况资料；

②预计和要求的增产倍数；

③施工方案选择、程序编制、方案优选；

④施工参数计算及效果预测；

⑤施工劳动组织及施工进度安排；

⑥施工步骤及安全技术措施；

⑦需要的设备及材料计划、成本概算；

⑧施工井场布置图及井下管柱结构图。

4）压裂设计计算步骤

（1）计算地层破裂压力 p_F：

$$p_F = \alpha \cdot H \tag{6—34}$$

式中　α——破裂压力梯度，kPa/m；

　　　H——油气层中部深度，m。

（2）选择最大允许排量并根据现场实际情况确定合理排量及排量变化范围。

①计算最大允许摩阻压降 p_{frmax}：

$$p_{frmax} = p_{pmax} + p_H - p_F \tag{6—35}$$

式中　p_{pmax}——最高泵压或井口最大工作压力，kPa；

　　　p_H——井筒液柱压力，kPa。

②计算不同排量下的摩阻压降 p_{fr} 及压裂车泵压 p_p：

非牛顿液可按（6—17）式、（6—20）式计算雷诺数 Re、摩阻系数 λ 和摩阻压降 p_{fr}，或查采油技术手册图 5—13～图 5—36 得每 100m 的摩阻压降值，再按由实验得出的线速度的减阻率进行换算。

压裂车泵压由下式求得：

$$p_p = p_F + p_{fr} - p_H \tag{6—36}$$

根据 $p_{fr} \leqslant p_{frmax}$ 或 p_p 小于压裂车最高泵压原则，确定合理排量及排量变化范围。

(3) 计算压裂车的机械效率 H_p 和压裂车台数 n。

压裂泵常用功率为：

$$N = 0.0168 p_p q \tag{6—37}$$

式中　N——压裂泵需用的水功率，kW；
　　　q——排量，m³/min。

$$H_p = \frac{N}{\eta} \tag{6—38}$$

式中　H_p——压裂车装机功率，kW；
　　　η——压裂车效率。

$$n = \frac{H_p}{h_p} \tag{6—39}$$

式中　h_p——压裂车单机功率，kW；
　　　n——压裂车台数。

(4) 计算闭合压力 p_c。

$p_c = p_E - p_r$，在有的情况下破裂压力 p_F 与延伸压力 p_E 相近，同时为了有一定余量，使用流压 p_f 代替地层压力 p_r，即以井底的压降条件代替了整个裂缝。

$$p_c = p_F - p_f \tag{6—40}$$

(5) 计算裂缝的缝长 L、平均宽度 W 及填砂裂缝面积 A。

由图 6—12 查出 p_c 值下裂缝单位面积砂浓度为 4.87kg/m² 或 9.75kg/m² 时的导流能力 $K_f W_f$ 值。再由图 6—21 确定增产率 $\frac{K_f W_f}{K}$，并查出要求的缝长 L。

$$W = 89.6 \sqrt[4]{\frac{2(1+D)\mu_F \cdot L^2}{E \cdot H}} \tag{6—41}$$

$$A = 2(L+10) \cdot H \tag{6—42}$$

裂缝长度 L 多取 10m，是为了保证有效长度。

(6) 计算压裂液的滤失系数 C。

$$\Delta p = p_F - p_r \tag{6—43}$$

$$C_1 = 0.173 \times 10^{-3} \left(\frac{K \Delta p \phi}{\mu_F}\right)^{\frac{1}{2}} \tag{6—44}$$

$$C_2 = 0.138 \times 10^{-3} \Delta p \left(\frac{K \cdot C_f \cdot \phi}{\mu}\right)^{\frac{1}{2}} \tag{6—45}$$

$$\frac{1}{C} = \frac{1}{C_1} + \frac{1}{C_2} + \frac{1}{C_3} \tag{6—46}$$

或由实验直接得出 C。

(7) 确定总的用液量 U。

由

$$L = \frac{1}{2\pi HC} q\sqrt{t}$$

得

$$\sqrt{t} = \frac{2\pi LHC}{q}$$

则得

$$U = qt \tag{6—47}$$

(8) 估算用砂量。

$$用砂量 = \frac{裂缝面积上砂的浓度}{裂缝中每立方米砂的浓度}$$

(9) 含砂比与携砂液量。

含砂比过低，浪费携砂液；含砂比过高，当携砂液粘度低时，容易造成砂堵。含砂比要根据砂粒直径（直径大则含砂比小）、携砂液性能（粘度大则含砂比高）、裂缝渗透性（渗透性差即滤失小、悬砂力强，则含砂比可大）等确定。一般砂粒直径 0.5~0.8mm，含砂比为 15%~30%，开始小后逐渐加大。

携砂液量：

$$U_1 = \frac{砂量}{平均含砂比} \tag{6—48}$$

顶替液量：U_2 一般取井筒中含砂液数量的 1.5~4 倍。

前置液量：

$$U_3 = U - (U_1 + U_2) \tag{6—49}$$

(10) 校核套管强度。

施工时，套管所承受的内压不得超过套管本身的抗内压强度。

(11) 成本核算。

成本包括压裂用料费用（支撑剂、压裂液等）、压裂流程费用和压裂施工费用等。

五、压裂施工及压裂后井的管理

压裂施工就是采用合理的工艺技术和设备、工具等手段，安全、快速、优质地实现施工设计的要求。

1. 压裂施工工序

除特殊情况外，压裂施工工序大都相同，一般步骤为：

1) 试压

目的是检查井口总闸门以上的设备、井口、地面及连接管线能否承受高压作业。试验压力为预测泵压的 1.2~1.5 倍，压力上升后 3~5min 不降低为合格。

2) 循环

循环是准备工作的检查和压裂的开始。压裂液循环路线是从储液罐出来，入混砂罐，经泵送进压裂车，再经压裂泵的作用从高压管汇返回储液罐。循环的目的是鉴定设备的性能，检查管线是否畅通和各种泵进、出水情况，搅拌压裂液使其温度、粘度达到均匀。循环至出口排液正常时结束。

3) 投球及胀封隔器

打开投球器，投入阀球，待落坐后，憋压胀封隔器。当油压（泵压）升至 9800~14700kPa 时套压（平衡压）仍为零，证明封隔器已膨胀，应开动平衡车向环形空间注清水平衡。保持油、套压差为 14700~24500kPa 情况下，油套压同时升高。

4) 试挤

试挤是打开总闸门，启动 1~2 台压裂泵将压裂液试挤入气层。压力由低至高到稳定为止。目的是检查井下管柱及井下工具工作是否正常，估计最高破裂压力和掌握地层吸水指数。

5）压裂

压裂与试挤是连续工序，掌握吸水指数后，待压力与排量稳定时，逐渐或同时启动全部压裂泵。很快加大排量，使井底压力迅速上升，直到使气层压出裂缝为止。判断裂缝是否形成的主要根据是压裂施工曲线。该曲线是压裂时试压、压裂、加砂和替挤四个主要过程中的泵压、排量、混砂比随时间的变化曲线。

6）加砂

气层裂缝形成，泵压及排量稳定后便可加砂。加砂时应先大后小。加砂过程泵压有两种显示，随混砂比增加而有所降低，原因是混砂液密度增大；另一种泵压在 2~3MPa 间波动，其原因是裂缝中沉砂是个动平衡过程。混砂比达到要求比例后，加砂时一定要均匀，要随压力和排量变化而变化，否则会造成砂堵事故。

7）顶替

设计砂量加完或者因为某种特殊原因决定停止压裂后，立即泵入顶替液，将替砂液替挤到气层裂缝中去，然后停泵。

8）活动管柱或反洗

活动管柱可加速封隔器的回收。反洗是为了防止余砂残存在井筒与封隔器卡距之内，造成砂卡。

各工序结束后，关井 8~24h 等待裂缝闭合。

2．压裂效果评价

为了对压裂技术的经济效果作全面分析，可从下面三个方面来评价。

1）增产倍数

（1）压裂前、后气产量的变化是分析压裂效果的直接资料。对比方法是选用压裂前后，在相同工作制度下的稳定产量进行对比，即：

$$增产倍数 = \frac{压裂后日产量 - 压裂前日产量}{压裂前日产量}$$

（2）根据压裂前、后的实际产量，计算采气指数比：

$$J_g = \frac{q_g}{\overline{p}_r^2 - p_{wf}^2} \tag{6—50}$$

式中　q_g——气井产量，$10^4 \text{m}^3/\text{d}$；

　　　$\overline{p}_r$——平均地层压力，MPa；

　　　p_{wf}——井底流压，MPa；

　　　J_g——采气指数，$(10^4 \text{m}^3/\text{d})/\text{MPa}^2$。

增产倍数
$$C = \frac{J_2}{J_1} \tag{6—51}$$

式中　C——增产倍数；

　　　J_1、J_2——压裂前、后的采气指数。

2）增产气量

根据压裂前、后的产量递减曲线分析，算出压裂增产的气量。先按照压裂前井的产量递减曲线外推，得到在某个时间内不进行压裂气井能生产的气量，然后，统计出在此阶段压裂后的产气量，就得到压裂后多采出的气量（图 6—22）。

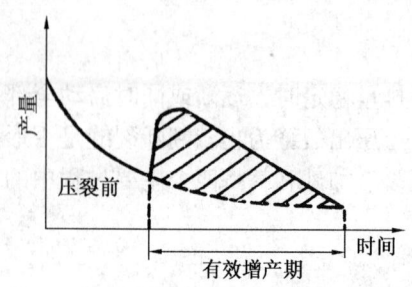

图 6—22 压裂前后产量变化曲线

3）增产有效期

生产井在压裂后的生产较稳定，用采气曲线分别计算出压裂前后的百分递减率，并绘出递减曲线（图6—22），两条曲线的交点即失效时间，从施工后生产之时到失效时即为有效增产期。

压裂效果还可以从整个气田的开发来分析，它可提高最终采收率和缩短气田开发期限，并使过去认为无开采价值的地区获得气储量，一些已经采出全部可采油气并认为报废地区，又重新获得新生。所以从整个气田效益来分析，不仅要考虑单井的增产效益，还要考虑提高最终采收率及缩短开发期限的影响。

第二节 酸 化

气井的酸处理同样是气田有效的增产措施，特别是对碳酸盐岩气层，更具有重要意义。本节重点讨论碳酸盐岩盐酸处理的基本原理和分析提高酸化增产效果的途径。

一、酸化增产原理

所谓酸化，就是利用酸液的化学溶蚀作用，溶解地层堵塞物，扩大或延伸地层缝洞，以恢复和提高地层的渗透率，减少气流入井阻力，从而达到气井增产的目的。

1. 酸岩化学反应

碳酸盐岩地层的主要矿物成分是方解石 $CaCO_3$ 和白云石 $CaMg(CO_3)_2$。其中方解石含量多于50％的称为石灰岩类，白云石含量多于50％的称为白云岩类。碳酸盐岩地层的储集空间分为孔隙和裂缝两种类型。

碳酸盐岩地层酸处理所用酸液主要是盐酸，盐酸进入地层，与部分堵塞物、方解石和白云石反应，将变得疏松的堵塞物从岩石表面上剥蚀下来，并随残酸液一同排出。从而解除地层堵塞，扩大气流通道。

酸与碳酸钙的化学反应：

$$2HCl + CaCO_3 = CaCl_2 + H_2O + CO_2 \uparrow \qquad (6—52)$$

$1m^3$ 20％浓度的盐酸溶液 1140kg，其中含氯化氢 320kg，水 820kg，根据化学反应式，可算出它可以溶解 $438kgCaCO_3$ 钙，生成 $486kgCaCl_2$、$79kgH_2O$ 和 $193kgCO_2$。被溶解的 $438kgCaCO_3$，相当于 $0.162m^3$ 体积。这个体积是很客观的，将使渗透率有明显提高。

盐酸与白云岩的反应为：

$$4HCl + CaMg(CO_3)_2 = CaCl_2 + MgCl_2 + H_2O + 2CO_2 \uparrow \qquad (6—53)$$

上述反应中生成的 $CaCl_2$、$MgCl_2$ 都溶于残酸，不会产生沉淀，且残酸液粘度较高，有利于携带脱落下来的颗粒及堵塞物返出地面，同时 CO_2 呈小气泡状分布在残酸液中，对排液起助喷作用。

2. 酸岩反应速度及其影响因素

1）酸岩反应速度

所谓酸岩反应速度是指盐酸与碳酸盐岩反应进行的快慢，其单位可用：

（1）单位时间内酸浓度的降低值表示，$mol/(L·s)$；

(2) 单位时间内，岩石单位反应面积上的溶蚀量来表示，mg/(cm²·s)。

若酸岩反应速度很快，新鲜酸液一进入地层很快变为残酸，那么酸液只能对井底附近地层起溶蚀作用，增产效果必然不大。我们希望除能解除井底附近的堵塞外，还对地层有足够远的溶蚀范围，这就要设法降低酸岩的反应速度。

2) 影响酸岩反应速度的因素

(1) 酸的类型。酸液中 H^+ 浓度大，酸岩反应速度就快，各种类型的酸，其离解度相差很大。在相同条件下，盐酸的离解度为92%，即绝大部分的 HCl 分子被离解成 H^+ 和 Cl^-，而醋酸离解度仅为1.3%，所以，采用强酸时反应速度快，采用弱酸时反应速度慢，但弱酸溶解岩石的能力低、价格贵。所以现场最广泛使用的仍是盐酸，但需采取加入添加剂的办法使其缓速。

(2) 酸浓度。酸液的浓度是影响反应速度的主要因素。盐酸与碳酸盐岩反应，酸浓度对反应速度的影响如图6—23所示。图中实线表示各种浓度的新鲜酸的反应速度。如15%的鲜酸其初始反应速度为69mg/(cm²·s)；22%的为72mg/(cm²·s)。

由实践可知：HCl 浓度在24%～25%之前随浓度增加，初始反应速度增加；在此浓度之后，酸液浓度增加，反应速度反而下降。虚线表示不同浓度的新鲜酸在反应过程中酸浓度与反应速度的关系。即余酸的反应速度。如28%的盐酸浓度降为15%时，其反应速度为38mg/(cm²·s)，而15%的鲜酸反应速度为69mg/(cm²·s)。由此可知：浓酸初始反应速度高，但当其变为某浓度的余酸时，其反应速度比相应浓度的鲜酸的反应速度低得多，且浓度越高，其余酸的反应速度越慢。说明浓酸比稀酸的反应时间长，有效作用距离远。因此，现场越来越采用高浓度酸。

(3) 面容比。面容比为单位体积岩石中颗粒裂缝的总表面积。

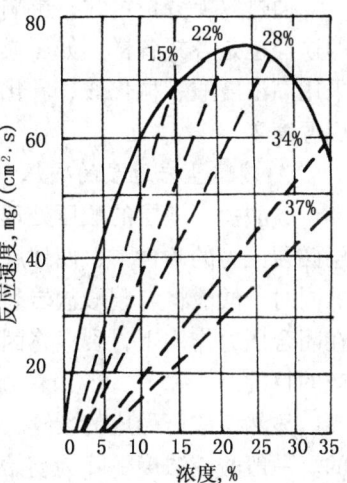

图6—23 盐酸浓度对反应速度的影响

$$面容比 = \frac{岩石中颗粒裂缝的总表面积}{岩石总外表体积}$$

因为酸岩的反应速度取决于 H^+ 传到岩石的速度。岩石的面容比越大，即单位体积酸液接触的表面积越大，则传递到岩面上的 H^+ 数量越多，反应速度越快，对于理想圆形管道，其直径为 d，长度为 L，则圆管的面容比为：

$$S_{圆} = \frac{表面积}{体积} = \frac{\pi d L}{L \pi d^2 / 4} = \frac{4}{d} \tag{6—54}$$

对理想水平裂缝，其宽度为 W，裂缝半径为 R，则裂缝的面积容比为：

$$S_{缝} = \frac{表面积}{体积} = \frac{2\pi R^2}{\pi R^2 W} = \frac{2}{W} \tag{6—55}$$

可见，地层中的裂缝愈宽，孔隙孔道的直径愈大，面容比愈小，酸岩反应速度则愈慢。因此对渗透性差的孔隙性地层宜采取酸压。

(4) 酸液流速。图6—24为15%的盐酸在大理石缝中流动时，剪切速率与反应速度的实测关系曲线。由曲线可知，在剪切速率较低，即酸液在层流范围内流动时，酸液流速的变化对反应速度并无显著的影响；在剪切速率较高时，即湍流流动时，由于酸液液流的搅拌作用，离子的强迫对流作用大大加强，H^+的传质速度显著增加，致使反应速度随流速增加而明显加快。

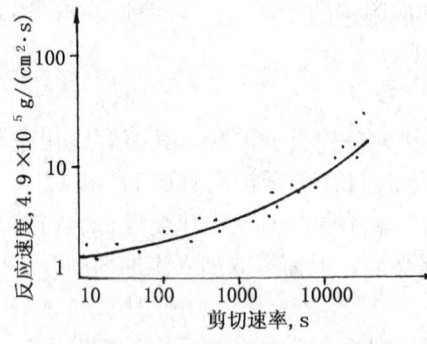

图 6—24 剪切速率对反应速度的影响

但是，随着酸液流速的增加，酸岩反应速度增加的倍比小于酸液流速增加的倍比，酸液来不及反应完，已经流入地层深处。故提高注酸排量可以增加活性酸深入地层的距离。

(5) 其它影响因素。一般地层温度升高，酸岩的反应速度加快，因此，酸化时应先冷却地层。压力对反应速度的影响不大，随压力增加，反应速度减慢，但压力高于 6MPa 时，压力对反应速度没什么影响。另外，岩性不同，反应速度也不同，如 HCl 与石灰岩反应比与白云岩速度快，而与砂岩反应困难。酸液粘度越高，限制了 H^+ 的传递，反应速度越慢。

通过以上分析可知，影响酸岩反应速度的因素是十分复杂的。为此，延缓酸岩反应速度的途径也是各式各样。如压成宽裂缝以减小面容比，采用弱酸、混合酸、酸中添加缓速剂，采用高浓度酸、稠化酸、乳化酸，在酸液中加入减阻剂，以便尽可能提高注酸排量，降低井底温度等。

3. 碳酸盐岩地层的酸压

碳酸盐岩地层的酸压处理，是以酸液作为压裂液注入碳酸盐岩地层，在井底压力大于地层破裂压力的条件下，使地层产生裂缝，并继续注入酸液使裂缝向前延伸。在酸液向前延伸的同时，酸液将与碳酸盐岩裂缝壁面产生酸化溶蚀反应，使裂缝壁面凹凸不平。停泵之后，在闭合压力作用下，裂缝将因壁面凹凸不平而不能闭合，从而增加地层的渗透能力，达到增产的目的。

显然，酸压形成的裂缝，只有在酸能溶蚀裂缝壁面时所形成的那部分缝长对增产是有效的。一般酸液浓度下降为初始浓度的 1/10 时，就已失去了溶蚀能力，这时的酸液称为残酸。酸液由活酸变为残酸之前所流经裂缝的距离，称活性酸的有效作用距离。这个缝长称为裂缝的有效长度，而酸压形成的整个缝长叫裂缝的动态长度（图 6—25、图 6—26）。

1) 酸液有效作用距离的求法

酸压时要力求有较长的有效裂缝。酸液有效作用距离的数字计算比较复杂，常用图解法求得。其假设条件是地层为均质碳酸盐岩，裂缝是等宽度。酸液同裂缝壁面起反应与热盐载体沿裂缝中反应的动态方程，可以借用已有的热传导方程。

图 6—27 就是根据以上假设条件，并考虑裂缝壁面有酸液滤失的情况下，盐酸与碳酸盐岩流动反应的酸液有效作用距离的计算图。纵坐标表示无量纲皮克列特数 N_p，横坐标表示有效作用距离的无量纲距离系数 L_D，曲线 C/C_0 表示酸液浓度下降到初始浓度的百分数，实际工作中常取 $C/C_0 = 0.1$。

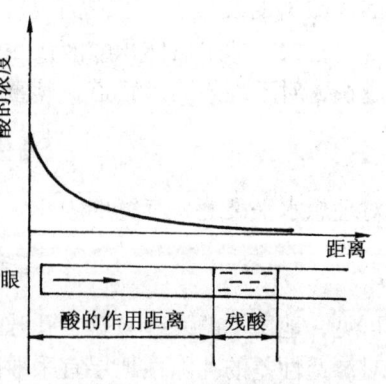

图 6—25 盐酸沿地层流动时的浓度下降情况

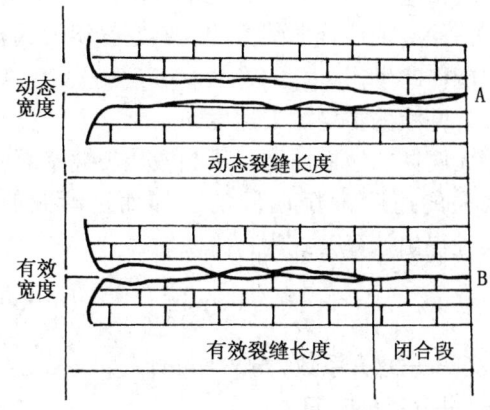

图 6—26 酸压裂缝
A—酸压过程中形成的裂缝；
B—酸压结束后残留的有效裂缝

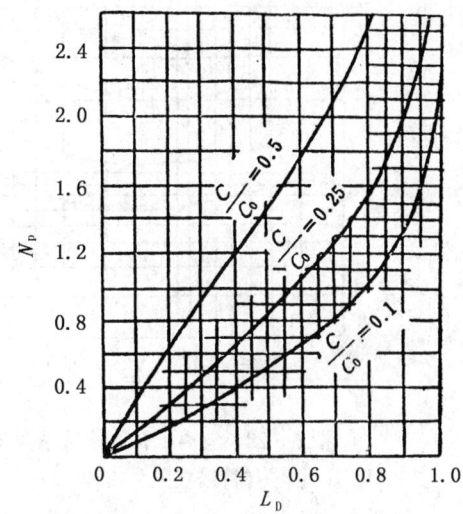

图 6—27 酸液有效作用距离计算图

$$Np = \frac{\overline{v}\,\overline{W}}{2\times 10^3 D_e} \qquad (6\text{—}56)$$

$$L_D = \frac{2L_a \overline{v} H}{q} \qquad (6\text{—}57)$$

式中　Np——皮克列特数；

　　　L_D——有效作用距离的无量纲距离系数；

　　　$\overline{v}$——酸液平均滤失速度，m/min；

　　　$\overline{W}$——动态裂缝平均宽度，mm（由压裂理论公式计算）；

　　　D_e——盐酸的氢离子 H^+ 传质系数，m^2/min；

　　　L_a——酸液有效作用距离（酸蚀裂缝长度），m；

　　　H——垂直裂缝的高度，m；

　　　q——注酸排量，m^3/min。

如果知道了 $\overline{v}$、$\overline{W}$、D_e，便可计算出 Np，由图查出 C/C_0 为某常数时的 L_D，再利用已知 q、$\overline{v}$、H，即可计算出有效作用距离 L_a。

(1) 盐酸的 H^+ 有效传质系数 D_e。

盐酸的 H^+ 向岩石表面的传递速度叫 H^+ 有效传质系数。盐酸与碳酸盐岩的反应速度主要取决于流动条件下的 H^+ 有效传质系数 D_e。碳酸盐岩石的成分不同，酸液的浓度、温度和流动雷诺数不同，D_e 也就不同，常用实际岩石作实验确定 D_e。

图 6—28 为 15% 盐酸与川南阳新石灰岩在压力为 7840kPa 流动条件下，H^+ 有效传质系数与雷诺数关系曲线。

$$N_{Re} = \frac{q}{30H\nu} \qquad (6\text{—}58)$$

式中　q——裂缝入口排量，m^3/min；

　　　H——裂缝高度，m；

　　　ν——酸液运动粘度，m^2/s。

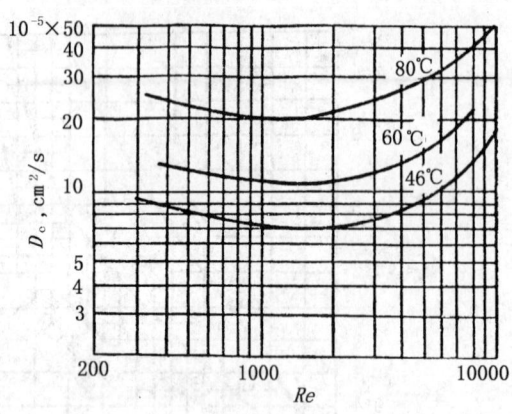

图 6—28 氢离子有效传质系数与雷诺数关系曲线

各气田应用本产层的岩心作流动模拟试验，作出 $D_e - N_{Re}$ 曲线或曲线方程，其它气田的试验成果只能作参考。

(2) 酸液的平均滤失速度 $\bar{v}$。

用无腐蚀的液体压裂，压裂液从裂缝壁面向地层滤失的速度 v 随时间的增加而逐渐减低，根据实验得出计算公式为：

$$V = \frac{C}{\sqrt{t}} \quad \text{m/min} \tag{6—59}$$

式中 C——滤失系数，$\text{m}/\sqrt{\text{min}}$；

t——滤失时间，min。

酸液不断腐蚀裂缝壁面上的孔隙，使滤失速度增加，时间愈长腐蚀越严重，滤失速度愈大。为了计算简便，近似认为这两种因素可以相互抵消，滤失速度基本不变。一般用 $t = 1\text{min}$ 计算出来的滤失速度 v 作为平均滤失速度 $\bar{v}$。

2）延长有效作用距离的工艺途径

研究酸岩多相反应有效作用距离，是为了寻找延长有效作用距离的工艺途径，提高酸压增产效果。由图 6—27 可知，动态裂缝 W 愈宽，酸岩反应速度愈慢（即 D_e 愈小），则皮克列特数 Np 愈大，因而无量纲距离系数 L_D 愈大。若 L_D 愈大，注酸排量愈大，酸液滤失速度 v 愈小，则有效作用距离与注酸排量、动态裂缝宽度、酸液滤失速度、酸液初始浓度、酸岩反应速度、地层温度等直接有关。为此，现场采用弱酸、混合酸或盐酸内添加缓速剂，以减慢酸岩反应速度；或在盐酸内添加减滤剂，以降低酸液滤失速度；或在盐酸内添加稠化剂，以增加酸液粘度，既有利于形成宽裂缝，又减慢了酸岩反应速度；或在盐酸内添加减阻剂，以便尽量提高排量等工艺措施，以求得较好的酸压效果。

二、酸液及其添加剂

1. 酸液体系

碳酸盐岩地层酸化主要是用盐酸，我国工业盐酸浓度为 31%～34%。

盐酸密度与浓度的关系是配制酸液时常用的数据，使用时可查图 6—29，也可用经验公式近似计算。

$$\rho_{\text{HCl}} = \frac{C_{\text{HCl}}}{2} + 1 \tag{6—60}$$

式中 ρ_{HCl}——盐酸密度，t/m^3；

C_{HCl}——盐酸浓度，小数。

当按设计要求确定盐酸浓度和用量后，可按下式算出配制该浓度和用量对应的盐酸数量。

$$W = \frac{V \rho'_{\text{HCl}} C'_{\text{HCl}}}{C_{\text{HCl}}} \tag{6—61}$$

$$V_1 = \frac{V \rho'_{\text{HCl}} C'_{\text{HCl}}}{\rho_{\text{HCl}} \cdot C_{\text{HCl}}} \tag{6—62}$$

式中 W——所需商品浓酸的质量，t；

V——所需商品浓酸的体积，m^3；
V'——需配制稀酸液总体积，m^3；
ρ'_{HCl}——稀酸液的密度，t/m^3；
C'_{HCl}——稀酸液的质量百分浓度，%；
ρ_{HCl}——商品盐酸的密度，t/m^3；
C_{HCl}——商品浓酸的质量百分浓度，%。

配制稀酸液所需的清水量 V_2（包括添加剂）则为：

$$V_2 = V - V_1 \qquad (6\text{—}63)$$

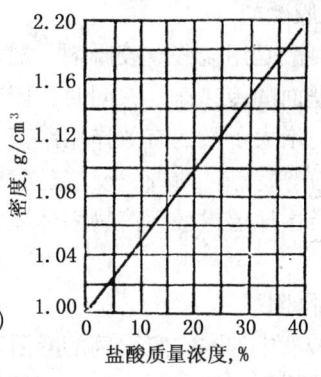

图 6—29　盐酸密度与浓度关系

1) 常规酸

常规酸液的主要成分是盐酸，盐酸是一种强酸，对碳酸盐岩的溶蚀能力很强，且价格便宜、货源充足、现场配液及施工简单，常用于碳酸盐岩气层基质酸化。为改善酸液性能和防止对地层的损害，需在酸液中加入一定比例的化学添加剂，如缓蚀剂、表面活性剂、铁离子稳定剂、粘土稳定剂、助排剂等，以提高酸化效果。

2) 泡沫酸

按泡沫酸的泡沫质量（泡沫质量定义为：泡沫中气体体积与泡沫总体积之比）分为以下三种：

增能型：泡沫质量在 52% 以下；
泡沫型：泡沫质量在 52%～90%；
露化型：泡沫质量在 90% 以上；

现场上广泛使用的是泡沫型。由于酸中含有气泡，减少了酸与岩石的接触面积，同时又限制了酸的活性部分在同岩石接触处的扩散，所以能缓速及增加酸化深度；另一方面还由于泡沫酸的相对密度小，粘度高（一般为 0.2～0.3Pa·s），滤失系数小，因而有利于深穿透，提高酸化效果；其次还有助排能力强等优点。泡沫质量超过 80% 就无足够的酸对岩石进行溶解，酸化效果差。

酸主要是盐酸（或无机酸）与有机酸的混和物，气体多用氮气。起泡剂即活性剂，由于能降低表面张力，所以容易发生泡沫使酸的粘度增高，进而稳定泡沫。常用起泡剂有 AS、ABS、OP、平平加（聚氧乙烯烷基醇）等。

3) 乳化酸

乳化酸为油包酸乳状液，它是在乳化剂及助乳剂作用下，将油和酸按一定比例配制而成的油包酸型乳化液。其外相为原油、柴油或煤油，内相常采用盐酸，也可采用甲酸、醋酸、磺酸等。外相与内相的体积比为 1:9～3:7。

乳化酸粘度高，用它压裂能形成宽裂缝；面容比小，能延缓酸岩反应速度；油膜包围的酸滴不会立即与岩石接触，因而活性酸被油酸乳携带到地层深部，扩大了酸处理范围。乳化酸在稳定期间，酸液并不与井下金属设备直接接触，因此，现场配制乳化酸时，只需加入适量缓蚀剂。

乳化酸的缺点是摩阻大，排量受限制。施工时可用"水环"法降低油管摩阻，再加活性水与降阻剂，还可进一步降低摩阻，乳化酸适用于碳酸盐岩气层的深度酸化。乳化酸用于气井增产作业，国外已有资料报导，国内目前还没有实践，有待今后进一步开展工作。

4）胶凝酸

胶凝酸是用盐酸、胶凝剂、酸液添加剂配制而成的一种酸液体系。这样就降低了氢离子向岩石壁面的传递速度，同时，胶凝酸的网状分子结构束缚了氢离子的活动，从而起到了缓速作用，增大了酸的有效作用距离。胶凝酸还有能压成宽裂缝、滤失量小、摩阻低、能悬浮固体微粒等特点。此外，反应后生成的残酸仍有一定粘度（一般为 $3\sim6\mathrm{mPa\cdot s}$），残酸返排时能携带出地层内酸不溶物固体微粒，有利于净化地层，减少对地层的损害，现场应用已日趋广泛。

5）降阻酸

在酸液中加入一定比例的降阻剂配制而成的降阻酸，在施工泵注过程中能大大降低酸液沿程摩阻损失，提高泵注排量，增加井底处理压力，达到气井增产的目的。降阻酸特别适用于不宜起下井下管柱的气井。

2．酸液的添加剂

酸处理时要在酸液中加入某些化学物质，以改善酸液的性能和防止酸液在地层中产生有害的影响。这些化学物质统称为添加剂。常用的添加剂种类有：缓蚀剂、表面活性剂、降阻剂、粘土稳定剂、铁离子稳定剂。

1）缓蚀剂

缓蚀剂是酸液中最重要的添加剂之一。

酸处理时，盐酸直接与贮罐、压裂设备、井下油、套管接触。特别是深井，井底温度很高，而所用的盐酸又比较浓时，便会给这些金属设备带来严重的腐蚀，缩短寿命，甚至造成事故。而被溶蚀的金属铁离子当酸浓度降低到一定程度后便会发生水解，产生沉淀堵塞地层，降低酸化效果。为此，必须解决防腐问题。

缓蚀剂是指那些加到酸液中能大大减少金属设备腐蚀的化学物质。它吸附在金属表面上，形成一层阻挡层，隔离酸和金属。目前常用的缓蚀剂有甲醛、7701、8509 和 CT_{1-2}、CT_{1-3}、CT_{1-8}、SD_{1-3} 等。若需提高缓蚀剂使用温度，延长保护时间，则需加缓蚀增效剂。

2）表面活性剂

表面活性剂是一种能降低表面张力的物质，它也是酸液中常用的添加剂之一。

一般活性剂可分为阴离子型、阳离子型和非离子型三种。阴离子型活性剂常见的如 AS（$R—SO_3Na$，即烷基磺酸钠），它与水接触而离解，离解出带负电荷的离子是表面活性的。阳离子型活性剂如有机胺盐类，它遇水离解出带正电荷的质点是表面活性剂。非离子型表面活性剂遇水不离解，但它同样也是由油溶性的长烃链和水溶性的集团两部分组成，如聚氧乙烯烷基醚。

用于酸液中的表面活性剂，按其用途可分为降低酸岩反应速度的缓速剂；降低酸液表面张力、改变液体对地层的润湿状况的助排剂；协调酸液各组分配伍性与增效作用的互溶剂；起泡剂和防止油酸乳化的防乳破乳剂。

在四川盆地气田，常用的表面活性剂主要有：复合表面活性剂 SD_{1-7}（它同时具有降低表面张力、缓速、防乳及缓蚀等特点）、防乳破乳剂 SD—1 和助排剂 SD_{2-9}、CT_{5-4}。

3）降阻剂

在深井压裂酸化作业中，大部分能量都消耗在井下管串中，为了降低摩阻损失，提高酸液泵注排量，在酸液中加入一种降阻剂，能大幅度降低摩阻损失。如 SD_{1-8}，在线速度为 $7\sim10\mathrm{m/s}$ 时，降阻率为 65%～80%（相对于清水摩阻）。

4) 粘土稳定剂

在酸化作业中，为了抑制地层中粘土矿物遇水发生水敏膨胀和分散运移，以防止或减轻粘土矿物造成的地层损害，常在酸液中加入一定量的粘土稳定剂。

常用的粘土稳定剂有 KCl、CT_{12-1} 等。

5) 铁离子稳定剂

酸化后的残酸中含有大量的三价铁离子，在排酸过程中，随着 pH 值的升高（pH 值 = 3.3~3.5 时），会产生胶性氢氧化铁沉淀，堵塞地层孔道，降低酸化效果。

为了有效防止氢氧化铁沉淀，便在酸液中加入一定量的铁离子稳定剂，它可络合残酸中的铁离子，防止或减少三价铁离子在排酸过程中的再沉淀，提高酸处理效果。

目前常用的铁离子稳定剂有冰醋酸和柠檬酸，四川盆地气田有 CT_{1-7}、SD_{1-11}。

三、酸处理工艺

酸化效果除与增加酸液有效作用距离的各种因素有关外，还与选井（层）、酸化技术、酸化工艺参数的选择及施工质量等有关。下面介绍选井（层）的一般原则、几种酸化技术以及施工工艺和酸化效果分析。

1. 酸化井（层）的选择

为了取得较好的酸化效果，在选井方面应考虑以下几点：

（1）选择在钻井过程中气显示好而试气效果差的井（层）。

（2）选择临井高产而本井低产的井。

（3）对多层生产的井，可选择性地分层酸化，并先处理低渗透层。

（4）对气水过渡带或靠近断层的产层，应慎重对待，一般只进行常规酸化，不宜酸压。

（5）对井身结构有问题的井应进行修复，待情况改善后再处理。

（6）对于解堵酸化不彻底的井，可重复酸化。

在考虑具体井的酸化方式与规模时，应对井的静态、动态资料进行综合分析研究。

2. 酸处理方式

1) 酸洗

酸洗又叫酸浸，是将少量低浓度酸注入和浸泡预处理井段；或通过返循环使酸液不断沿射孔孔眼或井壁流动。酸与结垢物及井壁附近地层作用，疏通射孔孔眼，清除井壁脏物。

特点：酸量少，一般 3~5m³；酸浓度低，一般 <8%~10%。

2) 常规酸化

即在低于地层破裂压力下将酸挤入地层，用酸液溶解井底附近地层中的堵塞物和扩大或延伸地层孔隙或缝洞，恢复和提高近井地带地层的渗透能力。

特点：不压开地层，酸量较大，一般 20~50m³。

常规酸化一般用于新井完成或修井后作业，以解除钻井液和作业时压井液对地层的损害，恢复气井生产能力使之正常生产。

3) 前置液酸压

使用酸液作为压开地层或张开地层原有裂缝，或以高粘液体作前置液在地层中压开裂缝后再挤入酸液溶蚀裂缝壁面，停泵泄压后，裂缝面不能完全闭合，从而在地层中造成一条或几条具有较高导流能力的人工裂缝，改善气流入井条件，增加气井产量。酸压的特点是压开地层，用酸量较大，浓度高，施工排量大。

前置液酸压是用高粘液体作为前置液。由于其粘度高、滤失量小，可形成较宽、较长的裂缝。正因为它比直接用酸液作为前置液所形成动态裂缝宽得多，所以就极大地减小裂缝的面容比，从而降低了酸岩的反应速度，增大酸的有效作用距离。与此同时，由于前置液预先冷却了地层，岩石温度下降，也能起缓蚀作用。当酸液进入充填了高粘度液体的裂缝时，由于两种液体的粘度相差很悬殊，粘度很小的酸液不会均匀地把高粘液顶替走，而是在高粘液体中形成指进现象（图6—30）。

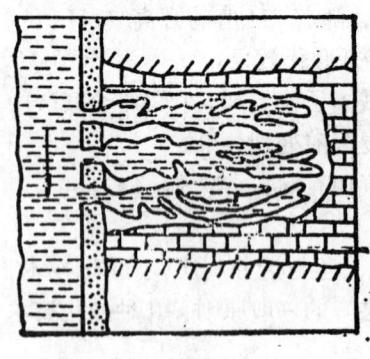

图6—30 酸液指进示意图

这样，进入裂缝的酸液在大约只与裂缝的30%~60%的表面接触。由于减少了接触表面积，一方面降低了漏失量，另一方面又减缓了酸液反应速度。因此可用较少的酸量造成较长的有效裂缝。

施工中，前置液用量一般为 $\frac{1}{3} \sim \frac{1}{2}$，盐酸用量根据有效作用距离确定。酸液类型根据储层特征确定，可使用稠化酸、缓速酸、常规酸等。与常规酸相比，前置液酸化工艺有效作用距离提高了5~6倍。

4）泡沫酸酸化工艺

作为气田增产作用使用的泡沫酸，是由占52%~90%的气相（N_2或CO_2）和液相（盐酸）组成。施工时，把选择好的起泡剂和一定浓度的酸液混合，在泵入井口前，按预定比例与高压气体汇合，在井下形成一定质量的泡沫酸。同常规酸压相比，泡沫酸酸压工艺具有有效作用距离长、摩阻压力低、滤失低、酸液用量少、残液返排迅速彻底、不损害气藏等特点。特别适用于低压、低渗透、水敏性地层。

5）胶凝酸酸化工艺

这是目前较为优越的深度酸化工艺技术，它以优越的胶凝酸体系为基础，与常规酸相比，具有比常规酸高得多的粘度，并可根据需要调整粘度值。且由于其滤失速率低、酸岩反应速度低，摩阻低，残渣具有一定粘度（2~10mPa·s），因而能在返排残液时携带出地层中酸不溶微粒，降低损害。

6）降阻酸酸化工艺

该工艺扩大了酸化工艺的工作范围，提高了酸化泵注设备的效率。由于其降阻效果好（能降低50%~80%），使得某些井口设备额定压力有限的深井或老井在不动管串的条件下得以作业，大大降低了施工成本。

7）胶束酸酸化工艺

与常规酸相比，该工艺延缓了酸岩反应速度，从而增加了有效作用距离。

8）多级交替注入工艺

先利用前置液造缝，然后交替注入酸液和前置液。目的是填充并封堵前面的酸蚀孔洞，迫使后续酸在裂缝壁面上刻蚀出高导流通道，让酸在滤失之前溶蚀出裂缝沟道并进一步延伸，形成比两级注入长得多的人工裂缝。

3. 前置液压裂酸化的施工设计计算内容

(1) 计算地层破裂压力 p_F。

(2) 计算前置液、酸液在井筒中产生的液柱压力 p_{HF}、p_{HA} 及流动时的摩擦阻力 p_{fF}、p_{fA} 和最大允许摩阻 p_{fmax}，计算井口泵压 p_P，选择合理施工排量 q。

(3) 计算压裂车的机械功率 N 和需用的压裂车台数 n。

(4) 计算前置液和酸液在地层裂缝中流动时的综合滤失系数 C、C_A。

(5) 计算水力压裂产生的动态裂缝几何尺寸 L、$\overline{W}$。

以上各量的计算在水力压裂一节中均有计算式。

(6) 计算酸液平均滤失速度 $\overline{v}$、酸蚀裂缝中酸液有效作用距离 L_a。

(7) 计算酸蚀裂缝的导流能力 $W_f K_f$ 和气井增产倍数 J/J_g。

①酸液在壁面上均匀溶蚀后的缝宽 W_a：

$$W_a = \frac{Xqt}{2Lh(1-\phi)} \tag{6—64}$$

式中 X——酸液的溶蚀能力，$X = \dfrac{溶解岩石的体积}{参与反应酸液体积}$，盐酸浓度为 10%、15%、30% 时，分别为 0.053、0.082、0.175；

q——酸液排量，m^3/min；

t——泵酸时间，min；

L——有效作用距离，m；

h——缝高，m；

ϕ——孔隙度，%；

W_a——酸蚀缝宽，m。

②裂缝的理论导流能力 $W_f K_f$：

$$W_f K_f = 8.4 \times 10^{10} (W_a)^3 \quad (\mu m^2 \cdot m) \tag{6—65}$$

③裂缝在应力下的导流能力 $W_f K_f$：

此时应将闭合应力及岩石的嵌入压力计入：

$$W_f K_f = C_1 \exp(-142 C_2 \overline{\sigma}) \quad (\mu m^2 \cdot m) \tag{6—66}$$

式中 σ——闭合应力，MPa；

C_1——中间变量；

$C_1 = 0.0403 (W_f K_f)^{0.822}$；

C_2——中间变量，根据嵌入压力 p_{Re} 大小而定。

C_2 有两种算法：

a. 当 $0 < p_{Re} < 140$ MPa 时，

$$C_2 = (13.457 - 1.3 \ln p_{Re}) \times 10^{-3}$$

b. 当 $140 < p_{Re} < 3520$ MPa 时，

$$C_2 = (2.41 - 0.28 \ln p_{Re}) \times 10^{-3}$$

④计算气井增产倍数 J/J_g

当已知有效作用距离 L 与供油半径 r_e 的比及裂缝导流能力 $W_f K_f$ 与地层渗透率 K 的比后，与水力压裂的增产比求法一样，可查增产倍数曲线图 6—20。但当 L/r_e 的值小于 0.1 或查曲线不方便时，可采用下列计算式计算。

$$\frac{J}{J_g} = \frac{\ln \dfrac{r_e}{r_w}}{\left[\ln \dfrac{r_e}{r_f} + \ln \dfrac{r_f + \dfrac{1}{\pi}\left(\dfrac{W_f K_f}{K} - 1\right)}{r_w + \dfrac{1}{\pi}\left(\dfrac{W_f K_f}{K} - 1\right)} \right]} \tag{6—67}$$

当 $\dfrac{W_f K_f}{K} \gg 1$，$r_f \gg r_w$ 时，上式可简化为：

$$\frac{J}{J_g} = \frac{\ln \dfrac{r_e}{r_w}}{\left[\ln \dfrac{r_e}{r_f} + \ln \dfrac{K\pi r_f + W_f K_f}{W_f K_f}\right]} \tag{6—68}$$

式中 $W_f K_f$——裂缝导流能力，$\mu m^2 \cdot m$；

K——地层渗透率，μm^2；

r_f——裂缝长度，m；

r_e、r_w——供给半径、井半径，m。

(8) 选出合理的前置液、酸液用量 U_F、U_A，并确定酸液浓度及前置液、酸液配方。

(9) 计算商品酸及添加剂用量。

(10) 校核管柱强度。

(11) 预测施工后收回成本的天数 (d)。

4. 酸化施工程序

酸化施工与压裂施工一样，属于多工序连续作业，因此施工前必须有充分的准备。如井况调查、做施工设计、器材与物质准备、通井、洗井、井下管柱组合的调试与下入、酸液和添加剂的质量检查、换装井口、连接管线、布置井场、地面管线试压、井下循环及投球胀封隔器等。

图 6—31 为酸化时井场布置示意图。各地区可根据具体情况布置井场，试泵压力一般为工作压力的 1.5 倍。

酸化施工程序如下。

1) 酸化工作液配制

酸液和其它工作液可视配制条件、配制量及配制后允许存放的时间等在井场或配液站配制。

2) 走泵

清水走泵的目的，在于观察泵体的上水情况，若不上水或上水不正常，应立即整改，合格后方可进行下步工序。

3) 试压

关采气树总闸门，开泵用清水对管线和井口试压。试压压力应比预计最高施工压力高 10~15MPa。现场按设计要求压力试压，一般应憋压 3~5min 不刺不漏为合格。

4) 替酸或替预处理液

将油管中的液体（洗井液）替出，替酸排量不宜过大。下封隔器的井不得胀开封隔器。替酸量按油管容积计算，切忌过量。对于井筒不满的井，替酸（或预处理液）前应用清水灌满。

5) 挤酸

替完酸后，关套管闸门，在不超过地层破裂压力和油管、套管允许压力（及封隔器允许压差）限压条件下，按设计要求排量和注液顺序，将酸液和其它工作液尽快挤入地层。当施工泵压接近上述限压值时，就应降低施工排量。下封隔器的井，施工中压差接近封隔器允许压差时，应用泵车从套管打平衡液，平衡压力视施工压差大小而定。

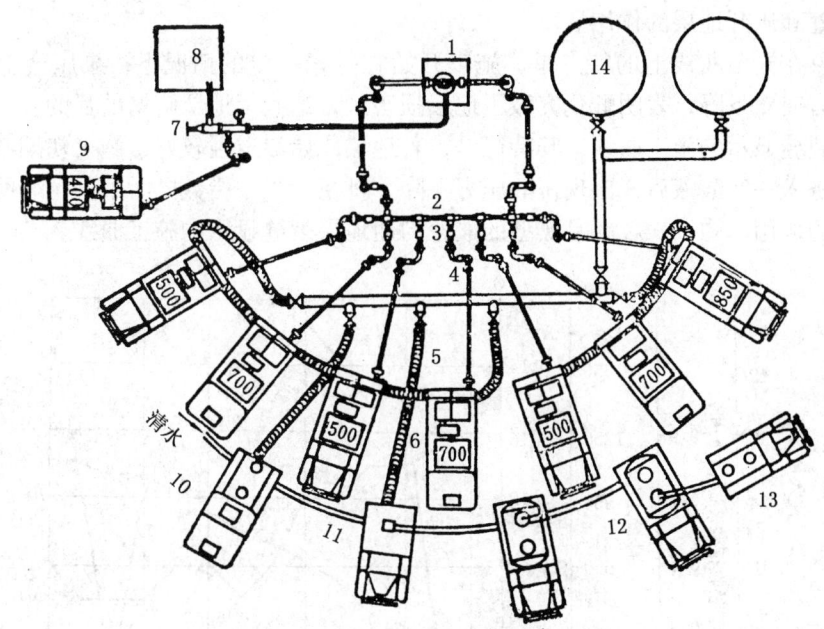

图 6—31 酸化时井场布置示意图
1—高压井口；2—高压管汇；3—高压管线；4—低压分配线；5—供配管线；
6—压裂车组；7—高压针形阀；8—计量池；9—平衡车；10—边配边注车；
11—供酸车；12—贮酸车；13—运酸车；14—水罐

6）顶替

顶替为将油管中酸液或其它工作液挤入地层，在挤完酸后，立即挤入设计数量的顶替液，中途不得停泵，施工限压和排量同挤酸。

在进行上述步骤时，如设计要求混氮、投球等，应按设计要求顺序同时进行。

7）关井反应

挤完顶替液后，按施工设计书要求关井时间关井，同时做好酸液返排的准备工作。

8）酸液返排

设计要求关井时间一到，就立即开井排液。

5. 酸化效果分析

气层经过酸化后应对增产情况进行认真分析和总结，只有通过不断地总结和实践，才能提高认识，改进工艺。目前矿场上对于酸化效果的分析方法主要有以下几点。

1）观察关井反应期间的压力变化情况

在关井反应期间，井口压力是逐渐下降的，当井口压力下降较快，直到和地层平衡并又回升，说明酸化起到解堵、沟通的作用。如果井口压力下降很慢，甚至上升，则表明酸化效果不好。也有一些井，有漏层或生产时间较长，井底附近形成低压带，酸化时井口压力降为零，酸化效果一般也不好。

2）利用施工曲线检查施工是否达到工艺要求。

施工曲线即施工过程中排量、泵压、注液量及地层吸收指数随施工时间的变化曲线（如图 6—32），基本上反映了酸化现场施工的整个过程，通过施工曲线可以检查施工是否连续、工艺参数是否达到设计要求。同时可根据施工曲线特征，分析、判断酸化是否起到了解堵、沟通裂缝和压开地层的作用。

解堵现象在施工曲线上的特点是，施工开始在排量一定的情况下，泵压会上升到一定值，然后压力突然下降，表明酸化突破了地层损害区，达到了地层解堵的目的。

有沟通裂缝显示的施工曲线，其特征是，若地层原始渗透性较好，施工初期各参数无异常变化，待挤入一定酸液后，出现挤酸压力下降、排量、吸收指数同时上升，表明酸化起到了沟通裂缝的作用。图6—32就是典型的酸化沟通地层裂缝显示的施工曲线。

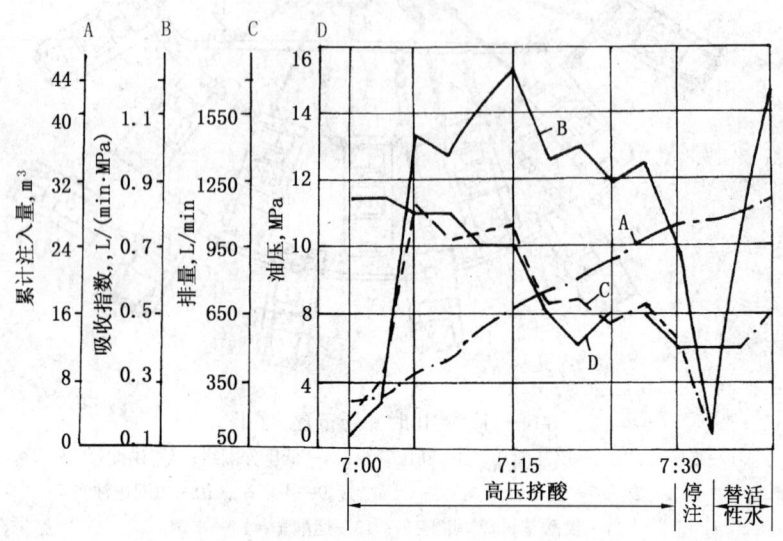

图6—32 某井酸化施工曲线

3) 分析酸化前后关开压力恢复曲线对比酸化效果

(1) 将酸化前后实测压力恢复曲线叠合起来对比，看关井初期的压力恢复情况。如果酸化后关井初始阶段压力上升的速度（单位时间压力恢复数值）比酸化上升快，说明酸化后地层渗透性变好，酸化效果一般也较好（图6—33）。

(2) 利用压力恢复曲线求得的表皮系数、流动效率、堵塞比等参数加以对比，来进行酸化效果评价。某井酸化前后测得的压力恢复曲线如图6—34所示。

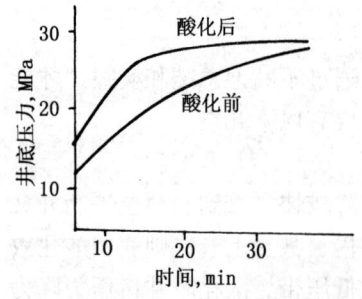

图6—33 酸化前后压力恢复曲线

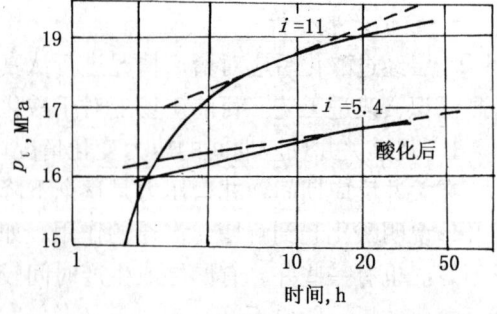

图6—34 某井酸化前后压力恢复曲线

表6—2中数据表明，该井酸化后完善指数由0.92降到0.5，压力损失降低，生产压差减小，可见其井底附近渗透率提高，增产效果显著。

表 6—2 酸化前后压力恢复曲线的计算结果

基 本 参 数	酸 化 前	酸 化 后
完善指数 $\frac{\Delta p}{i}$	9.2	0.5
井壁压力损失 Δp_s，kPa	3430	−617.4
井的生产压差 Δp，kPa	10338	2616

气井技术评价方法按表皮系数、流动效率，增产倍数（采气指数比）三项指标综合考虑，可参照表 6—3 根据实际需要制定评价参数来进行效果评价。

表 6—3 压裂酸化技术评价指标

评价等级 参 数	效果好	效果较好	有效	无效
表皮系数差	>15	5~15	5~0.5	<0.5
流动效率差	>0.8	0.5~0.8	0.5~0.1	<0.1
增产倍数	>3	>2	>1.1	<1.1

$$S = \left(\frac{K_e - K_s}{K_s}\right) \ln \left(\frac{r_s}{r_w}\right) \tag{6—69}$$

$$FE = \frac{p_r^2 - p_{wf}^2 - \Delta p^2}{p_r^2 - p_{wf}^2}$$

式中　S——表皮系数，无量纲；

K_e——地层渗透率，μm^2；

K_s——损害区渗透率，μm^2；

r_s——损害半径，m；

r_w——井半径，m；

FE——流动效率，小数或%；

p_r——地层压力，MPa；

p_{wf}——井底流动压力，MPa；

Δp——生产压差，MPa。

6．产气量对比

酸化前后气井产量对比，是分析酸化效果的直接资料。它是采用酸化前、后相同的工作制度下的稳定日产量（或采气指数）进行对比。酸化前、后的产量应选用稳定值，不能用酸化初期的产量，因酸化后初期产量的变化幅度大。对于产量递减很快的井，通常用对比酸化前、后产量随时间的变化曲线来估计措施结果。

同样，可采用酸化后有效增产期来评价酸化效果，另外还可通过酸化前后生产测井解释产气剖面对比分析酸化效果；通过酸化经济效益、利润、投资回收期等经济评价指标综合评价酸化效果。对于气井，还可通过酸化前后气井产量或采气指数，计算绝对无阻流量来评价酸化效果。

第三节 现场质量控制

压裂酸化施工（特别是大型压裂）是一项高投入、高回报的工程项目，其质量控制，是保证施工质量的重要环节。本节主要讨论施工准备、施工过程和后期管理三大步骤的质量控制，以及对施工资料的录取要求。

一、施工准备的质量控制

施工准备包括井场、井口装置、井下管柱、施工装备和施工整体的准备过程，这是压裂酸化施工基础性工序，其质量对施工质量起着重要作用。

1．井场准备

井场是施工装备的工作场所，必须根据设计要求准备出足够容纳所有施工装置和辅助装备的井场地面，以保证施工能安全顺利地进行。

（1）施工井井场应平整、坚实。特别是罐类设备摆放位置更应当平整坚实，不允许在填方部位停放施工装置。储液罐、储酸罐最好能放在较高的部位。

（2）井场入口处必须宽敞，杂物不得堆放在入口处，以保证紧急情况下施工人员和装备能迅速撤离井场。

（3）设备摆放位置应离开井口15m以上，井口装置和井场周围不允许有漏气存在。

2．井口装置

（1）压裂酸化井口选型要根据井的安全额定耐压选型，不允许超压使用。

（2）地面管线固定支撑牢固，防止振动、摆动使管线漏裂。施工前必须对井口装置实施加固措施，防止施工中因压力脉冲引起的振动而损坏。

3．井筒

（1）压裂酸化前必须清洗井筒，洗井液排量不低于8.4L/s，洗井液总量不少于循环两周，返出水质与井筒水质相同，机械杂质含量小于0.2%。

（2）对气层套管，每种钢级、壁厚、各段下入深度数据及安全耐压强度清楚。

（3）压裂酸化管柱、油管选型符合该井安全耐压要求，特别注意油管联顶节耐压强度。要丈量准确，内径畅通无异物，螺纹敷油，用液压油管钳上紧。

（4）压裂酸化井下工具、选型、抗内压、耐温符合井设计要求。送往井场前要试压合格，下井管柱联接正确，坐封负荷及深度准确，验封合格。运送过程中要保持工具干净，不要撞击及担弯。

4．施工设备

（1）压裂酸化设备出发前必须对设备十个系统进行检查（即空气系统、液压系统、吸入排出系统、散装系统、仪表及执行机构系统、混合系统、三合工柱塞泵、卡车、油料系统、设备故障），对仪表进行校对。

（2）所有设备在井场上连接完成后必须试压，其中高压管线管汇按设计最高工作压力的1.2倍、平衡管线按平衡压力的1.2～1.5倍、低压管线管汇按400～500kPa试压，不刺不漏方为合格。

5．容器

（1）酸液必须用玻璃钢灌、池配制和贮放，用酸灌车运送。

（2）罐、池、罐车不得出现渗漏现象，出口闸门应开关自如，并事先清除掉铁锈及残留的泥浆、污水等。

(3) 罐、池、罐车较多时，应逐一编号，并注名所盛液体的名称。

6．工作液准备

(1) 配液用水必须清洁，机械杂质含量小于0.1％，矿化度pH值符合配液要求。

(2) 按设计逐样检查运到井场的各种化学品种、数量，做到不缺不错。

(3) 用现场储备水和随机取样的化学剂配制小样、实测性能参数，并与实验室参数对比，确认性能合格后方可进行大罐配制。

(4) 严格按设计规定的配液程序配制工作液，并逐罐检查所配制液体质量指标。

对压裂液（前置液）：必须现场测定pH值、密度值、溶胶液粘度、交联时间和交联后的粘度数据。

对酸液：必须测定酸液浓度和密度值；降阻酸、胶凝酸等须测定视粘度。

(5) 从所有储液罐中取样组成混合样（搅拌均匀），测定混合液体的质量指标。

(6) 逐罐检查各种液体的配制量。

(7) 现场填写配液质量报告单，经现场施工责任工程师或甲乙双方监督认可签字后，方能正式开始施工。

二、施工过程质量控制

1．低压替液

低替过程是指用设计工作液（前冲洗液、前置液或酸液）充满油管的过程。在此过程中原井内油管中的液体应通过环形空间排出地面。因此，如果井下有封隔器，在整个低替中不允许井内封隔器启动，当使用水力扩张或水力压缩式封隔器时，应严格控制替液排量，一般以井口不起压为准。

2．坐封封隔器

低替完毕后，应及时使封隔器启动，密封环形空间。四川气田大量使用的水力压缩式封隔器，只需提高泵注排量即可利用井下的节流压差使封隔器启动，在启动过程中，监视套管出水口，当井内出水断流后，表明封隔器已正常工作，迅速关闭套管闸门并根据油管压力上升情况合理地建立平衡压力，特殊情况除外，一般使整个施工过程中油管压力和环形空间压力之差不大于50MPa，不低于15MPa。

3．高压泵注

封隔器正常工作后应迅速将泵注排量提高到设计水平，并快速调整交联液、氮气、降滤剂及支撑剂等添加剂的加入速度，并尽快达到设计水平，在设计排量下稳定泵注。

高压泵注阶段是整个压裂酸化施工的主体阶段，也因此成为施工质量控制的关键阶段，应注意控制好以下几个环节：

(1) 泵注排量一定要达到并尽可能稳定在设计规定的水平上，这是达到施工工艺目的的手段。

(2) 尽可能地使交联比稳定在设计水平上，这是保证井下工作液性能的关键。

(3) 水力加砂压裂施工时，按设计要求注完前置液后，应严格按施工设计规定的速度加入支撑剂，支撑剂加入一定要平稳均匀，以便井筒和裂缝中支撑剂的顺利携带。

(4) 泡沫酸化施工时，应专人进行井底泡沫质量的核算，并及时调整氮气注入量，以便井底泡沫质量达到施工设计的要求。

(5) 当酸液或携砂液泵注完毕后，以稳定的排量严格按设计注入顶替液，将井筒内的工作液顶入地层。

三、后期管理的质量要求

1．放喷排液期间的质量要求

施工结束后应尽快采取排液措施，使施工液体能尽快彻底地排出地面。

对各种以酸为工作液体的施工，无论是基质酸化还是各种酸液体系的酸压裂，都要求施工结束后，尽快拆装井口，连接好放喷排液管线，在两小时之内开井排液，只要地层不出砂，开井速度可稍快。

酸化排液还需做好计量和残液分析记录。

2．测试过程的质量要求

（1）为便于施工效果对比，施工前后的测试生产制度尽可能相同。

（2）严格地讲，应到残液排尽后测试数据才具有代表性，但实践中往往很多井的注入液体在短期内不能排完，这时，测试结果中就应注明测试时的排出程度和残留体积，以便分析对比。

（3）产量测试稳定后，最好是用井下压力计测取一条合格的压力恢复曲线。

3．试生产期间的质量要求

施工完成测试结束后，只要有投产条件就应立即安排试生产，对气井试生产期不应少于3~6个月，试生产期间，一定要稳定生产制度，做好生产期的产量、压力、出水量的记录，并绘制成标准的采气曲线。

试生产结束后，还要创造条件再次进行一次不稳定试井，此时生产时间已足够长，残液已大都排尽，所测得的压力恢复曲线更具有代表性。

四、施工资料的录取要求

气井增产措施全过程的资料录取是施工质量的检验指标之一。从气井生产特征的角度出发，施工前后的资料应包括下述内容：

（1）施工前后的测试和生产资料、压力恢复及其解释结果，对有试生产条件的气井，施工后的生产资料和压力恢复曲线以试生产结束后所测为准。

（2）与施工层位有关的所有岩心试验资料，包括岩心渗透率、孔隙度和饱和度、岩石弹性资料、测井曲线及解释数据。

（3）施工设计及其与设计有关的所有试验资料，包括工作液性能评定资料、支撑剂评定结果、各施工方案的计算结果等。

（4）现场配液资料，包括所配各种工作液的总量、使用的各种化学添加剂的数量、所配液体的质量检测报告单和现场试验记录等。

（5）施工资料，包括施工曲线和综合分析数据等，按设计测取的瞬时停泵压力值和停泵后的压力降落曲线。只要有条件，压力降落曲线的连续测量时间不应少于4h，其中前30min，必须连续测记，30min后，可视情况定时测取。

（6）排液资料，包括排液时间及与此相关的排液量，排出液的分析资料，如残酸浓度、粘度、携砂量、含盐量等。

（7）测试和试生产资料。

（8）按设计要求安排的施工前后的生产测井资料。

（9）施工前后的采气曲线。

思考题

1. 试述压裂工艺的增产机理?
2. 何谓酸化压裂、破裂压力梯度,降低地层破裂压力的常用方法有哪两种?
3. 施工中压裂液的作用和性能要求主要有哪些?
4. 评定支撑剂有几项质量标准,内容是什么?
5. 碳酸盐岩地层酸化原理是什么?可分几种基本类型?提高酸液有效作用距离的途径有哪些?
6. 气田常用的酸液及添加剂有哪些?
7. 何谓采气指数?
8. 一般现场酸化施工步骤有哪些,用哪几种方法判断酸化效果?
9. 现场质量控制主要包括哪几个方面?
10. 已知某石灰岩气层的有效厚度 $h=20$m,气层温度 $T_r=353$K;盐酸溶液浓度 $C=15\%$(酸在15%的浓度下的溶蚀能力为0.082),排量 $q=2.4$m³/min,地层条件下酸液粘度 $\nu=0.6157\times10^{-2}$cm²/s,前置液造缝的平均宽度 $\overline{W}=0.5$cm,酸液的平均滤失速度 $v=6\times10^{-4}$m/min,孔隙度 $\phi=0.1$,渗透率 $K=0.001\mu$m²,供给半径 $r_e=200$m,井半径 $r_w=0.15$m。请对此气层进行前置液酸压设计计算。
11. 已知某石灰岩气层有效厚度 $h=20$m,气层温度 $t_r=80$℃,盐酸浓度 $C=15\%$,排量 $q=2.4$m³/min,地层条件下酸液粘度 $\nu=0.6157\times10^{-2}$cm²/s,$K=0.5\times10^{-3}\mu$m²。假设压成一条单翼垂直裂缝,经计算压裂 $t=25$min,动态裂缝平均宽度 $\overline{W}=0.11$cm,裂缝壁面平均滤失速度 $v=0.002$m/min,取 $\overline{C}/C_0=0.1$ 作为有效作用经验值,试计算酸液的有效作用距离。

参 考 文 献

王鸿勋,张琪等编. 采油工艺原理(修订本). 北京:石油工业出版社,1989
高荫桐主编. 采油工程. 北京:石油工业出版社,1989
中国石油天然气总公司人事教育局组织编写. 修井工程. 北京:石油工业出版社,1992
杨川东主编. 采气工程. 北京:石油工业出版社,1997
[美] J. L. 吉德利等著. 水力压裂技术新发展. 北京:石油工业出版社,1995
王鸿勋编著. 水力压裂原理. 北京:石油工业出版社,1987

第七章 气井修井

第一节 气井修井应遵循的基本原则

一、概述

随着石油、天然气开采工艺技术的发展，修井的概念和内容在不断更新。目前，国内外有关著作认为，一切为使油气井处于良好状态和保持正常工作的维护、修理作业和一系列增产、增注技术改造措施，以及为了达到某种特殊工程技术目的所采取的特殊工艺手段等，均可称为修井。

现场施工中，根据井的性质和技术难度，经常把修井分为常规修井（又称小修）和大修。人们将使油气井处于良好生产状态所进行的维护性作业和简单故障处理，统称为常规修井。而将处理套管、超越套管（侧钻、管外封窜等）的修理、复杂井下事故（卡钻、复杂打捞等）处理，以及为达到某种特殊目的所进行的特殊作业称为大修。

气井在生产过程中，因地层出砂、脏物沉淀、生产管柱窜漏、油管、抽油杆断落，气井暂时水淹不能正常生产，或因严重井下事故，套管变形、腐蚀、破裂，油管腐蚀穿孔、断落，油管堵塞等原因使气井停产，甚至报废。为了使气井处于良好生产状态，需要对气井进行修井。因此，气井修井是改善气井生产条件、排除井下故障、保证井下设备正常运转、恢复或增加气井产气量所必须进行的作业。

二、应遵循的基本原则

为了确保优质、安全、快速、高效修井，以提高气井的利用率，根据天然气密度小，压缩性、膨胀性很大，易燃、易爆等特点，修井必须遵循以下基本原则。

（1）修井是一项复杂细致的重要工作，必须坚持"预防为主、安全第一"的指导思想，充分作好优质、安全修井准备，仔细检查修井设备、防喷器、放喷设备及管线、工具、仪表等，该试压的设备要严格按照设计试压合格方可使用。

（2）修井前，对所修井的剩余储量进行核算。要进行经济效果预测，是否能获得较大的经济收益，然后确定经济、合理的修井措施和工艺。

（3）油（气）井修井前，必须作好修井设计方案，设计时必须了解与修井有关的数据及修井依据，查清井下故障发生的原因、现状，明确修井目的，严格按设计要求进行修井工作。

（4）重视保护气层，减少对气层的损害。

国内外关于修井（完井）液对储层损害的研究表明，储层损害的发生与储层本身的性质和外来流体的性质有密切的关系。这些损害可以归纳为颗粒堵塞、地层粘土的水化膨胀、水锁等七个方面。修井（完井）液对储层的损害可以使储层产能大幅度降低。四川气田C30井，完井阶段检测完井液对产层的损害，检测报告证实，泥浆压井对气层产能损害高达94.63%。因此，修井作业中，保护气层极为重要。

为了减少修井液对气层的损害，应选择密度适当且与气层流体性质相配伍的无固相优质修井液，并尽可能采用不压井起下钻装备和工艺。

(5) 要特别重视防喷、防火、防爆，在起下管柱时，要及时向井内灌注压井液以平衡气层压力。

(6) 对于含硫气井应制定防硫化氢的具体技术措施，并作好人员中毒后急救的充分准备，这类井修井时的入井管柱、工具、缆绳及井口装置必须使用抗硫材质。

(7) 有故障要修的井应早修，不要等"小病"发展成"大病"，而造成修井由"简单处理"变成"复杂处理"。

(8) 精心施工、精心操作，杜绝操作失误。

修井时，常由于人为过失，使原本简单的修井变得复杂。因此，要提高气井的故障诊断技术水平，确保作出的修井设计方案符合实际。在修井作业过程中，要精心施工、精心操作，才能杜绝各种失误。

第二节 工艺井常规修井作业

各种工艺井井下管柱、工具、装备不一样，修井作业的内容和要求也不一样。工艺井常规起下作业除了遵循 SY/T 5587《油水井常规修井作业起下油管作业规程》操作要求外，还须遵循该工艺修井施工作业的特殊要求。

一、气举管柱起下作业

气举的分类繁多，本文以最具代表性的半闭式气举为例，介绍其起下作业程序。

(1) 压井应符合 SY/T 5587.3 的规定：按要求准备数量、性能符合要求的压井液，压井前用井口节流调压阀控制放套管气，隔离液不少于 $1m^3$，泵注压井液过程中不得停泵，排量不小于 $0.5m^3/min$，泵压控制在井口装置或套管允许抗内压强度范围内施工。压井液返出后，控制进出口排量平衡，至进出口速度差小于 $0.02kg/m^3$ 可停泵，停泵后 5~15min 观察出口应无溢流。

对地层压力已显著低于气井的静水柱压力的井，可通过油套压放空后，直接用修井液压井。

(2) 卸井口装置，试提管柱。

(3) 安装封井器。

(4) 起油管作业按本章第四节气井小修起下油管的规定进行，起油管时指定专人负责吊灌压井液，防止起油管过程中发生井喷。

(5) 按施工设计书要求调配管柱。

(6) 对调配好的井下管柱（包括工作筒、封隔器和其它井下工具）用测长仪或钢卷尺测量，进行三次丈量，一次复核，每 1000m 实际累计长度与丈量误差不应超过 ±0.2m。

(7) 封隔器和其它井下工具的规格、型号应符合施工设计书的要求。

(8) 将气举阀按下井顺序安装在工作筒上，螺纹连接处应使用密封带。

(9) 下井前应检查油管、气举阀、工作筒、封隔器和其它井下工具，各部分无机械损伤，变形，连接螺纹应完好。

(10) 将丈量并编写的油管按顺序下井，使气举阀、注气孔、封隔器等井下装置的实际深度与设计深度之差低于 ±5m。

(11) 下油管作业应按本章第四节气井小修起下油管的规定进行。

(12) 管柱螺纹应清洁，连接时应缠密封带；若采用密封脂，应均匀涂在外螺纹上，以防止流入油管内堵塞气举或工作筒进气通道。

(13) 对于有定位螺钉的井下工具，在上、卸螺纹时，应注意搭放管钳位置，防止扭断定位螺钉。

(14) 下管柱时应操作平稳，不顿不碰，以保护气举阀。

(15) 下封隔器时速度应低于 1.0~1.2m/s，且操作平稳。

(16) 当封隔器下到设计位置时，进行坐封。坐封方式、坐封载荷应按所使用封隔器的技术要求进行。

(17) 坐封应避开套管接箍位置。

(18) 验封封隔器。

(19) 按施工设计要求安装井口装置。

(20) 使用天然气作介质气举，井口无冒漏，气举阀按设计要求工作正常为合格。

二、机抽井的修井与检泵作业

对于产水量 q_w 低于 100m^3/d 的中深气井，当水淹后，最经济、最有效的措施之一就是采用游梁式机抽对井实施二次开采，探砂面、洗井、捞砂、起下管柱、检泵就成了现场最为频繁实施的修井作业内容。

1. 探砂面、洗井、捞砂

产水气井由于硫化氢和盐水的腐蚀产生氧化物，一旦停产，氧化物沉积到井底，加之地层水侵入井筒的同时将泥砂带入井中，并沉积到井底。抽油机井井底出砂和氧化物沉积后会磨损泵筒、柱塞、阀球与阀座。因此在检泵作业前必须探砂面、洗井、捞砂。

1) 探砂面

(1) 下管柱至预计砂面以上 30m 时，下放速度应小于 0.2m/s，管柱接触砂面时，悬重下降 10~20kN，连探 2 次。

(2) 井深小于 2000m 的井，砂面深度相差小于 0.3m，井深大于 2000m 的井，砂面深度小于 0.5m 为合格。

作业前，加深油管探砂面，将探得的砂面深度尺寸和井底深度尺寸对比，确定出砂面高度，根据其高度确定是否捞砂。

2) 洗井

将洗井所需用的封隔器下入产层之上坐封，将清水打入井中，进行循环洗井。把油管和油套管环形空间的脏物通过洗井返出液带至地面，达到洗井液进、出口一致，机械杂质应低于 0.2%。

3) 捞砂

井底的泥砂用捞砂工具（吸入式捞砂筒）进行捞砂。

安装有井下工具的采气工艺井，在日常生产中，井底沉砂随水进入井下装置中磨损内部零件，造成检泵频繁。捞砂后减少了砂粒对井下装置的磨损，延长使用寿命，同时减少了深井泵的漏失量，提高了泵效。另外还能避免井底沉砂及杂物对产层流道的堵塞，减少了气水在井底的流动阻力，从而增加天然气的产量。

有关捞砂的具体工艺技术要求与程序，可详见第四节气井小修有关内容。

2. 机抽井起下管柱作业

采用机抽工艺复产的水淹井，在按有关规定安装好游梁式抽油机后，必须按设计要求进行起下管柱修井作业，其程序为：

（1）采气井口油套压降为零以后拆开井口装置；

（2）将检查、准备好的沉砂管、砂锚或井下分离器、深井泵、油管串顺序依次下井后再将柱塞、抽油杆下入井内；

（3）连接油管及抽油杆时，螺纹脂抹在外螺纹上，且不应过多；

（4）下油管串时，操作平稳，防止碰挂，打好背钳，扭紧螺纹，余扣不超过2扣；

（5）下抽油杆时，打好背钳，用450mm长的扳手一人用力扭紧螺纹，扭紧程度应符合抽油杆使用与维护的规定，用作业车吊起杆串，然后慢碰泵，并在防喷盒上端光杆上打注标志；

（6）上提防冲距，在防喷盒上端光杆上装好方卡，上紧螺栓；

（7）调好驴头位置，放到下死点，将光杆装入悬绳器内，在悬绳器上方光杆处装好方卡及专用卡，用专用固定扳手扭紧螺栓，卸掉悬绳器下部方卡；

（8）光杆上端装好接箍；

（9）下泵中途需停顿作业时，必须盖好井口，以防落物入井；

（10）开机试抽，出水正常为合格。

3．检泵作业

检泵有两种情况：一种是计划内检泵，另一种是计划外检泵。

计划内检泵是根据该井的地质情况和生产需要进行定期检泵。计划外检泵是由于抽油杆断脱；深井泵的柱塞、阀、阀座腐蚀磨损，漏失严重或砂卡和其它原因引起产气量、产水量下降，甚至不出水时的检泵。

检泵前必须把需要更换的井下工具和检泵用的工具运到井场，然后由作业队检泵。

1）施工步骤

（1）井口若有压力，将油压、套压都放到零。用回声仪测静液面。

（2）倒抽油机驴头，拆井口。

（3）起抽油杆。抽油杆起单根，并摆放整齐，每10根一组作好记号，全部抽油杆进行编号，每根抽油杆用4个支点，支点离地面30cm。

（4）起油管。边起边检查油管，检查出有腐蚀严重、有砂眼的油管时，须更换新油管，每根油管必须用油管规通过，通不过的油管换新油管。起出的油管摆放整齐，对全部油管进行编号，每根油管用3个支点，支点离地面30cm。

（5）清洗、丈量油管。必须重复丈量两次，作好记录，校对两次确保准确无误。

（6）检查、清洗、丈量抽油杆。必须重复丈量两次，作好记录，对两次记录确保准确无误。按设计要求排列组合抽油杆柱，使其与泵筒的配合差为4~6m。

（7）准备好全部下井用工具和井口装置。

（8）分别按设计的管柱和杆柱下井。

（9）杆柱下完后用指重表检查是否坐泵。

（10）提防冲距、装井口，挂驴头试抽。

2）施工要求和注意事项

（1）气井放喷降压后，要稳定48h方能施工。

（2）根据气井放压情况，准备适量的清水压井。

（3）若需探砂面、捞砂，在整个施工过程中，指重表都应接好和核准。司钻操作必须注意指重表的变化。

(4) 必须仔细检查油管、抽油杆，清洗必须干净，不合格者不得下井。

(5) 严防棉纱手套、螺栓、泥砂等污物掉入井中。

(6) 作业中防冲距不能过大，大了柱塞易掉出泵筒，小了又要碰泵。一般泵挂1000～1500m，防冲距提0.2～0.3m。

(7) 起下钻时操作要平稳，不能猛刹猛放。

(8) 作业期间，井口周围50m以内不准吸烟和有明火。

(9) 泡沫灭火车要完全能用，并放在合适位置。

(10) 注意人身安全，严防事故发生。

三、电动潜油泵管柱及设备起下作业

电动潜油泵是采气工艺中技术含量最高的装备之一，这里将较详细地介绍该工艺的起下作业程序。

1．井下设备的准备

1) 设备检查

在作业之前，应对所有送到井场的设备仔细检查，保证设备的类型、尺寸符合设计要求，并逐件排列、登记。

2) 套管检查

用外径略大于机组投影尺寸"通径规"通井至电机安装深度以下20m，若发现套管存在任何紧张点，则必须在设备下井前采取（套管刮削器等）适当措施予以消除。

3) 井口检查

在井下作业前，应检查套管法兰与井口装置通径内是否有毛刺，若有必须予以消除，以免损伤下井设备或挂住电缆卡子。

4) 井下设备检测

设备下井前，应按厂家或有关规程进行检测并作好记录；泵、电机、保护器和分离器盘轴应均匀轻快，无阻卡现象；进行电机、电缆的电气测试（包括相间直流电阻、相对地绝缘电阻）；进行电缆头气密性检查和电机转向检查，并作好相序标记；进行电机、保护器注油、排气情况检查和注油阀、排气孔丝堵扭紧度检查；在设备下井装配过程中，对"O"形密封圈、铅垫进行检查。

2．下井作业

1) 设备下井顺序

按PSI（或PHD）、电机、保护器、气体分离器、泵的顺序下井；单流阀应装在泵以上第2根油管接头处，泄油阀装在单流阀上面1根油管接头处。

2) 下井作业要求

(1) 在起吊设备前，应对起重单元（专用吊卡、吊链、吊钩等）进行仔细检查，确保操作安全。

(2) 吊起下井设备时，应用绳索拉住尾部，慢慢提起；操作要平稳，严防突然掀起造成单机变形或损伤。

(3) 直到下井设备已吊到井口上方处于垂直位置，并准备与设备总成中其它部件连接时，才能卸去装运保护帽，以保证清洁。

(4) 取下的保护帽和螺钉应放在金属包装箱内，妥善保管，以备后用。

(5) 在连接下井设备的操作过程中，不允许将已连接好的或部分连接好的设备立在井架

中，以免损坏设备的对中性。连接中应将井口用布物盖住，严防电缆卡子、手工具、螺钉等物落井，造成事故。

（6）在取"O"形卷时，严禁用带刃的工具，以防损伤"O"形槽。

（7）在装"O"形圈、花键套和连接法兰时，必须用油清洗，消除尘土、水及其它杂质，并仔细检查，如有损伤应及时更换。

（8）设备下井时，要求始终使管串与井眼的中心线对中，慢起，慢放，操作平稳；严禁下井猛放和停止太急，以免损坏设备、碰伤电缆。

（9）电缆下井时，必须在油管一侧成直线状，防止电缆打扭、缠绕油管，并注意防止油管吊卡碰伤电缆。设备总成部分的小扁电缆应加上护罩。操作时应注意与电缆滚筒、导向滑轮、井口支座相配合，使电缆滚筒与导向轮之间的电缆始终保持松弛状态，拉力最小，以保护电缆。操作时以从电缆滚筒放出的电缆刚碰到地面为宜。

（10）起下油管时，必须打好背钳，防止油管转动损伤电缆，起下油管速度应控制在20～25根/h范围内。

（11）绑扎电缆卡时，应牢固结实，松紧度以刚使电缆铠皮微微变形为宜。应在每根油管的中部和接箍之上0.5～0.6m处各打一个电缆卡子固定动力电缆。

（12）在电缆接头处不应绑扎电缆卡子。可在接近接头的上下方绑扎一对电缆卡子，保证不使电缆负荷传给电缆接头。

（13）设备下井过程中，应定期检查电缆与电机的相间直流电阻值和对地绝缘电阻值（带PHD装置时，不允许用兆欧表测绝缘电阻值）。一般每下200m油管测量一次，作好原始记录，以保证下井质量。

3）井口装置的安装

（1）电动潜油泵井下设备下到设计深度后，应按照专用的"电潜泵采气井口装置"的安装程序完成井口装置的安装。安装时应细心处理井下引出电缆的密封和保护绝缘。

（2）完成与采气井口相连接的地面输气与排水管线、闸门及地面气水分离器的安装。

4）动力电缆的连接

（1）按相序标记完成从井口装置引出的动力电缆到接线盒的电路连接。

（2）保证所有电缆导线的连接在机械上、电路上和相序上均正确无误。

四、射流泵管柱起下作业

（1）按SY/T 5587—93《油水井常规修井作业通井、刮削套管作业规程》进行通井：通井规的长度1m，半径一般应小于套管内径6～8mm，通至人工井或射孔底界以下10～15m，通井时操作要平稳，中途遇阻卡时严禁顿、硬压，防止造成卡钻，并录取时间、通井规尺寸、通井深度、阻卡深度、井内液体性质等资料。

（2）将选择的封隔器和水力射流泵壳体按工艺设计要求，连接在入井油管的适当位置，随油管一并入井。

（3）当需用安全接头时，可紧连接在封隔器之上随油管入井。

（4）对油管试压：用钢丝投捞工具将哑体坐在射流泵壳体内，用压裂车（或其它液压设备）向油管内注入清水并加压到30MPa（或按设计要求），稳压15min，压降不超过0.5MPa为合格。

（5）封隔器验封：向油套管环形空间加液压至10～15MPa（或按设计要求），稳压15min，压降不超过0.5MPa为验封合格。验封合格后捞出哑体。

(6) 连接井下工具：自下而上由水力射流泵、井下压力计装置（需测井底压力时接入）、反向皮碗、抽汲头组成。

(7) 拆下井口控制阀的捕捉器，抽汲头接在捕捉器的打捞头上，并向下拧紧捕捉器的卡瓦释放螺母，再整体放入井口控制阀内，拧紧捕捉器的连接螺母，把捕捉器固定在井口控制阀上。

五、压裂酸化措施井起下管柱、装井口作业

本部分只涉及压裂酸化增产有关修井的起下管柱、装井口作业，其程序如下：

(1) 在起下油管前，应对井架、天车、游车、地滑车、动力设备进行全面保养。

(2) 严守岗位，分工合作。上钻台必须戴安全帽，上二层台必须系好保险带操作。

(3) 若有井喷预兆，应装好全闭式封井器和与油管外径相符的半闭式封井器，并作好油管堵塞锚、锥管挂、防顶卡瓦（或吊卡）、配合接头等准备工作，以备急用。作到内外有控制地安全起下管串和坐装井口。

(4) 入井油管应保持干净，按油管组合依顺序下入。入井配合接头，井下工具严格按要求检查内外径及螺纹连接，并绘制草图，工具入井位置必须避开套管接箍和水泥环位置。射孔底界的封隔器离射孔底界位置不得超过5m。

(5) 起下复合油管时要注意检查，更换吊卡，以防错用吊卡造成油管落井。

(6) 起下管柱、管串要求操作平稳，不得猛刹、猛放，密切注意指重表的变化，油管下至套管尾管头时，速度要慢，以防阻卡、顿弯油管或顿坏井下工具。

(7) 吊装井口时，必须有专人负责指挥，零部件必须齐全、完整，开关灵活。钢圈、钢圈槽必须清洗干净、涂上黄油，井口螺丝必须专用，不得更换，同时紧平、上紧，密封可靠。使用锥管挂时必须上好护丝。

(8) 高压管汇按施工压力进行选择，单流阀密封可靠。管汇上不得任意连接其它短节或配件。

(9) 压裂车高压管线不得交叉连接，固定、固牢，密封可靠。平衡管线要求安装自动平衡阀，若采用井口角式节流阀，必须开关灵活，由专人操作。

(10) 加砂压裂的低压管线要短、直，压裂液在低压管汇交联时，管汇必须装压力表和取样阀。加砂压裂的高压管汇必须装放空阀。

(11) 超压酸化时，总阀门使用次数不得超过五次，否则应另行调换。

(12) 高压管线，井口按设计的最高压力试泵，平衡管线试泵压力30MPa。试泵时必须由专业熟练的柴油司机操作，非试泵压裂车一律停止运转，保证试泵安全。

(13) 施工时，井口及管汇在短时间（连续工作一小时）内最高压力可达其强度试验压力，平衡压力不得超过套管抗内压强度。

(14) 施工结束后，有条件的井要连续记录关井反应压力，尽快装好井口，开井放喷排液。

(15) 放喷排液时，井口角式节流阀开度应由大到小进行控制，管口派专人观察残酸水及乳化液喷出情况，以便及时倒换适当的油嘴测试。

第三节　气井不压井起下油管作业

不压井起下油管工艺技术，是在气井带压下起下油管柱的特殊作业工艺技术，研究、发展这一技术主要是为了避免作业压井对产层造成的严重损害，并使工艺井在措施后容易恢复产能而采用的强化修井技术措施。目前，国内外在压力下从气井中起下油管柱作业有钻井装置辅助法、连续油管修井技术和液压修井技术三种基本方法、本节将着重介绍前两种方法。

一、钻井装置辅助法的主要装备类型、结构及作用

1958年由美国布朗（Brown）工具公司设计和制造了世界第一台液压起下钻装置，随着钻井技术的不断发展，平衡钻井工艺技术和节流压井管汇及控制系统的推广，要求不压井起下钻设备与之匹配，并适应其要求，美国奥蒂斯（Otis）公司、贝克（Baker）公司、布朗公司都相继推出了品格、规格多样化的产品，这些产品具有将不压井钻井、修井溶为一体的功能。

1. 主机类型

主机主要为车装式和撬装式不压井起下钻装置两种。

1）车装式不压井起下钻装置

车装式不压井起下钻装置又分车载式和拖挂开式。如美国奥蒂斯公司的74K01—250和贝克HPL—142液压井机属此类（图7—1）。车装式由于汽车底盘长而宽，装上不压井设备，一般离地高度有4~5m，甚至更高。因此，对运输途中道路要求严格，适合于平坦地区及大井场。

车装式对准井口较难，须熟练工人操作。对井口高度有严格要求，若井口安装的防喷器系统超过修井机要求的井口安装高度则无法施工。

2）撬装式不压井起下钻装置

撬装式一般比车装式体积小，在运达目的地后，不压井装置由吊车吊装在井口上，因而能保证对中井口，对井口防喷器组高度无严格要求，灵活性较大（图7—2）。但井口装置下面必须有未用的套管头以承受施工时所有装置质量。美国贝克公司的HRS系列和奥蒂斯公司的BRT型K系列的修井机构均属此系列。

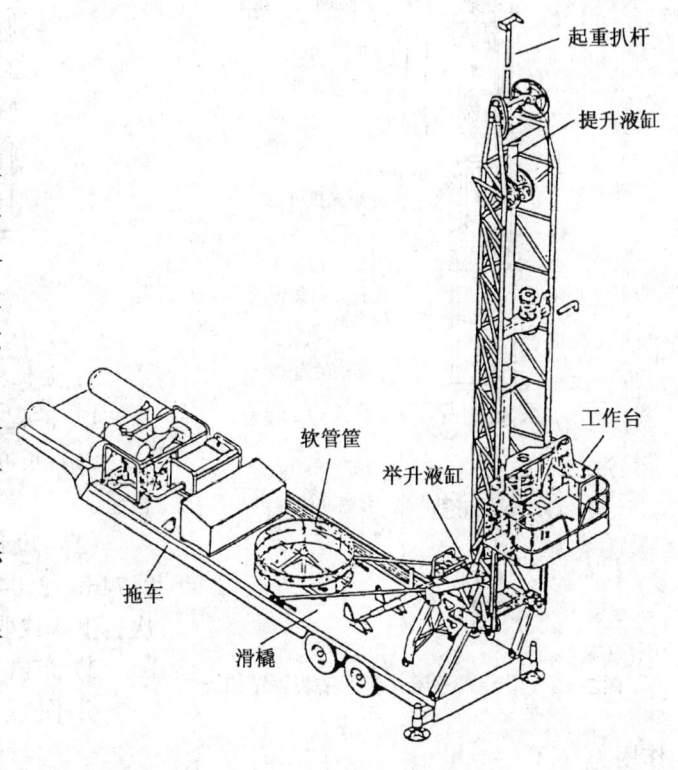

图7—1 车装式不压井起下钻装置结构图

2. 主机功能

不压井起下钻现已发展成为将修井，钻井功能溶为一体的多功能设备。

（1）钻井方面：无论撬装式或车装式均配有动力旋转头，可进行边喷边钻及不压井起下钻作业。

（2）修井方面：可进行不压井起下油管柱、冲砂、酸化、打捞落井仪表、铣磨零星落物或砂桥等作业，并可针对气层存在的问题实施修理，注水泥或加深井眼作业。

— 201 —

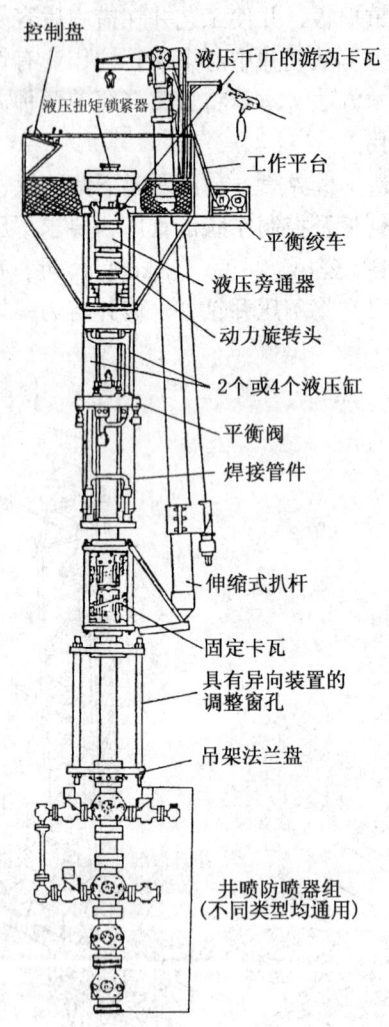

图 7—2 撬装式不压井起下钻装置结构图

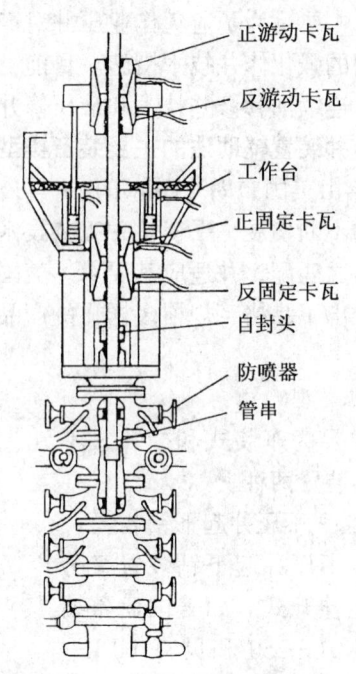

图 7—3 卡瓦结构及作用示意图

3．主机技术指标

1) 冲程

(1) 长冲程：11.0m，一次下入或取出一根管子。

(2) 短冲程：有 1.21m、1.82m、2.44m、2.74m、3.04m、3.76m，游动卡瓦需反复 3～4 次，下入或取出一根管子。

2) 液缸

分平缸、双缸和四缸三种，起加压、防顶等作用。

3) 卡瓦

卡瓦共 4 个，其中一正一反的固定卡瓦 2 个，一正一反的游动卡瓦 2 个（图 7—3）。

4) 操作

对液缸和卡瓦操作而言，既有主机顶部工作栏上的操作台，又有远离井口的远程安全控制台以备发生事故时急用。

井口防喷器部分同样备有远、近程控制操作台。

4．管串内密封装置

油管内堵塞器大致有如下几种类别：

(1) 泵入式堵塞器。用循环系统将堵塞器泵入气井管串内，并坐封在预先安装在油管预定深度位置的工作筒底座上。如美国海德利（Hydril）公司生产的投入式止回阀即属此类。该阀不但能密封管串内通径，而且能进行正循环。

(2) 投捞式堵塞器。用钢丝下入工具将堵塞器下入到井下油管内预定深度，利用堵塞器上的剪刀叉或卡瓦,将其固定在油管下面的工作筒或坐卡在管壁上,堵塞器下部的密封圈封堵油管。须取出时,可下入打捞工具将其捞获。如贝克公司的"FSG"、"FWG"、"RZG"系列油管内堵塞器则属此类(图7—4)。

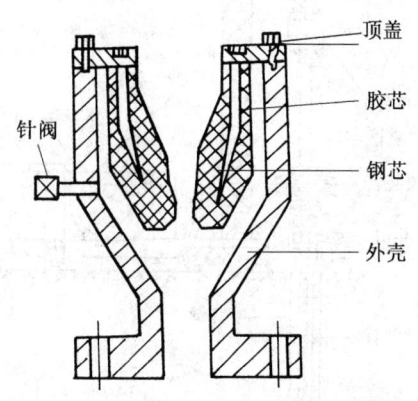

图7—5 油管封井器

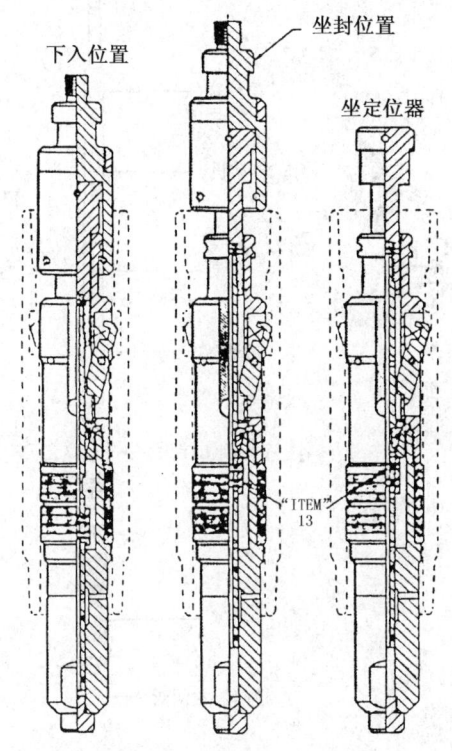

图7—4 可投捞式堵塞器作用原理示意图

5. 油套环空密封装置

油套环空的密封一般是根据井口压力而定其使用的相应设备。井口压力低于21MPa,常使用自封封井器,如海德利RS型油管封井器(图7—5)。

液压修井装置发展到今天,其达到的技术水平为:最大功率高于470.72kW,液缸冲程范围为1.22~10.97m,提升负荷最高可达272t,起下管柱最大尺寸达219mm,可克服的井眼力达136t。

二、连续油管修井技术

本项技术是1960年晚期出现的,它是下入井中一种小循环通道管子的最快和最经济的方法,因而发展迅速。使用连续管柱尺寸为ϕ19.05mm、ϕ25.4mm和ϕ38.1mm,其安全工作压力为35MPa,下井深度达4724.4m。目前正在试验更高强度的材料,最大入井深度可大于5486.4m或更深。

1. 连续油管修井作业机及辅助设备

连续油管进行的压井、修井作业使用的主机为连续油管修井机。连续油管修井机和过油管桥塞等各种工具形成了不压井过油管修井工艺技术(图7—6、图7—7)。

美国布朗石油工具公司生产的连续油管修井机,使用壁厚2mm、ϕ25.4mm连续油管,工作深度可达5000m,起下速度一般为50m/min,最高可达67m/min。

图7—6和图7—7分别是美国贝克工具公司最近研制出的新一代过油管液力膨胀式封隔器和桥塞。图7—6也是用连续油管修井机和过油管封隔器进行不压井过油管修井的示意图。这两种工具可作为永久性封隔器和桥塞用,也可以回收。在修井时,可用连续油管或钢丝绳将它们从生产油管中下入坐封在油管以下套管内的任何位置,然后进行所需的作业。当使用过油管封隔器时,还可以在它的安放位置上下进行修井作业。这两种工具都可根据需要膨胀为原直径的三倍而坐封较大内径的套管,并能承受高压。

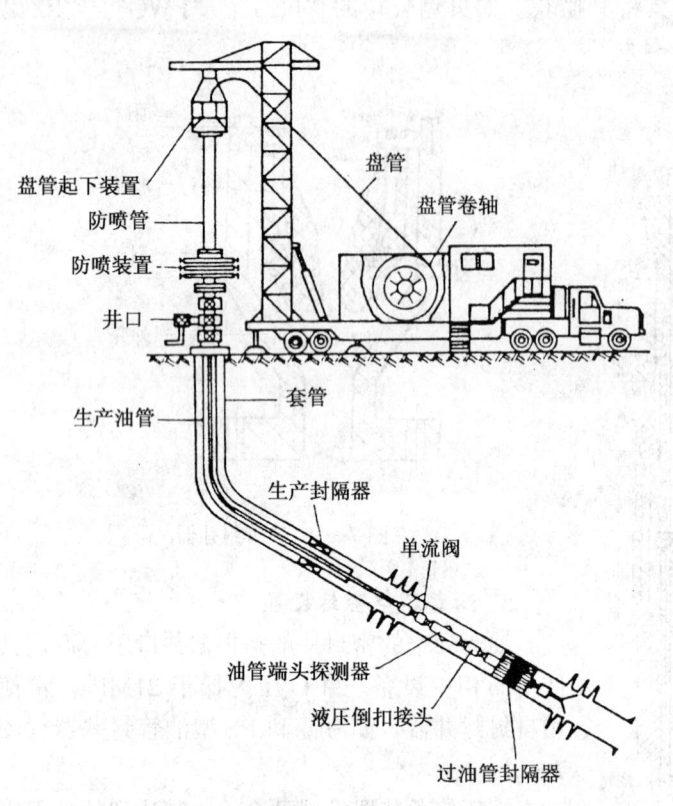
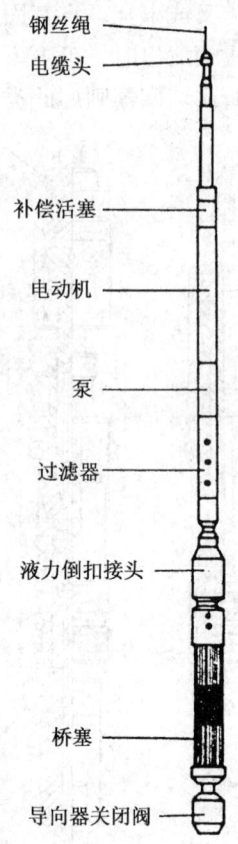

图 7—6 用过油管封隔器和连续油管修井机修井示意图　　图 7—7 过油管桥塞

2. 技术发展方向

连续油管不压井修井作业技术今后的发展方向是：

（1）在管子外表涂上绝缘层，与油管下端仪器通电联系，以气井套管为第二电通路，向井底传送水力脉冲信号，指令井下仪器工作。

（2）不断研制新型材料，提高管子下深能力和耐压强度。

（3）用于完成气井洗井、冲砂、注水泥浆、挤化学剂、人工举升等修井作业。

（4）由于连续油管修井机具有占地面积小、轻便、自动化程度较高等优点，故可适用于海上平台修井作业。

三、不压井工艺技术的实际应用

1. 装备研制

四川盆地气田从 70～80 年代分别研制了用于钻井抢险的 BY30—2 型不压井起下钻装置和用于修井的"BYXT15"型不压井起下钻装置。这两种装置从主体结构上基本一样，只是克服井内顶力分别为 30t、15t。

1）主要技术参数

公称通径为 $\phi 230mm$；可起下油管串规格为 $\phi 38.1$、$\phi 50.8$、$\phi 63.5$ 和 $\phi 76.2mm$；适用井口压力为 5～7MPa；适用的流体性质为井内含少量的 H_2S、CO_2、盐水等腐蚀性介质。

2）油管内密封装置

油管内密封装置是用技术成熟的井下油嘴改制而成。在井口压力 35MPa 内，用试井车可方便地起下，并可靠地密封在油管所需位置。

规格为：ϕ63.5、ϕ76.2mm；密封压力为 35MPa；不带井下工作筒，使作业更加方便、简化。

3）油套环空密封装置

研制出 ZF—70 型自封封井器和 FZ18—35 单闸板防喷器。

(1) ZF—70 型自封封井器。工作压力：静密封压力为 14MPa，动密封压力为 7MPa。适用管串规格为 ϕ38.1mm、ϕ50.8mm、ϕ73mm、ϕ88.9mm、ϕ120.7mm、ϕ127mm、ϕ158.8mm 和 ϕ177.8mm。

适用介质：石油、天然气、泥浆、清水。

(2) FZ18—35（修井用）单闸板防喷器：公称通径为 ϕ185mm，工作压力为 35MPa。

可封管串规格为：ϕ38.1mm、ϕ50.8mm、ϕ63.5mm 和 ϕ76.2mm。

闸板类型有：管子闸板、全封闸板。

在管串规格超过上述尺寸时，可改用国产 KPY 系列闸板防喷器。

2．应用情况

(1) 1979 年在四川川南气田"鹿三井"使用。该井初喷日产天然气 $1100 \sim 1200 m^3$，用 6 根 ϕ127mm 管线放喷降压进行抢装井口，在井口控制后，安装不压井起下钻装置，井底压力为 62.8MPa 时强行下入 ϕ63.5mm 油管 2951.39m，安全安装上 KQ—60 型采气井口完井。

(2) 1984 年在华北油田"泽 85 井"使用。该井由于剧烈井喷造成井壁坍塌，喷出岩石将井筒上部堵死，使钻井无法继续进行。使用该装置游动卡瓦夹持钻杆，在钻杆下部接上螺杆泵，用循环系统使螺杆泵旋转钻进游动卡瓦下行加压将堵塞物钻掉，解除了事故。

(3) 1987 年在新疆"沙参二井"使用。该井井深 5382.72m，井底落鱼 1074m，日喷原油 $800 \sim 1000 t$，天然气大于 $100 \times 10^4 m^3$，水大于 $100 m^3$，且井内套管有多处漏失点。美国波登公司抢险队，在剧烈喷势下，完成井口防喷器换装全封闸板、控制井口后，用不压井起下钻装置强行下入 ϕ63.5mm 油管 3600m，然后采用平衡压井法，换上 KQ—60 型采气井口完井。

第四节 气 井 小 修

气井小修的目的，就是恢复气井正常生产。气井小修作业进行得比较多的是起下生产油管柱、清砂、解除油管内堵塞和简单打捞。

一、起下油管

除为了达到某种特殊工程技术目的必须起下油管柱外，气田上经常进行的起下生产油管柱作业主要包括两个方面，一是优选生产管柱以优化气井生产条件；二是油管腐蚀穿孔、油管柱密封性不好或油管内堵塞需进行更换新管柱或油管柱。

1．准备

起下油管的准备工作主要有：

(1) 安装作业机，井架绷绳和绳卡应符合规范要求。

(2) 配置优质压井液压井。

(3) 井口安装全闭式和与管柱外径相符的环封式封井器。

(4) 调校好指重表。

(5) 安装好牢固且试压合格的放喷管线，放喷口距井口 50m 以上，放喷管不得有小于 90°的死弯。

(6) 配备足够的消防器材、起油管用的工具和盖井口用的工具，吊卡销子必须系牢。

2．起油管操作

(1) 在悬重正常的情况下开始作业。

(2) 起油管时应卸完扣上提，井下工具起至井口应减速。

(3) 正确使用卸扣工具，防止工具掉井。

(4) 井筒内的修井液保持常满状态，每起 10～20 根油管应灌注一次修井液并记录液量。

(5) 起出的油管应排放好，起完管柱即关严全封式封井器，盖好井口。

3．下油管操作

(1) 准备好经检查、丈量、通径合格的油管。

(2) 含硫气井须选用抗硫油管。

(3) 下井工具和油管应符合设计要求并按编号顺序下井。

(4) 油管螺纹应均匀涂抹符合规定的螺纹油或按设计要求缠聚氟乙烯带，上紧螺纹，余扣不超过 2 扣。

(5) 操作平稳，严禁碰撞和猛提猛放。

(6) 下完油管坐好锥管挂，上紧下四通顶丝，装好采气井口并清洗保养。

二、清砂

气井在生产后期，常因裸眼段坍塌、地层出砂、地层水结垢和电化学失重腐蚀产物的影响、泡沫剂的影响、完井过程中洗井不彻底等种种原因，造成井底砂堵。

清砂方法有冲砂和捞砂：冲砂适用于气层压力高于井底静水柱压力的井，捞砂适用于进入开采中后期气层压力低于静水柱压力的低压井。

1．冲砂

冲砂就是用高速流动的液体，靠水力作用将井底砂面冲散，并利用液体携砂能力，采用循环液体的方法，将冲散的砂带到地面而除之，使产层重新暴露。

1）冲砂液

气井冲砂工艺采用的冲砂液一般是水，少数井采用高密度的钻井液。无论采用何种液体，对冲砂液的要求是相同的。通常对冲砂液的要求是：

(1) 具有一定的粘度，以保证有良好的携砂能力。

(2) 密度合适，形成的液柱压力一般大于气层压力 5%～10%，既能将气层压稳，不会造成井喷，也不会因液柱压力过高造成冲砂液向地层大量漏失，损害产层。冲砂液储备量应大于 2 倍井筒容积。

(3) 少量的冲砂液进入产层后容易返排。

(4) 冲砂液与产层岩石，产层中的流体有较好的配伍性，不会因冲砂液与产层岩石接触而引起粘土膨胀、水敏等损害气层渗透性能的现象，也不会因冲砂液与产层中的流体（气、水、油）接触而产生沉淀，堵塞气流通道。

(5) 冲砂液来源广，价格便宜，现场容易配置，施工方便。

2）冲砂方法

根据产层地质特征不同，采取的冲砂方法亦应不同。一般可将冲砂方法分为水力冲砂、酸液冲砂、循环划眼冲砂、负压冲砂四类。

(1) 水力冲砂。水力冲砂有三种不同的方式，冲砂液由油管注入，环空返出的是正冲砂；反之为反冲砂；把先利用正冲砂的方式冲散砂堵，再改用反冲砂的方式将悬浮于冲砂液中的砂子通过冲砂管排到地面的，称之为正反冲砂。正冲砂的冲砂管选用油管，管尾呈45°斜口状，冲砂程序如下：

①冲砂管柱下至距砂面5~10m，开泵循环正常，下入管柱冲砂；

②根据泵压、出口排量、返出物、钻压参数等控制下放速度；

③接单根前充分循环，接单根减少停泵时间；

④连续冲砂5个单根后，须循环一周再继续作业。

(2) 酸液冲砂。当井下沉积物为盐酸可溶物时，则用盐酸溶液作为清砂液，并将冲砂油管柱下至砂面以上5m，先用清水小排量替入，正常后替入酸液，酸液冲砂完应尽快排液。

(3) 循环划眼冲砂。当井底沉砂的砂面强度高时，可采用循环划眼冲砂，冲砂管柱选用螺杆钻头、磨铣工具的钻柱组合，借助钻机、钻盘的旋转动力循环划眼冲砂。清砂钻头和管柱组合应符合规定，冲砂程序如下：

①钻具下到距砂面5~10m，开泵循环正常后下放管柱划眼冲砂；

②循环划眼冲砂参数应符合设计要求，其操作要点与前面水力冲砂相同。

(4) 负压冲砂。对低压气井，采用混气泡沫液作冲砂液进行冲砂，称之为负压冲砂。

①混气泡沫液组成。泡沫液由起泡剂（0.5%ABS）、稳定剂（0.2%Na_2CO_3）及水组成。施工时用压风机和水泥车同时将气体和泡沫打入油管内，形成混气比80%左右的均匀泡沫。泡沫在运动中不断破灭与再生，处于动态平衡状态。

②泡沫粘度大，悬砂能力强。泡沫粘度比泡沫液粘度大得多。上述泡沫液粘度是$1.057\times10^{-3}Pa·s$（清水粘度为$1.0\times10^{-3}Pa·s$），而泡沫的粘度则高达$0.8Pa·s$。由于泡沫的粘度大，故携砂能力极强。试验表明：在静止状态下，平均直径2.5mm的砂粒可以悬浮在泡沫中而不下沉，直径最大的压裂砂置于泡沫中并加振动，而砂子悬浮稳定。泡沫的携砂能力是水的10倍。

泡沫的另一特性是降低密度产生负压。各部位的压力、密度及有关参数计算如下。

泡沫冲砂时，套管环空各深度压力：

$$p_i = p_0\exp(\rho_0 h/100p_0) \tag{7—1}$$

套管返出口泡沫密度：

$$\rho_0 = \frac{p_0 q_1}{p_0 q_1 + p_1 q_2} \tag{7—2}$$

泡沫比静水柱减少的压力：

$$\Delta p = p_w - p_i \tag{7—3}$$

泡沫各深度混气比：

$$n_i = \frac{p_0 n_0}{p_0 n_0 + p_i(1-n_0)} \tag{7—4}$$

泡沫各深度密度：

$$\rho_i = (1 - n_i)\rho_l \tag{7—5}$$

气层中部的负压值：

$$\Delta p_\text{负} = p_i - p_r \tag{7—6}$$

式中　p_i——不同深度的泡沫压力，MPa；
　　　p_0——泡沫在套管返出口的压力，MPa；
　　　p_1——施工地区自然大气压，MPa；
　　　p_w——井筒静水柱压力，MPa；
　　　p_r——气井地层压力，MPa；
　　　q_1——水泥车液体排量，L/min；
　　　q_2——压风机气体排量，L/min；
　　　n_0——泡沫在返出口的混气比。

$$n_0 = V_g/(V_g + V_w)$$

式中　V_g、V_w——泡沫中气体及液体体积，L；
　　　n_i——泡沫在不同深度的混气比；
　　　h——气井深度，m；
　　　ρ_l——水的密度；
　　　ρ_0——泡沫在返出口的密度，g/cm³；
　　　ρ_i——泡沫在不同深度处的密度，g/cm³。

根据现场施工参数，选择3种情况作为负压计算的示例。

当井深和套管直径不同时，返出口压力亦不同，一般在0.2~0.5MPa之间。所以套管返出口泡沫压力取该区间3个数值：

$$p_0 = 0.4、0.25、0.15\text{MPa}$$

水泥车排量 $q_1 = 230\text{L/min}$
压风机排量 $q_2 = 800\text{L/min}$
当地大气压（忽略温度变化）一般可取 $p_1 = 0.101325\text{MPa}$

将上述条件代入公式（7—1）~（7—6）可计算出3种情况下不同深度的有关参数：p_i、ρ_l、Δp、n_i、ρ_i。

负压冲砂时，油层中部深度的负压值（$\Delta p_\text{负}$）按式（7—6）计算：首先根据上述方法计算气层中部的泡沫压力 p_i，其次查出该井的地层压力 p_r，然后将 p_i 与 p_r 代入式（7—6），即可算出负压值。

③工艺流程及施工方法。

工艺流程示意图见图7—8。

施工程序如下：

a. 配制泡沫液。将0.5%的ABS和0.2%的Na_2CO_3提前加入罐内溶解。

b. 冲砂。用混气泡沫冲砂至井底循环干净。

　　c. 负压外排。停水泥车，用压风机气举至无液返出，而后停压风机，气体自然泄放，持续 30min 左右。进行负压排液，以排出井底周围的地层浮砂。

　　d. 混气泡沫冲干净负压排液时所排出的砂子。

　　e. 停水泥车，压风机气举至无泡沫为止。

　　3）冲砂的水力计算

　　冲砂过程中，砂粒上升速度与冲砂液在井筒中的上返速度及砂粒在静止的冲砂液中的自由下降速度可用下式表示：

$$v_s = v_l - v_d \tag{7—7}$$

式中　v_s——冲砂时砂粒上升速度，m/s；

　　　v_l——冲砂液的上返速度，m/s；

　　　v_d——砂子在静止的冲砂液中的自由下降速度，m/s。

　　实践证明，用水作冲砂液时，将石英砂子带到地面的必要条件是：

$$v_l \geqslant 2v_d \tag{7—8}$$

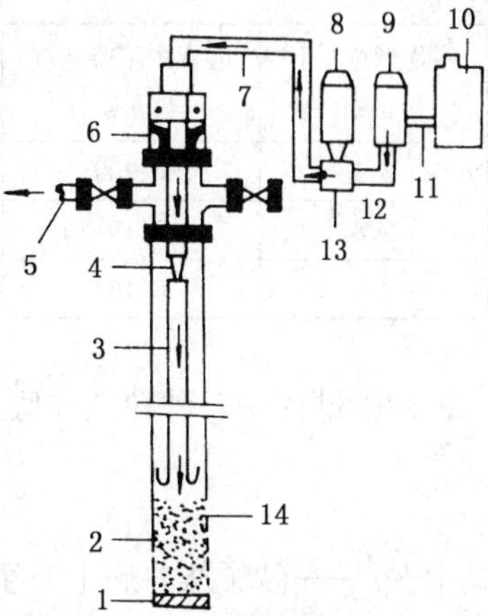

图 7—8　负压冲砂流程示意图
1—水泥面；2—砂塞；3—冲砂管柱；4—单流阀；5—返出口；6—封井器；7—负冲管汇；8—压风机；9—水泥车；10—泡沫液罐；11—大罐闸门；12—单流阀；13—三通；14—射孔段

　　从而导出水作冲砂液，将砂子携带到地面的最低排量计算公式：

$$q_{\min} = 1000Av_{\min} \tag{7—9}$$

式中　$q_{\min}$——冲砂要求的最低排量，L/s；

　　　A——冲砂液上返通道横截面积（正冲砂为冲砂管与套管环形空间横截面积，反冲砂为冲砂管内横截面积），m²；

　　　$v_{\min}$——保持砂子上升所需的最低流速，m/s（$v_{\min}=2v_d$）。

　　气井冲砂时常用的冲砂液是地面水或地层水。

　　实验室作出的相对密度为 2.65 的石英砂在水中的自由降落速度 v_d 见表 7—1。由此表可查出不同直径的砂粒在水中的自由沉降速度，从而计算出不同粒径的石英砂在水作冲砂液时保持上升所需的最低流速 $v_{\min}$，以及要求的最低泵排量 $q_{\min}$。

表 7—1　相对密度为 2.65 的石英砂在水中自由沉降的速度

平均颗粒大小 mm	在水中下降速度 m/s	平均颗粒大小 mm	在水中下降速度 m/s	平均颗粒大小 mm	在水中下降速度 m/s
11.9	0.393	1.85	0.147	0.200	0.0244
10.3	0.361	1.55	0.127	0.156	0.0172
7.3	0.303	1.19	0.105	0.126	0.0120
6.4	0.289	1.04	0.094	0.116	0.0085
5.5	0.260	0.76	0.077	0.112	0.0071
4.6	0.240	0.51	0.053	0.08	0.0042

续表

平均颗粒大小 mm	在水中下降速度 m/s	平均颗粒大小 mm	在水中下降速度 m/s	平均颗粒大小 mm	在水中下降速度 m/s
3.5	0.209	0.37	0.041	0.055	0.0021
2.8	0.191	0.30	0.034	0.032	0.0007
2.3	0.167	0.23	0.0258	0.001	0.0001

冲砂过程中，砂粒从井底上升到地面所需的时间由下式计算：

$$t = H/v_s \tag{7—10}$$

式中　t——砂子从井底上升至地面所需时间，s；

H——冲砂管下入深度，m；

v_s——冲砂时砂粒上升速度，m/s。

4）冲砂方法应用条件

当气井地层压力低于静水柱压力，或用密度低的清水作冲砂液时，在冲砂过程中冲砂液都将漏入地层，这不仅降低冲砂效果，而且损害地层。当气井地层压力低于静水柱压力太多时，因冲砂液严重漏失，不能建立循环，冲砂无效。因此，对常规水力冲砂和负压冲砂而言，气井的地层压力和静水柱压力是决定应用何种冲砂方法解除井底砂堵的重要条件。

应用常规水力冲砂的必要条件是：

$$p_1 \leqslant p_r \tag{7—11}$$

当 $p_1 < p_r$ 时，则应采用负压冲砂。

式中　p_1——冲砂液在井底形成的液柱压力，MPa；

p_r——冲砂井的目前地层压力，MPa。

2．捞砂

对低压气井，因无法建立正常的循环，当采用常规的冲砂方法不能达到清除井底砂堵的目的时，还可采取捞砂。

气井一般采用油管下带捞砂工具进行捞砂，常用的捞砂工具有吸入式捞砂筒和泵式捞砂筒。现以美国贝克工具公司生产的泵式油管捞砂筒为例作一简要介绍。

1）工作原理

用油管将泵体下到预定井深，管鞋接触砂面后，利用油管柱上下活动循环操作进行捞砂。下放时，活门阀和上球阀开，砂子随液体进入油管内，泵筒内液体经上球阀至上部旁通排出油管外。上提时，伸缩器伸长，泵筒内形成真空，下球阀开，其它阀关闭，液体被吸入泵筒内，砂子沉降在上活门以上的油管内。反复进行下放、上提操作，预计油管内的砂子装满后起出管柱，将存积在管内的砂子清除，再下井捞砂。

2）入井管柱及要求

入井管柱如图7—9所示。管鞋可用油管割为锯齿状，长度0.2～2m，管鞋以上依次接下活门阀、油管1～2根、上活门阀、油管24～26根、下球阀、泵筒、上球阀、油管1～2根、旁通、油管至井口。

泵筒入井深度必须在液面以下，否则，泵不能工作。油管一般用φ62mm油管，如改用

$\phi50.3$mm 油管，上活门阀与泵筒之间的距离应增加，以防止砂堵球阀。

3）操作

管柱下至砂面以上 10m 放慢下放速度，接触砂面后，一般加压 10～30kN，最多不超过 70kN。上下活动距离 1.15m，每冲 10 余次，上提管柱 3～5m，再往下冲。当往下冲砂无进尺时，可以认为油管内砂子已装满，起出井内管柱，排除管内砂子，清洗球阀及泵筒，再继续捞砂。再向下活动插入砂面后，可以在油管安全扭矩内转动油管、破坏砂面，有利捞砂。

4）特点

（1）该捞砂筒不象静水力捞砂筒，可以在井筒液面只有几百米的情况下操作，而且不容易在冲砂面时被卡。

（2）轻微的油管泄漏对捞砂没有影响。

（3）捞砂效益高，每 1min 可捞出 1.8m 长油管容积的砂。

5）应用

该捞砂筒在四川盆地气田 W101 井应用，下入井深 3067.25m 进行捞砂，有一定效果。

对低压气井，当井底沉砂的砂面强度高，由于不能采用循环划眼冲砂，采用常规的捞砂方法，捞砂效果很差。如果在捞砂工具下端带特制的刮刀钻头，捞砂时，转动井下管柱带动钻头旋转，破碎砂面后捞砂，其捞砂效果好。

四川盆地气田 W3 井，采用此方法捞砂，一次作业捞出沉砂 148L。

3．清砂质量控制

清砂后复探砂面与设计井深相差小于 2m 为合格。

4．安全要求

（1）进入尾衬管的管柱外径须小于尾衬管内径 10mm 以上。

（2）清砂用的水龙带须拴保险绳，泵压不得超过水龙带和管线的安全压力。

（3）清砂施工时须有井控设施，防止井喷。

（4）清砂施工需停泵处理时，应上提管柱至原始砂面 100m 以上，并反复活动清砂管柱。

（5）提升设备发生故障不能上提、下放管柱时，须保持正常循环并转动管柱。

（6）清砂施工中发生井漏，清砂液不能返出地面时，应迅速上提管柱，控制井口。

三、清除油管内堵塞

压井液沉淀、泡排剂沉淀、油管内腐蚀以及地层出砂等很可能造成油管堵塞，严重时气井将停产。通常解除油管内堵塞的方法有以下几种。

1．循环冲刺解堵

当堵塞物疏松时，可以用连续油管修井机将连续油管下入油管堵塞面，开泵冲刺，逐步加深，直至堵塞解除。需注意的是：

（1）冲刺到预计深度后应保持循环一周以上，并从返出物中判断堵塞物已全部排出井筒

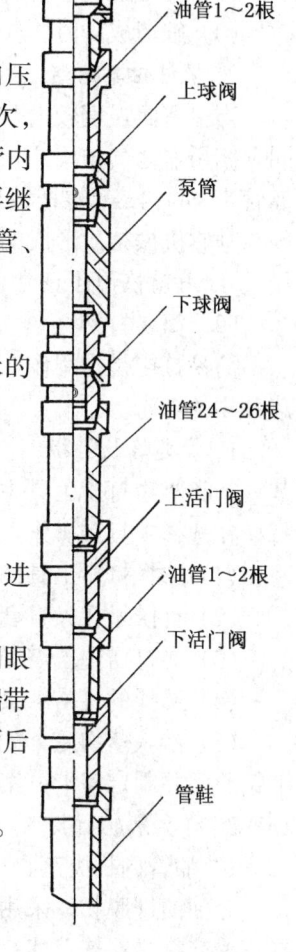

图 7—9　泵式油管捞砂管柱示意图

才能起钻;

(2) 冲堵过程中,若泵有故障,应立即起出冲砂连续油管,以免发生砂卡事故;

(3) 解堵成功时,应注意防喷。防喷方法是迅速关闭组合防喷装置的控制阀。

2. 螺杆钻具解堵

当堵塞面强度较大时,可以用连续油管带螺杆钻具解堵,操作方法与冲刺解堵大致相同。四川盆地气田用这种方法解除了多口井生产管柱堵塞。如工2井,采用 $\phi 25.4mm$ 连续油管带 $\phi 44.4mm$ 螺杆钻具和外径 $\phi 50.2mm$ 钻头清除了生产管柱内井深 500~1500m 的泡排剂与其它机械杂质形成的堵塞物共 99kg,起出连续油管及钻具可用气举方法排除井内积液,经过 4.5h 就恢复了正常生产。

四、简易打捞

简易打捞是指用作业机进行打捞的作业,通常包括管柱、电缆、封隔器、仪器、工具等落井物的打捞。

1. 管类落物打捞

管类落物打捞工具主要有滑块卡瓦打捞矛、可退式打捞矛、可退式打捞筒等。管类落物打捞在选择工具和操作上应注意:

(1) 选择打捞工具的外径与套管内径的直径间隙不得小于 8mm。

(2) 打捞矛在大直套管内打捞时,必须带引鞋或引管找中装置。

(3) 在打捞中若需循环洗井的,应选择水眼打捞工具。

(4) 选择的打捞工具尽可能是可退式,当受条件限制时,下井管柱须配安全接头。

(5) 捞获落物后,先活动试提,若试提不动,就要分析落物是否被卡,如遇卡,应分析卡钻原因并制定解卡方案。

2. 杆类落物打捞

1) 油管内杆类落物打捞

若抽油杆脱扣,采用对扣的方法打捞;若抽油杆断落,采用抽油杆打捞筒或组合式抽油杆打捞筒打捞;若上述打捞无效,则只能起油管。

2) 套管内杆类落物打捞

套管内的杆类落物可用带拨钩、引鞋的卡瓦打捞筒打捞;当落物鱼顶带有台阶或接箍时,可用活页式或三球式打捞器打捞。

3. 仪器等小件落物打捞

测井、试井仪器可用专门的仪器打捞器或活页式捞筒、开窗打捞筒打捞。螺栓、钢球、钳牙、撬杠等小件落物可用磁铁打捞器、一把抓打捞筒、反循环打捞篮等打捞,必要时可根据落物的具体特征设计专用的打捞工具。

4. 绳类落物打捞

常用的绳类落物打捞工具有内钩、外钩。在设计内钩、外钩时,顶部应加限位板,以防止打捞工具插入落物过深而使绳类落物缠绕过多形成一个大活塞,造成恶性卡钻事故。若落物为电缆,落井后被下捅压实,用内钩、外钩不能插入时,可试用母锥打捞。

第五节 气井大修

气井大修主要包括处理卡钻、套管修理、封隔水层、复杂打捞以及加深、侧钻等作业。

气井大修工艺技术复杂，对修井设备、修井工具的要求很高。因而，从设计到施工稍有疏忽将增加难度，增大修井费用。

一、处理卡钻

通常，裸眼段垮塌、压井液沉淀、垢物堆积、封隔器故障、落物、套管损坏（变形、破裂、断错）以及注水泥故障等都可能造成气井生产管柱或修井管柱卡钻。根据卡钻的原因不同需采取相应的方法处理。

1．裸眼段垮塌卡钻

这类卡钻常发生在产层为碳酸盐岩的井，采取的方法是酸泡解卡。酸液为加有缓蚀剂等添加剂的盐酸（或土酸），盐酸浓度15%～18%，酸量根据裸眼段长短而定，一般取3～5m^3。施工时，将配置好的酸液正循环替入裸眼段溶蚀垮塌物，待酸液变为残酸后，上提下放活动解卡。

2．压井液沉淀卡钻

1）活动解卡

当卡钻不严重时，可以活动解卡。活动解卡就是不允许在超过油管柱弹性极限情况下上提下放管柱，实施的方法有两种，一是慢慢上提拉力达一定值后迅速卸载；二是上提下放活动一段时间后，使管柱在拉伸情况下悬吊一段时间，让拉力逐渐传到管柱下部。需注意的是每活动一段时间后，稍停一段时间，以防管柱因疲劳而断脱。

2）内冲憋压解卡

采用连续油管修井机在遇卡管柱内冲砂解堵至管鞋处后，在油套管强度范围内采用正、反憋压，憋通后加大排量，循环排出沉淀物，直至解卡。

3）倒扣套冲解卡

若采用上述方法无效，可先将卡点以上管柱倒出，用套铣管冲排管柱外面沉淀物，再倒出这些刚冲洗出的管柱，如此交替套冲、倒扣，直至全部被卡管柱起完。

4）震击解卡

对沉淀物卡钻不严重的井，利用震击器反复震击被卡管柱，使卡点震松解卡。

5）倒扣冲洗解卡

当沉淀物卡钻不严重时，先倒出卡点以上管柱，冲洗鱼顶后，用钻杆带母锥，靠扭力传递震松管外沉淀物，倒出一段管柱后，再循环冲洗新的鱼顶，如此反复倒扣、冲洗，直至起出全部管柱。

3．封隔器卡钻

（1）水力压缩式封隔器卡钻：先向油套管环形空间反憋压，将紧贴套管内壁的胶皮、锚爪缩回，再上提下放活动。若一次不行，可反复憋压、活动。若仍不解卡，可倒出封隔器以上油管，用钻杆带震击器震击解卡。

（2）轨道式卡瓦封隔器卡钻：可上提活动解卡。必要时，倒出封隔器以上油管，下钻杆带公（母）锥打捞，然后正转钻具上提解卡，或下钻具带震击器震击解卡。

4．套管卡钻

对于套管变形、破损、断错卡钻，要先将卡点以上管柱倒出，待修复套管后才能解卡。

5．井下落物卡钻

处理方法一般有两种：

（1）若被卡管柱可以转动，可轻提慢转管柱；若挤碎落物，使之继续下落而解卡。

(2) 若被卡管柱转不动或轻提慢转无效，可倒出卡点以上管柱，再用磨铣方法将被卡管柱和落物磨铣掉，打捞余下的管柱。

6．水泥卡钻

处理方法可根据能否建立循环采用不同的方法。

(1) 开泵能循环的，可用酸循环泡沫，破坏水泥环解卡。如四川E16井，注水泥塞封下层时卡钻，先后两次将加有缓蚀剂的土酸、盐酸正反循环（开油管替入速度1200L/h，开套管替入速度750L/h），然后上提下放多次解卡。

(2) 开泵不能循环的，可采取以下方法解卡。一是倒扣套铣解卡：这种方法是先倒出卡点以上管柱，然后用套铣筒铣去环空水泥，铣一根倒一根，直至被卡管柱全部倒出。二是磨铣解卡：当套管内径较小或被卡管柱较小时，先倒出卡点以上管柱，再用磨鞋，将被卡管柱与磨鞋一起磨掉。

二、套管修理

套管损坏主要为变形、破裂、断错三种情况。

套管在修理之前首先要用工程测井、测卡仪、通径工具、打印铅模检查损坏类型，然后采取不同的方法进行修理。

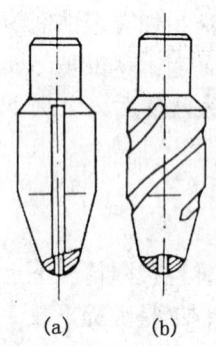

图7—10 梨形胀管器
(a) 直槽式；
(b) 螺旋槽式

1．变形套管修理

1) 梨形胀管器修理变形套管

对变形小的套管，在现场经常使用梨形胀管器（图7—10）。它依靠地面施加的冲击力（由钻具本身的重力或下击力）迫使胀管器下端尖部插入套管变形部位，使其产生侧向分力F，直接挤胀套管部位（图7—11）。冲击力p和侧向分力F可以用下式计算：

$$p = 1/2 mv^2 \qquad (7-12)$$

$$F = p/2\mathrm{tg}(\alpha/2) \qquad (7-13)$$

将式（7—12）代入式（7—13），则有：

$$F = mv^2/4\mathrm{tg}(\alpha/2) \qquad (7-14)$$

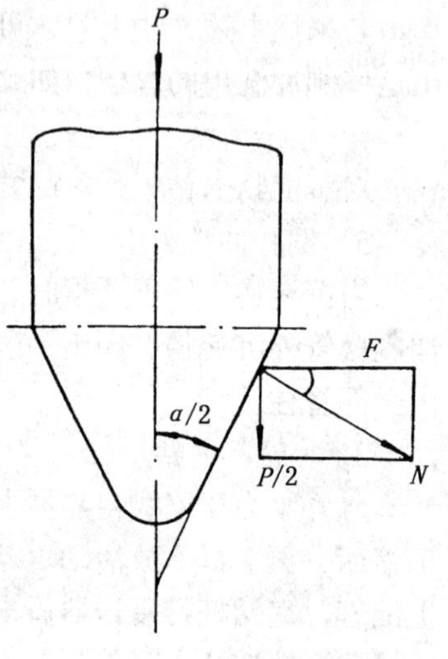

式中 p——冲击力；

m——钻具质量；

v——钻具下放速度；

α——胀管器锥角。

图7—11 梨形胀管器挤胀力示意图
F—侧向分力（挤胀力）；N—垂直分力；α—胀管器锥角

由式（7—14）可知：

①挤胀力F与钻具质量成正比，并与下放速度v的平方成正比。

②挤胀力与半锥角$\alpha/2$的正切值成反比。当锥角小于25°时，经验证明胀管器锥体与套管接触部位将产生挤压粘连，而发生卡钻事故。因此，选用和制作胀管器的锥角应大于30°。

采用胀管器修复变形套管，虽然整形率可达到91%～99%，但每次整形量太小（不超过2mm)。因而，套管缩径量大于2mm时，需多次更换工具，这样作业时间长、劳动强度大。此外，如操作不当，冲击力过大，强行通过变形部位后，套管本身弹性恢复力使胀管器通过后的尺寸缩小，把胀管器卡死，造成恶性卡钻事故。

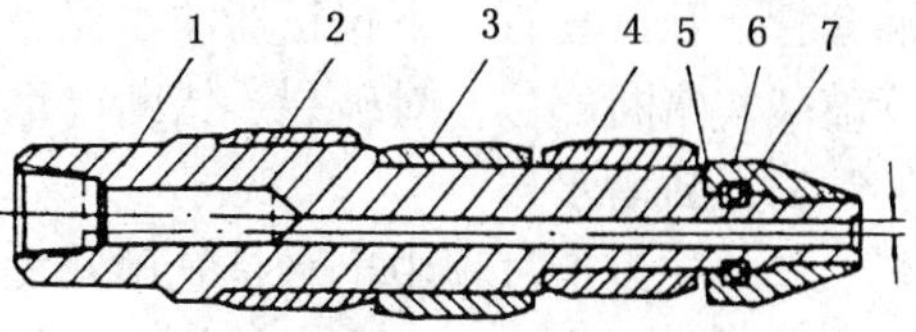

2) 偏心辊子整形器整形

由于偏心辊子整形器（图7—12）一次整形量比胀管器大，因而，近年来现场多采用它处理套管变形。对轻度变形的套管，修复后最大可恢复到原套管内径的98%。

图7—12 偏心辊子整形器
1—偏心轴；2—上辊；3—中辊；4—下辊；5—锥辊；6—丝堵；7—钢球

偏心辊子整形器整形的工作原理是依靠钻具带动偏心轴旋转，使工具在变形段套管内，利用偏心形成的曲轴凸轮机构对套管进行挤胀碾压整形（图7—13）。

使用该整形器的优点是可以选用较少的配套辊子在现场配成各种不同的整形尺寸，整形效果好，容易操作，不易发生卡钻事故，工具维护保养方便。缺点是钻具和设备所受的冲击负荷较大，深井使用效果差。

使用偏心辊子整形器对套管进行整形的步骤：

首先确定整形级数。根据套管变形后的最大通径和整形后的最大通径之差，即为总的整形量。按第一级比第二级整形量大一点，第二级比第三级整形量大一点的方法分配各级整形量。一般按第一级整形5~6mm，第二级整形量比第一级下降50%，即按2.5~3mm，第三级、第四级整形量比第二级下降30%左右确定整形量。

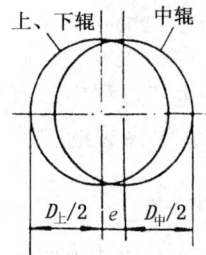

图7—13 偏心辊子整形器工作原理

第二，选配辊子。一般选用的上、下辊子尺寸应小于或等于套管变形处的最大通径。确定了上、下辊子尺寸以及第一级整形量ε后，可用下式计算第一级中辊尺寸：

$$D_中 = D_下 + 2\varepsilon - 2e \tag{7—15}$$

式中 ε——整形量，mm；

e——偏心距，mm（整形工具确定后，查《采油技术手册》第五分册表10—2至表10—7）。

依此类推，用(7—15)式可计算第二级及以后各级的中辊尺寸。

第三，确定工艺参数。钻压和转速是很重要的两个工艺参数。采用该方法不是靠钻具冲击力、扩张力原理修复套管，因而不能加大钻压。转速高低直接影响整形效果，转速低，钻具转动后的动能小，整形效果差。转速过高，对钻具和工具损坏严重。因而，一般采用低钻压，适当转速，转速控制在70~100转/min比较合适。

套管整形结束，用通径规通井检验，通井规顺利通过，即整形成功。

修复变形套管的工艺是一项要求十分严格的作业。需要强调的是，无论用梨形胀管器还是用偏心辊子整形器修复套管变形，都必须使用震击器和钻铤，因为工具经常挤挂在变形部位，必须用震击解卡。

2．破裂、错断套管的修理

由于气井对套管的密封性要求比油井高，气井完井时下气层套管后不仅用水泥固井，而且要求固井质量好。因此气井套管破裂、错断后，不能采用油井上普遍采用的更换套管、补贴套管、补接套管、下扶正器注水泥、挤水泥修复套管等方法。而采用下套管或尾管封隔套管破裂、错断部位，对破裂、错断严重的井，还可以采用套管侧钻的方法。

三、封堵水层

气井在生产过程中出水是气田开发中最常见的现象。与油井出水相同的是，气井出水后气产量迅速下降，而且将降低气田采收率。与油井出水后不同的是，气井在很多情况下只封堵异层水，而对与气层同层的地层水，只要水体是封闭的，没有外来补给，一般不采取封堵的方法，而是采用排水采气的方法。这是因为，目前采取的封堵水层的方法不仅堵不住水，而且将严重损害气层，使气井产气量下降更快、甚至水淹停产。当发现气井出水后，应及时分析判断出水层段，以便决定采取封堵措施还是采取排水采气措施。

1. 气井出水原因

1) 同层水"锥进"和"舌进"

有底水或边水的气层，由于产层岩性非均质和缝洞发育分布不均，气井生产过程中，有底水的气层，底水可能沿裂缝"锥进"，造成气井提前产水；有边水的气层，水沿裂缝"舌进"，也可能造成气井提前出水。

2) 异层水窜入

异层水是指来自气层以上或以下的地层中的地层水。由于固井质量不好、套管外水泥环密封不严、射孔时误射穿了产水层、或者完井时采用未封水层的裸眼完井等情况，都将造成异层水窜入气井的情况，影响气井正常生产。

2. 出水层位的确定

不同地层的地层水的矿化度、硫酸根离子浓度、硫化氢含量不同。因此，分析地层水矿化度、硫酸根离子浓度、硫化氢含量可以帮助判别出水层位。目前应用比较多的是生产测井的流体电阻测定法、井温测量法。

(1) 流体电阻测定法。该方法是根据高矿化度的地层水的导电性好，利用电阻仪器测井内流体电阻变化。流体电阻曲线突变的地方即为出水位置。

(2) 井温测量法。该法利用地层水有较高温度的特点来确定出水层位。用灵敏度高的井下温度仪器测井筒内温度变化曲线，井温曲线发生突然增高的部位，即为出水位置。

(3) 机械找水。目前主要使用封隔器找水。该法是采用封隔器将各层分开，然后分层求产找出水层位。

(4) 综合对比、判定出水层位。利用流体、井温、机械找水法获得的资料，结合该井钻井、固井、电测资料和生产资料，进行综合对比，判定出水层位。

3. 封堵异层水的方法

气田上只封堵异层水，根据水层的位置和井身结构采用不同封堵水层的方法。

当异层水在气层以下，且水层和气层均在裸眼段中，最简单的方法是注水泥塞封堵水层，也可以采取下尾管封气层、水层后，再射开气层的方法封隔水层。

当异层水在气层以上，且水层和气层均在裸眼段中，则只能下尾管封隔后，再射开气层。

对管外水泥环窜槽而窜入气井的异层水，采取窜槽段射孔，挤注水泥封窜，补射气层的方法。

对管外窜槽而造成的异层水窜入，封堵效果不好。有时封堵后，因水泥浆被挤入气层，而使气井减产。

4．应用实例

位于四川省泸州市傅家庙气田构造高部的 F13 井，井身结构见图 7—14。φ146mm 油层套管下至阳二^2 层、阳二^1 层，经证实为水层，产层为阳三^2 层。该井生产至 1981 年，井口压力由投产时的 17.6MPa 降至 4.7MPa，产水量相应从 2～3m^3/d 上升至 110m^3/d，生产越来越困难，并最终导致水淹。

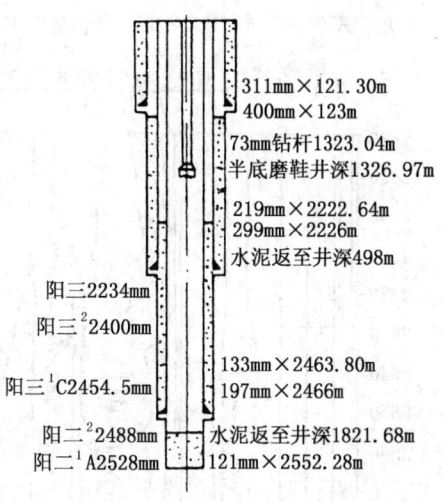

图 7—14 F13 井井身结构示意图

为了确定是否因固井质量差而造成地层水窜槽，在起出该井钻具后，进行了综合测井检查固井质量曲线。图 7—15 证实 φ146mm 套管外水泥环严重窜槽，造成水层阳二^1 与产层阳三^2 联通。于是采取了挤注水泥塞封堵阳二^1 层，然后再钻水泥塞至井深 2472m，电测井后，对阳三^{2}A～C 层的 2369～2378m 及 2237～2245m 层段分别射孔，下油管至井深 2375.88m，并采用连续油管气举复产，日产水量由 1982 年 1 月平均 129.67m^3 下降至平均 0.19m^3，仅据该井复产 679d 统计，累计增产天然气 3080.3×10^{4}m^3，累计产水 129m^3。

产层水具有温升高、流量（涡轮计转速）增大等重要测井特征。依据这些特征，现场常应用生产测井确定气井水体产层。地层测量油气水的生产动态，制定相应的治水措施。

位于气田构造北翼鼻凸段上盘的 B8 井是 1976 年完钻的一口二叠系探井。该井原产层开采枯歇后，于 1982 年 6 月 4 日～1983 年 2 月 4 日进行了注水泥塞上试的修井作业，在飞一和飞二共射孔四个层段，累积厚度 17m。射孔后日产气 0.5×10^4～0.8×10^{4}m^3，日产水 100m^3，显然气井难于稳产。为了弄清气水关系，1983 年 1 月 21 日～25 日，放喷控制井口油套压在不同值，对飞一^3 至飞二层 2760～2500m 井段用国产 SC—2 型生产测井仪进行生产动态测井找水源。主要测井有井温、流量和压力流曲线。由图 7—16 的测井曲线看出：最下面的飞一^3 层射孔井段（2714～2710m），不同压力下的井温明显高 3～5℃左右，流量曲线明显出现尖峰状增大，具有典型的产水层特征；次下面的射孔井段（2722～2727m），井温、流量曲线平缓，变化微小，为干层；较上面的射孔井段（2714～2716m）与最上面的射孔井段（2529～2534m）不同压力的井温明显降低，流量明显增高，具有产气层的特征。于是采用相对密度 2.15 的泥浆压井，并在 2560m 处注水泥塞对水层进行封堵，于 2 月 8 日、9 日用清水替喷投产，天然气产量从原来的 0.5×10^{4}m^3/d 增加到 3×10^{4}m^3/d，并不再产出地层水，使该井的找水、堵水获得显著的增产效果。

图 7—15 F13 井固井质量检查曲线

四、复杂打捞

当管柱、封隔器、电潜泵等掉井或在井内遇卡，用简单打捞已无法处理，而必须采用倒扣、爆炸松扣、钻磨套铣、切割等措施才能恢复气井正常生产时，就叫做复杂打捞，复杂打捞要动用钻机，工艺难度大，耗费资金多。

— 217 —

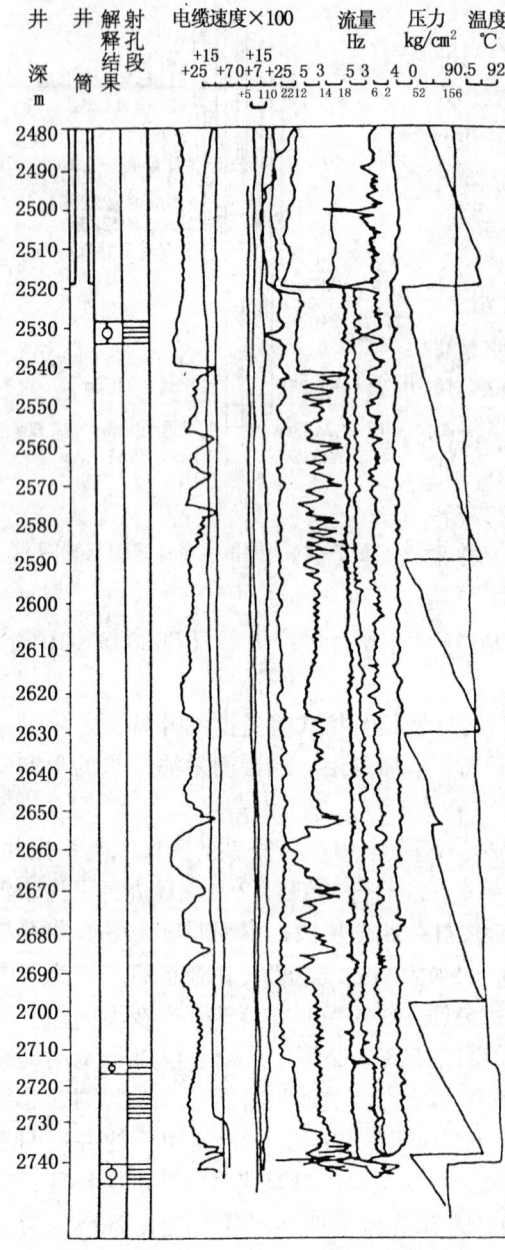

图 7—16 B8 井测井曲线图

1. 起出卡点以上管柱

起出卡点以上管柱的方法是，先倒扣起出卡点以上管柱，以便露出管柱为套铣管柱作准备。起出卡点以上管柱除了倒扣，还可以采用爆炸松扣、爆炸切割、化学切割和机械切割的方法。

1）爆炸松扣

用电缆携带导火绳，在卡点以上选好位置，爆炸退开管柱。由于爆炸松扣可能造成管柱螺纹变形，松扣后一般下卡瓦打捞筒打捞。操作步骤是：

（1）按 API 扭矩标准紧扣，并上下活动管柱，直到紧不动为止。

（2）给管柱反扭矩，对于 $\phi 50.9mm$（2in）和 $\phi 62mm$（2½in）油管，经验扭矩量相当于每 304.8m 管柱反扭一圈。

（3）保持反扭矩点火，并上提所确定的悬重。

（4）爆炸瞬间松扣，管柱开始退扣，用管钳将螺纹退完起管柱。

2）爆炸切割

这是由电缆携带具有一定形状的固体炸药，爆炸时将管子切断，断口一般呈喇叭状。若用卡瓦打捞筒或打捞矛打捞，需将变形部位修掉。

3）化学切割

化学切割适用于所有尺寸的油套管和钻杆。

化学切割工具由工具本体和其下部等距离分布的化学射流喷筒组成。工具内装有推进剂和化学剂，推进剂使化学剂在高温反应下冲出喷筒并与管子金属发生化学反应，在管子周围方向上烧出若干孔，降低该部位的抗拉强度，然后上提拉断。

为防止电缆打扭，工具上装有靠压力起动的卡瓦。进行切割时，管内至少应有 30m 液柱，切割效果才好。

4）机械切割

机械切割分为内切割和外切割。作业时，用小直径工作管柱携带切割工具来完成切割。与下电缆相比，下管柱占用时间长，因而在很多情况下，已被前三种方法代替。

2. 套铣

套铣是用套铣筒或铣鞋进行作业的特殊钻井工艺。

套铣筒的选择要注意两个问题：一是套铣筒的内外径要合适，既要能套住落鱼，又要留有井液循环的空间；二是套铣筒长度合适，对于斜井或井斜方位角变化大的井，套铣筒短一点好。为防止作业时遇卡、停泵，必须提钻并经常旋转或上下活动，直到恢复循环。

铣鞋要针对不同的铣削对象进行选择，若是套铣水泥、沉砂、岩屑，一般选用齿状铣鞋，齿的前进方向为直角，所有齿面铺焊耐磨材料。如套铣工具接头、管柱等金属类，铣鞋则应铺焊碳化钨，切铣面形状也要适于套铣对象。

3. 应用实例

四川 W47 井就是一个复杂打捞的典型井例：该井 ϕ69.9mm 油管下带外径 ϕ130mm 的电潜泵下入 ϕ177.8mm 套管内，电潜泵试运行发生电缆故障，起电缆过程中发现电缆打"弯"，电缆卡子落井，泵起至井深 2567m 遇卡，电测卡点 1140~1280m，由于 ϕ69.9mm 油管内壁厚 9.53mm，ϕ69.9mm 内割刀不能实现切割，只能采用倒扣打捞的方法。第一次倒扣起出油管 790m，并用活齿外钩打捞电缆，用环形铣鞋套铣清铣鱼顶，下反扣钻杆打捞，起出电泵以上全部油管，井下电泵机组采用自制摩擦捞筒打捞，下部 ϕ69.9mm 油管采用套铣打捞，对原 ϕ62mm 油管采用磨铣打捞处理，最后酸化解堵，恢复了气井生产。

五、老井重钻

80 年代中后期及 90 年代，世界上许多油气田进入开发中后期，开采枯竭的老井重钻作为一种增产方式已在全世界兴起，老井重钻程序包括老井侧钻和老井加深。

1. 老井侧钻

目前有 3 种最优化的侧钻方法：老井开窗侧钻、连续油管侧钻和短曲率半径侧钻。

1）老井开窗侧钻

进行老井侧钻的重要手段之一是套管开窗侧钻。套管侧钻常见工艺有整段铣磨和开窗铣磨（CST 法）两种，而 CST 法是开窗铣磨工艺的侧钻先进方法，该方法优于整段铣磨及其它套管铣磨工艺，它比整段铣磨工艺更快，起下钻次数少，钻屑小，扭矩要求低，既不需用钻井液发动机，也不需用可回收式斜向器，而斜向器可以牢固地固定在永久封隔器上，不会转动。

套管开窗侧钻能用于侧钻分支井和小井眼。在一垂直井眼中钻分支水平井可提高采收率和降低成本，对老气藏后期开发特别有效。壳牌公司组织了加拿大 Toolmaster 有限公司及加拿大 Fracmaster 有限公司分公司开发了一种简单有效的系统，进行分支水平井开窗侧钻。该系统从上而下分为：坐放段、窗口段（带衬管）、定方位和注水泥段、斜向器、下入或起出斜向器的工具。这种系统允许有选择地重新进入其中任何一个分支井眼。

小井眼侧钻技术主要用于 ϕ114.3mm（4½in）、ϕ139.7mm（5½in）或 ϕ177.8mm（7in）的生产套管的老井中。阿莫科公司研制的小井眼侧钻工具能够从套管 ϕ114.3mm（4½in）或 ϕ139.7mm（5½in）垂直井口钻水平井。俄克拉荷马天然气公司在 Logan 县的一口井中，对 ϕ177.8mm（7in）套管进行了段铣，用 ϕ114.3mm（4½in）发动机和 ϕ155.7mm（6⅛in）钻头进行了侧钻，目的是在一个 6m 厚的高渗透砂岩气层注气和采气，并且很顺利地达到所要求的产能效果。

2）连续油管侧钻

该项技术是 90 年代初期发展起来的一项新技术。在德国北部浅层衰竭地层井进行了连续油管水平侧钻,整个过程在常规钻机或修井机上实施连续作业。为了便于支撑连续油管注入头并提供操作平台,需要安装专用支撑底座,提升连续油管或其它井下工具的专用井架安装在该底座上。新型地面可控的定向工具和可调井下马达为 $\phi 60.3mm$ ($2\frac{3}{8}in$) 的连续油管作业提供了可靠的定向性能。1995年12月,在英国用连续油管欠平衡钻的第一口多侧向水平井提高产量400%。

随着连续油管钻井的发展,过油管钻井已成为连续油管钻井的主要应用方面,使其具有生命力的关键技术是在油管末端的套管内侧钻。生产出现问题时,有三种方案可选择:(1)水泥侧钻,在套管内旋转专门设计的水泥塞,用弯壳体钻井液发动机开窗侧钻;(2)在水泥中造斜,用水泥充填套管,用过油管装置以合适的工具面角在套管内侧钻;(3)过油管造斜,不用钻机的过油管重钻,比普通方法节约成本50%。

自1993年以来,大西洋富田公司用连续油管在普鲁德霍湾钻的35口井中有19口是侧钻井。荷兰东部的 Dalen 含硫气田的2号井已关井,而且产量降至 $3\times10^4 m^3/d$。1995年3月用连续油管侧钻后,在75Pa油管压力下产气量达 $36\times10^4 m^3/d$。

3) 短半径水平井侧钻

随着随钻测量工具的普及,短半径水平井钻井技术一定会上一个新台阶。该技术的优势是:(1)可以尽可能多钻油气层,可以从一个老井眼钻达多个断块,可以从一个垂直井眼打多口水平井;(2)适用于产层能量低,受现有套管尺寸限制且高斜度固井困难气井;(3)能节约技术套管,避开复杂段高斜度井;(4)在造斜点以下所钻井段短,节约时间。据 Spears & Associates 公司统计,到1998年,采用短半径水平钻井技术完成的侧钻井数分别占侧钻井的25%,因此短半径水平井技术在经济和技术上的前景是广阔的。

2. 老井加深

国外不断改进、完善了加深完井工艺及装置,不断降低加深成本,提高产量。

美国天然气研究所对 Antrim 页岩的 Norwood 地层进行了优化加深实例研究,并在此基础上总结出了五种加深方法:顿钻钻井、连续油管钻井、打捞筒捞砂法、动力水龙头/裸眼法、动力水龙头/下套管法。

以上五种气井加深方法在 Norwood 层的重新完井中,有四种方法获得成功,而打捞筒捞砂法可作为加深备用方法。WardLake 公司作业者用动力水龙头/裸眼法加深了17口井,其中15口井产气量明显上升,一口井只有少量变化,另一口井产气量平均增加了 $3.5\times10^3 m^3/d$。估计将来对 Norwood 层加深完井能开采出 $9.9\times10^{10}\sim14.1\times10^{10} m^3$ 的天然气。通过分析,动力水龙头/裸眼法、顿钻钻机/裸眼法和连续油管/裸眼法加深增产所需成本相差无几,而动力水龙头/下套管法的费用则较高,但该方法仍具有经济效益。要成功地使用这四种方法还应考虑原始地层压力、体积平均渗透率等因素。

1995年壳牌加拿大公司应用薄壁小井眼衬管装置在加拿大沃尔顿油气田的14口井实施了原有井加深计划。该装置设计包括薄壁、紧公差衬管挂、衬管顶部封隔器、回接密封组合以及衬管安放套筒,可以提供合理的抗皱裂和抗外挤强度,适宜于 $\phi 120.77mm$ ($4\frac{3}{4}in$) 井眼和 $\phi 73mm$ ($2\frac{7}{8}in$) $\times \phi 108.89mm$ ($3\frac{1}{2}in$) 钻柱。该计划从原钻井3674m加深到设计井深5560m,原有井加深比钻一口新井节约300~400万元。

第六节 修井综合应用实例

轮南57井是塔里木盆地塔北隆起直吉拉克背斜构造上三叠系的一口预探井,完钻井深

5440m，完钻层位志留系。经完井测试产天然气 $10.76\times10^4\mathrm{m}^3/\mathrm{d}$、原油 37.93t/d。

由于完井时下入井内的油管鞋不能满足生产动态测井的要求，决定起出油管，更换油管鞋。通过压井施工，换装好封井器后，在准备起油管时，由于套管闸门未打开，错误认为井已压稳，导致强烈井喷失控、着火的恶性事故。为了减少损失，由四川石油管理局组建了修井项目组，经过 36d 的紧张工作，修复了该井，恢复了油气产能，为国家节约了上千万元资金。

一、原始下井状况及修井方案的确定

1. 原始下井状况

因 ϕ177.8mm、ϕ244.5mm 套管被刺断，新的井口装置仅装在 ϕ339.7mm 套管底法兰上，ϕ73.0mm×4321m 油管被刺断落井，井下情况复杂。据测试和井喷情况分析，地层仍具有较大产油气能力，且压力较高。修井前井口及井下状况见图 7—17。

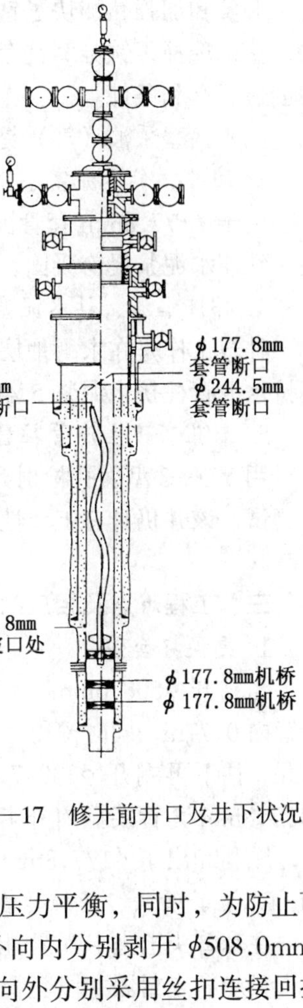

2. 修井方案的确定

（1）更换坏套管（ϕ177.8mm、ϕ244.5mm）各一根，换装套管头（ϕ508.0mm + ϕ339.7mm + ϕ244.5mm）、特殊四通及全套修井井口装置。该项工作的重点，一是确保下部套管螺纹不松动，顺利卸掉坏套管；二是防止随时可能发生的井喷失控，确保井控安全。

（2）打捞落井油管：该项工作的难度是井下状况不清。打捞是否顺利，处理中采取的技术措施正确、果断、得力，是防止事故复杂化的重要保证。

（3）ϕ177.8mm 套管试压、钻塞、刮管。

（4）下采油管柱、替喷、测试。

二、修井施工程序

1. 修复井口

（1）根据井史中提供的井口套管接箍数据，加深圆井，暴露各级套管接箍，更换坏套管。

图 7—17 修井前井口及井下状况

（2）更换坏套管：在更换坏套管施工前，先观察并求得井下压力平衡，同时，为防止可能发生的井喷，制备了内防喷帽以及井控应急措施。施工时由外向内分别剥开 ϕ508.0mm、ϕ339.7mm 套管，倒出 ϕ244.5mm、ϕ177.8mm 坏套管，再由内向外分别采用丝扣连接回接好 ϕ177.8mm、ϕ244.5mm 套管，ϕ339.7mm 和 ϕ508.0mm 套管采用内外加套焊接，从而保证了各级套管连接强度。

（3）吊装套管头：各层套管坐封及试压情况见表 7—2。

表 7—2　套管坐封数据

底管头尺寸 mm	坐封吨位 t	试 压 MPa
339.7	40	10
244.5	80	48
177.8	40	43

2. 处理井下事故

(1) 分别采用卡瓦打捞筒、公锥、母锥打捞油管；9d 时间共打捞出油管 4242.15m。但由于强烈井喷，使井下油管循环阀刺坏。其对应的 ϕ177.8mm 套管也被刺坏，产生近 1m 长的破口，几次下工具都摸不到鱼顶。鉴此，决定采用钻磨方法处理剩余落井油管。

(2) 钻磨落鱼：为尽量减少套管的损坏，加快钻磨速度，对磨鞋的形状、布齿、加工等进行了科学、合理的设计，并在钻磨过程中，分析起出的每一只磨鞋，对磨鞋的布齿及时进行了调整和加强，加快了钻磨速度。在钻磨后期，对破套管处的复杂情况采取了打铅印的办法，正确选择了铣锥磨铣套管破窗口，经磨铣修复后的破窗口起下较为畅通，为下步继续钻磨创造了有利条件。

(3) 钻磨采油（气）封隔器及桥塞。

3. 固井、钻水泥塞、测井

由于 ϕ177.8mm 套管被刺坏，故采用下 ϕ127.0mm 尾管完井。固井中由于库房水泥混装，致使水泥浆提前凝固，造成固井失败，钻水泥塞后声幅测井检查固井质量不合格。

4. 补挤水泥、钻水泥塞试压

补救工作是在求得地层吸收指数后，下入 ϕ177.8mm 挤注式电缆桥塞于喇叭口上 15m，下挤水泥管柱挤水泥浆 $5.4m^3$，经候凝后试压 35MPa，30min 不降，证明施工质量合格。

5. 射孔、下生产管柱替喷测试

用 YD—3 型射孔枪射开产层，然后下入封隔器及生产测试管柱，用清水替喷放喷后进行测试，该井仍具有工业性油气流，产能恢复，从而成功地修复了一口面临报废的高产油气井。

三、工程难点及相应的技术措施

1. 更换坏套管

当剥开 ϕ508.0mm、ϕ339.7mm 套管后，发现 ϕ244.5mm 套管接箍下掉至 ϕ339.7mm 套管内 0.77m，同时探得 ϕ177.8mm 套管接箍掉在 ϕ244.5mm 套管内 0.38m，决定再加深圆井，往下再剥开 ϕ339.7mm 套管，然后倒掉 ϕ244.5mm 坏套管，接着在现场中加工了 ϕ177.8mm 套管接箍内外卡瓦，将 ϕ177.8mm 套管接箍卡住并固定在 ϕ244.5mm 套管内壁上，顺利卸出了 ϕ177.8mm 坏套管。

2. 装套管头、悬挂套管

在套管头上坐卡瓦悬挂套管是关键，直接关系到修井的成败。由于该井各级套管固井后，只能靠未封固井段套管的安全抗拉强度以内的拉伸弹性变形长度坐卡瓦悬挂套管，由于水泥浆返高的原因，套管自由段短，拉伸变性长度小，直接坐卡瓦难度很大，于是采用了将悬重传给硬物体直接压迫卡瓦，使卡瓦收缩卡住套管的直接加压法，顺利悬挂住了三层套管，解决了悬挂套管的难题。按规定试压证明，悬挂和密封套管的质量较好。

3. 处理井下事故钻磨采油（气）封隔器和机械桥塞

从 4321m 钻封隔器开始到 4390m 都处于较困难的的低钻磨阶段。钻磨的主要特点：一是封隔器或桥塞与套管之间有相对转动，难以发挥磨鞋的效率；二是下部桥塞有轴向位移，被撑着走；三是射孔段有管外流动，上部坏套管处有垮砂现象，形成断续带砂，有时形成较严重的砂卡。针对这些特点，首先调整了泥浆性能，提高了泥浆的护壁性。再针对相对转动，适当增大钻压，调整转速及适当的泵压参数进行钻磨。另外，按钻磨规律增加了磨鞋的硬质合金齿，这样不仅提高了铣齿的强度，也提高了磨鞋的耐磨性。

4. 固 φ127.0mm 尾管

由于 145m 的钻磨井段复杂，套管破口处有遇阻现象，施工中将套管引鞋底打磨成圆弧型，较顺利地通过了遇阻点，并顺利悬挂住了尾管。在固井时，由于水泥浆提前凝固，则迅速将钻具起到了安全高度并循环出剩余水泥浆，避免了严重的"插旗杆"事故发生。

5. 补挤水泥

因为 φ127.0mm 尾管固井失败，该井井身质量达不到开采要求，所以须对 φ127.0mm 和 φ177.8mm 套管环形空间补挤水泥进行补救。由于环形空间间隙小，补挤水泥难度更大。

(1) 下 P—T 封隔器坐封于 φ127.0mm 喇叭口以上 14m，专门对环空进行清水试挤，取得地层吸收指数，掌握了地层的吸收能力。

(2) 针对固井失败的教训，严格要求水泥试验、配药质量、把好水泥浆质量关。

(3) 采用挤注式插管封隔器新工艺技术，提高施工成功可靠性。

(4) 严格控制水泥浆密度及挤水泥质量，以保证将较高密度、较均匀的水泥浆保留在封固井段及桥塞与 φ127.0mm 喇叭口之间，并在桥塞以下的 φ177.8mm 套管内形成坚固的水泥塞，作为钻桥塞的硬衬垫。

(5) 挤水泥施工中，尽量采用大排量挤注，使水泥浆形成整体的"活塞"连续下推，保证了封固段水泥环的质量。

(6) 为了防止候凝阶段桥塞封闭不严，造成向上窜漏而影响挤水泥质量，采取了反循环且上起管柱至一个安全高度，再憋压候凝的措施，既防止了桥塞密封不严，又保证了井下管柱的安全。

综上所述，该井修井成功的经验可概括为：①有一个"稳扎稳打、安全第一"的正确指导思想；②制定了一套正确的总体修井方案；③制定、采用了一套符合现场实际、切实可行的技术措施；④施工队伍素质高，技术过硬。

思考题

1. 试述修井工作的重要意义和气井修井的主要特点。
2. 气井修井应遵循哪些基本原则？
3. 试述气井防喷管线的安装有什么要求？
4. 试述气井不压井油管作业的重要意义及其基本方法？
5. 试述气井小修、大修的各自特点与所包含的主要工艺内容范围。
6. 试述清砂的目的、意义和主要分类？
7. 怎样确定出水层位和制定相应的治水措施？
8. 试述老井重钻的条件和分类？

参 考 文 献

万仁溥，罗英俊主编．采油技术手册（修订本）第五分册：修井工具与技术．北京：石油工业出版社，1989

吴志义主编．修井工程．北京：石油工业出版社，1992

杨川东主编．采气工程．北京：石油工业出版社，1997

刘玉生等．轮南 57 井复杂事故修井技术．天然气工业，15（4），1995

张万义．清砂工艺研究．钻采工艺．16（1），1993

唐一心．不压井起下钻装置及工艺技术．钻采工艺，18（1），1995

第八章 采气工程方案设计

采气工程是一个整体系统工程，不是单项技术。采气工程成为一门科学，是通过采气工程整体方案实现的。90年代以来，我国的四川气田大天池构造带石炭系气藏和新疆的吉拉克凝析油气田等，都通过采气工程方案设计的编制来作好气藏（气田）正规开发前的技术准备。每一个新气藏的开发建设，都应该搞好采气工程方案设计的编制，确保有一个科学、实用、高效、完整的采气工程方案。

采气工程方案是指贯彻气藏工程方案并适应于气藏地质特征和储层特点、能对气藏实施经济、高效开发的采气工程配套技术整体设计。采气工程方案与气藏工程方案、地面建设工程方案三位一体，组成的气藏开发方案的总体设计（图8—1），是指导气藏科学开发的重要技术规则。

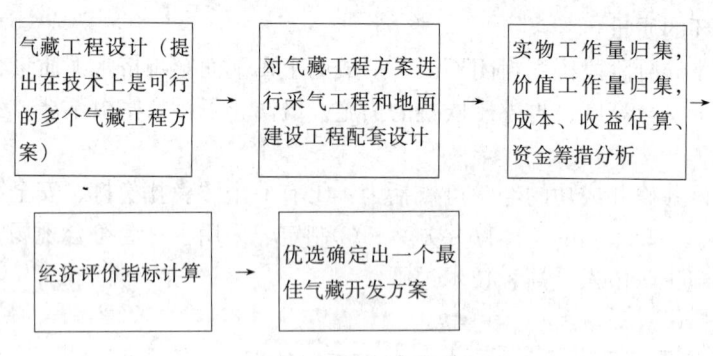

图8—1 气藏开发方案总体设计程序示意图

采气工程必须通过所编制的方案设计，把各个单项工艺技术有机地组成一个整体并有效作用于气藏，才能把气藏的储量最大地控制和动用起来，以达到高效开发的预期目的。因此，采气工程方案设计是气藏开发总体建设方案设计的重要组成部分和核心，是实现气藏开发总体方案和天然气生产指标的主要工程技术保证，在提高气藏开发最终采收率和总体经济效益中占有举足轻重的地位。

第一节 采气工程方案设计的特点

采气工程方案研究的主要对象在地下。采气工程方案设计应从掌握气藏生产特征入手，在深入调查研究和总结气藏开发在应用采气工程技术方面已取得成功经验的基础上，通过一系列导向技术的深入研究和先导性试验，提出能确保气藏开发指标完成的先进采气工程配套技术设计方案。因此，采气工程方案设计具有明显特点。

一、综合性

采气工程方案设计是一项涉及多学科、多专业内容的综合性研究。采气工程方案设计不仅要研究影响各项工艺方案决策的技术因素，还要研究经济因素和综合因素，需要掌握各种工艺措施的技术发展方向、适应性和应用效果。

二、特殊性

由于不同储层的地质成因、岩性、物性、流体性质以及驱动方式的显著差异，我国现今已知气藏的类型繁多，如可划分气驱气藏、水驱气藏、凝析气藏、含硫气藏、低渗气藏等。每一类，甚至每一个气藏都有其自身的特性。因此，采气工程方案设计虽有规可循，也决不可能是一成不变的模式。根据我国天然气地质特点，对不同类型气藏应实行不同的方案原则，每个采气工程方案设计都应该随着气藏类型和特征的显著差异，在基本内容上有所不同。而每个采气工程方案都应针对不同气藏的具体类型和特征，提出相应的采气工程方案措施和配套技术决策，以求获得气藏的高效开发。

三、系统性

采气工程方案设计是以气藏工程为基础，并与地面建设配套工程有着密切的联系。因此采气工程方案设计的研究与优化是多目标和多因素的，它既要研究各单项工艺技术的先进性、可操作性，又要研究其配套后的整体应用效果以及对气藏工程的适应性与对地面建设工程的要求和影响，进而寻求采气工程方案整体效果的最优化，以确保气藏开发指标的实现。

四、超前性

采气工程方案设计，是在新气藏尚未正式投入开发之前进行的，带有明显的超前性。为了确保方案设计的结果准确、可靠，并满足开发指标的要求，要求必须尽可能地掌握各种信息资料，科学地预测影响气藏不同开发阶段稳产的主要矛盾，拟定近期和中远期科学技术研究课题，超前做好科研攻关的技术准备，超前储备必需的技术，才能推动采气工程技术的进步。

五、优化性

采气工程方案设计的实践证明，方案的优化就是最大的节约。采气工程不仅自身与气藏开发的总体效益密切相关、是一项投入大的系统工程，而且采气工程方案设计研究的专题也较复杂，每一专题都存在着各有利弊、相互制约、经济效益也不尽相同的多个解决方案。需要进行多方案的全面分析、对比和评价，才能优选出最优方案，以尽量避免决策失误，通过科学、合理的采气工程方案的实施和采气工程技术的进步来实现气藏开发总体效益的提高。

第二节　采气工程方案设计的前期工作

抓好采气工程方案设计的前期工作，是搞好方案设计编制的基础。采气工程方案设计的前期工作，主要有三个方面。

一、导向技术研究和先导性试验

科学决策正确与否，不仅是决定采气工程方案设计成败的基本因素，而且也是影响开发总体效益的决定性因素。有关采气工程方案设计的重大技术决策，都必须经过导向技术研究和先导性试验，只有经研究和试验证实能对气藏开发总体经济效益起重大影响的采气工程技术才能推广应用。所谓导向技术研究，就是针对气藏特点、不同开采阶段的主要矛盾、以及工艺技术的薄弱环节，把研究的重点放在影响采气工艺技术发展方向的重大课题上，从宏观上加以控制和引导，使其能按照气藏开发的演变有针对性地发展工艺技术。如针对采气工程方案设计的自身薄弱环节和近几年来新勘探的气藏低渗低产部分储量所占比例大，储层改造、增产工艺措施难度大、工作量大的实际，"八五"以来，四川盆地气田先后开展了"采气工程方案的经济评价"、"不同类型气藏开采工艺模式研究"、"多产层分采工艺技术可行性研究"等导向技术研究。在进行导向技术研究的基础上，以点带面，先突破、后推广，重点开展了"铁山21井—井两层分采"、"高含硫气田水达标处理"、"水力射流泵排水采气"、"排水找气"和"低渗透气藏高强度深穿透改造"等先导性试验，对有针对性地超前发展和提高采气工艺技术，密切其与气田开发方案总体经济效益的关系，起到了先导性作用。

如M气田Tr_1^j低渗透气藏通过加砂压裂高强度深穿透改造先导性试验，研制了能计算动态裂缝几何尺寸、生产剖面温度、填砂裂缝与酸蚀裂缝导流能力、氢离子传质系数及液体综合滤失系数的计算机优化设计软件，并指导M14井加砂压裂取得了显著增产效果。

施工前，M14井在井底流压19.2MPa条件下气产量为$0.93 \times 10^4 m^3/d$。施工设计时进行了施工规模的计算机优选，并根据计算的施工后缝长预测施工效果，用温度剖面程序绘制了压裂施工过程中，井筒内和裂缝内液体温度剖面。施工中，实际挤入地层前置液$50m^3$、携砂液$54.5m^3$、陶粒17.17t，施工泵压57~83MPa，排量840~2520L/min，平均加砂浓度$371.9kg/m^3$，最高压力86MPa，裂缝高度22m，从压井、低替酸液、隔离液、前置液、

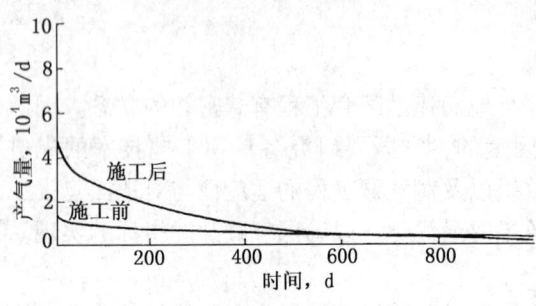

图8—2　M14井加砂压裂前后产量对比曲线图

注前置液、注携砂液，完成了设计指标，符合性很好，各项施工参数满足了工艺需要，达到了设计要求和预期目的。施工后，该井自喷排液16d，排出程度54.58%，未见砂子退出，经测试，在井底流压为29.54MPa条件下，产气量为$5.59 \times 10^4 m^3/d$（图8—2），从而为该气藏的采气工程方案设计提供了科学依据。

二、采气工程技术现状

为了使采气工程方案与具体设计气藏的特征相适应。方案编制前需要对设计气藏的试采和邻近气藏开采中出现的问题及采气工程的技术现状进行深入调查研究。主要有：

(1) 设计气藏的类型、储层性质、地质特征、流体性质与油气水分布关系。

(2) 设计气藏开发的主要指标、技术政策、开发过程中可能出现的主要矛盾、相应技术对策。

(3) 设计气藏的气井试采情况、产能大小、气井稳产趋势及其主要影响因素。

(4) 设计气藏的采气工程现有技术水平，新工艺、新技术的应用前景和需配套研究的重点专题。

(5) 国内外开发同类气藏可供借鉴的有效工艺技术。

三、技术准备

采气工程方案设计必须以科研成果作支撑，只有有了高适应性的配套工艺技术，才有采气工程方案的高水平。针对现状调查中掌握的对气藏开发效益有重要影响、需要大量应用的工艺技术，要搞好研究，并促使其尽快配套。如为了编制好川东大天池构造带石炭系气藏的采气工程方案设计，在现状调查基础上，针对气藏具体地质特征，重点开展了"完井套管强度计算"、"射孔工艺优化参数设计"、"气层改造优化设计"、"井下管柱受力分析"、"采气工艺方式优化设计"、"生产气井压力系统（节点）分析"等研究。总结和深化了四川盆地气田

采气工程的经验,对搞好大天池石炭系气藏采气工程方案设计有重要的指导作用。此外,为了提高采气工程方案设计的整体能力和水平,应做好超前技术准备,当前还应该围绕技术发展方向重点加强以下八个方面工作:

(1) 深化对气藏特征的认识,加强促进采气工程和气藏工程更紧密结合的气藏描述研究。
(2) 提高排水采气工艺优化设计水平的产水气井流入动态曲线研究。
(3) 有利于气井生产系统优化决策的多流体数学模型的机理和多相流动实验研究。
(4) 立足双高,实现少井高产的一井多层开采工艺和工具研究。
(5) 提高气井增产措施效率的地应力场和裂缝分布规律研究。
(6) 提高设计水平的采气工程方案设计新方法和专家系统研究。
(7) 提高采气工程配套工艺技术水平的低压井修井与二次完井工艺技术研究。
(8) 以实现不同模式气藏高效、高水平开发为目的的提高天然气采收率研究。

第三节 采气工程方案设计的基本任务和主体工艺

一、采气工程方案设计的基本任务

采气工程方案设计的基本任务是针对气藏的地质特征和储层性质,在对气井生产系统节点分析和室内岩心实验的基础上,编制气藏开发的主体工艺方案,并配套形成生产能力,对气藏实施经济、高效的开发。

二、采气工程方案设计的主体工艺内容

1. 完井工程及开发全过程的气层保护技术

根据气藏工程和采气工程的要求,选择新开发井的钻井方法和钻井液、完井方法和完井液、井身结构和套管程序;对固井质量提出技术标准、检测方法与要求;针对储层岩性、物性和流体性质,制定完井和开发全过程保护气层、防止损害的具体措施。

2. 射孔设计

对于射孔完井,要采用节点分析技术优选射孔方法、射孔枪型和射孔参数,并对减少产层损害的射孔新工艺提出推荐建议。

3. 气井采气工艺方式与设计

根据不同类型气藏的开发地质特征和气藏工程方案,确定与之相适应的采气工艺技术方案和配套的工艺技术;优选自喷管柱、自喷之后的人工举升方式以及必要的配套工艺技术及装备。

4. 增产措施设计

根据储层物性、岩性和产层所受损害的类型与程度,优选与之相适应的压裂酸化增产工艺措施、施工工艺方式、施工参数和设备,以及防止施工中各种入井液对产层造成再次损害的预防措施与技术要求。

5. 生产动态监测技术

根据气藏和采气工程的要求,确定气藏开发过程中以试井和生产测井为主要内容的生产动态和井下监测技术方案,并选择相应的设备和仪器、仪表。

6. 气井修井和井下作业技术

根据气藏开发地质特征和储层流体性质,对于采气井生产过程中需进行修井和井下作业

的主要工作量、所需队伍及装备进行预测，提出相应的技术标准和质量要求。

7. 井下作业配套

按照有关定额标准，对新气藏井下作业队伍与设备配套。

8. 其它配套工艺技术

针对气井有可能出现的产层出砂、管内水合物、管内结垢以及硫化氢与二氧化碳腐蚀等问题，进行相应的机理研究，因地制宜地提出经济可行、技术可靠的解决方案和预防措施。

9. 经济分析

坚持以效益为中心的原则。对气藏投入开发生产中所发生的采气工程方案各项工艺技术措施、装备和科研费用加以测算，在确保完成气藏开发指标的前提下，使整体方案的技术经济效果最优。

三、主体工艺的分析论证

不同类型的气藏其主体工艺的内容显然是不相同的。对同一气藏而言，其主体工艺的配套技术也会存在多个方案。只有经过充分的分析论证，才能科学地确定适应气藏特点的主体工艺技术。主体工艺分析论证的基本任务，在于把气藏开发的方针、政策和气藏工程设计方案部署，化为采气工程方案的各项工作指标，并根据气藏工程方案提供的开采方式，确定主体工艺及其配套工艺技术，这是提高采气工程整体治理水平和效益的基本保证。

为了完成上述任务，一般应根据气藏地质特征和气藏工程方案，把气藏产层渗流大系统和气井生产大系统作为一个完整的系统工程，抓住主体工艺的完井工程、采气工艺方式、增产措施、井下工艺、生产动态监测以及经济评价等各个环节的主要工艺技术问题、不同设计方法，突出难点进行分类，建立多个备选方案，并采用室内实验、数值模拟及经济评价相结合的研究方法，分别从生产可行性、经济合理性及综合适应性等不同方面对各种备选方案进行分析、评价、论证，从中筛选出适应气藏地质特征和经济可行的技术方案。如在1992年编制吉拉克凝析油气田的完井工程方案、1997编制塔里木盆地牙哈凝析气田采油工程方案设计中，对油管的设计提出了Коротаев方法、Sereda等人方法、Гуматугинов方法、杨川东方法、Beggs方法、Turner方法等多种方法作备选方案，并运用吉拉克凝析油气田数据用多种方法进行计算、分析、对比，筛选出了设计油管最大直径的最优推荐方案。1994年M气田编制的Tr_1^1采气工程方案设计，不仅在生产管柱设计中把单一管柱、复合管柱、带封隔器的一次性完井管柱作为备选方案，在后续采气工艺方案中，对人工举升方式提出了多种备选方案，而且对具体方案还进行了9种方案的经济对比，最终确定出最佳的采气工程主体工艺方案。

第四节 采气工程方案设计程序

采气工程方案的设计程序主要是指设计的原则和依据、主体工艺方案的分析与设计、方案的经济分析及评价，并可按图8—3所示模式进行。

一、采气工程方案的设计原则

采气工程方案设计应符合中华人民共和国石油天然气行业标准《采气工程方案设计编写规范》和原中国石油天然气总公司（90）字第40号文关于编制"采油工艺技术设计方案"的要求，必须从气藏开发的总体目标出发，以气藏地质特征和气藏工程为依据，提出主体方案的设计，并注意内容的针对性和完整性、方案的系统性、经济性和科学性，确保整个方案能体现经济、高效和高采收率开发气藏的基本原则。

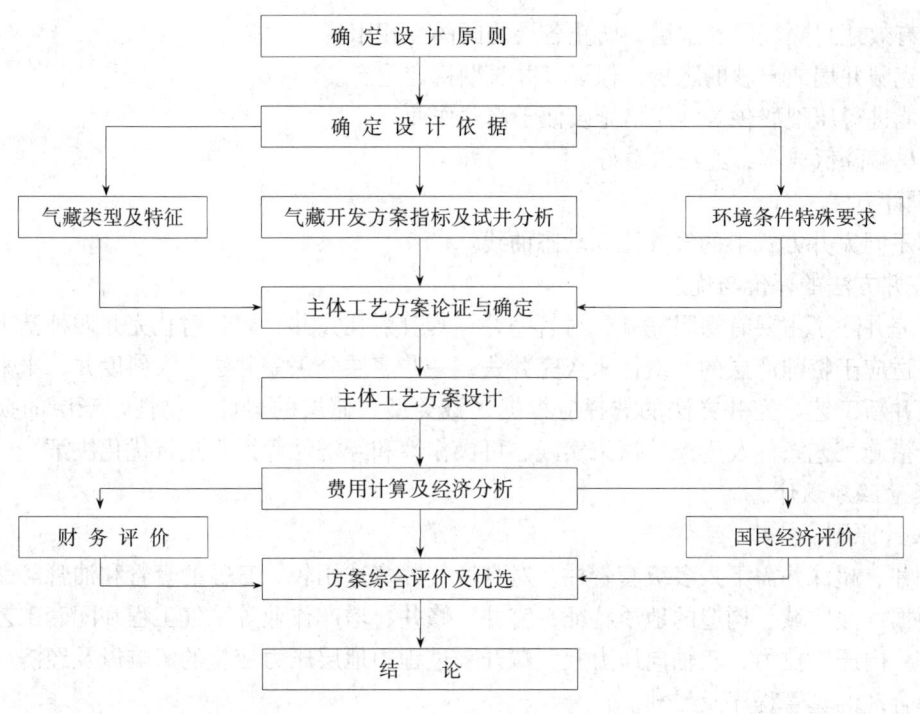

图 8—3 采气工程方案设计程序模式图

二、采气工程方案的设计依据

1. 气藏类型及储层参数

(1) 气藏类型及特征：储层类型、压力系统等。

(2) 储层参数：孔隙度、渗透率、含水饱和度、天然气相对密度、硫化氢含量、二氧化碳含量、地层水性质、预测气水界面等。

2. 气藏开发方案

(1) 气藏开发方案要点：

①开发方案要点与指标：开发单元、开发层系、产能规模、完井数、已获气井数、正钻井数、部署井数、总生产井数、采气速度、稳产年限及其指标。

②试采结果分析：了解和掌握流体相态、气井产能、压力场与温度场特性，加深对气藏地质特征、开采工程主要矛盾及技术界限、经济政策的认识。

(2) 气井开采方式。根据气藏工程设计提供的开采方式，确定主体采气工艺的备选方案。

(3) 环境条件特殊要求。

三、主体工艺分析论证

依据气藏工程方案提供的开发方式和备选方案，经分析论证初步确定主体采气工艺及其配套技术。

四、完井工程及开发全过程的气层保护技术

1. 完井工程设计原则和方法

1) 原则

(1) 符合气藏特点，满足气藏开发的总体需要，保护气层，尽可能减少对气层的损害。

(2) 有效地封隔气层和水层，防止各层之间的互相窜扰。
(3) 克服井塌或出砂的影响，保证气井长期稳定生产。
(4) 能进行压裂酸化等增产措施及便于修井作业。
(5) 尽量降低成本，经济效益好。

2) 设计方法

计算不同完井方式下的气井流入动态曲线。

3) 完井方法的评价与优选

气井完井除了主要有裸眼完井、衬管完井、套管射孔完井、尾管射孔完井四种基本方法外，还有适应于特殊产层的一次性永久完井法，一井多层分采完井法，大斜度井、水平井完井法等完井新工艺。完井方法的选择应根据气藏类型、储层的岩性、物性、产层的损害程度、增产措施工艺条件及生产井试采实践、可操作性和经济性等因素进行优化决策。

2. 套管程序设计

1) 设计原则

对深井、超深井需下入多级套管柱，对高产气井多选用较大直径的套管和油管。一般情况下，根据气藏区域、构造的地质特征，完井、修井、增产作业等采气工程和配套工艺的要求，外挤、内压、拉力、双轴向压力及气藏开采过程中地层压力变化的影响以及经济、安全性，选择合理的套管程序及尺寸。

对3000m以内的中、深井套管程序，一般采用程序为 $\phi 244.47mm \times 177.8mm \times 127mm$ 或 $\phi 244.47mm \times 177.8mm$ 结构。对3000m以上的深井推荐采用文献[2]研究、提出的设计程序确定合理的套管尺寸及下入深度（图8—4）。图中339.7>200表示套管尺寸 $\phi 339.7mm$，下入深度大于200m，其余类同。

2) 完井套管柱的强度计算与校核

从开发方面着重考虑对生产套管提出设计方案，引用行标 SY 5322—88《套管强度设计推荐方法》，进行套管柱强度计算与校核。

在生产套管设计中管内按全掏空和双轴应力来计算，对高压压裂酸化，封隔器坐封在施工层段套管顶部时，考虑膨胀效应和活塞效应产生的作用力对完井套管强度进行校核。

3. 固井设计要求

固井设计必须确保固井质量能适应采气工艺、增产措施及修井等井下作业的需要。设计的基本要素包括以下几个方面：

(1) 采用前置液，包括清洗液和隔离液。
(2) 水泥返高到设计要求。其中，对气井生产套管应采取水泥返至地面，以利于增加生产套管抗内外压能力。
(3) 水泥浆密度符合要求，一般分两级注水泥，产层用快凝水泥，其它层段用缓凝水泥。
(4) 扶正套管，井口一般2～3根套管加一只扶正器，气层上、下200m及产层每根加一只。
(5) 适当缩短稠化时间：设计稠化时间为施工时间加1～2h安全余量。
(6) 提高抗压强度：一般加30%～40%石英砂。
(7) 活动套管：施工中以旋转方式为主。
(8) 实行紊流顶替。

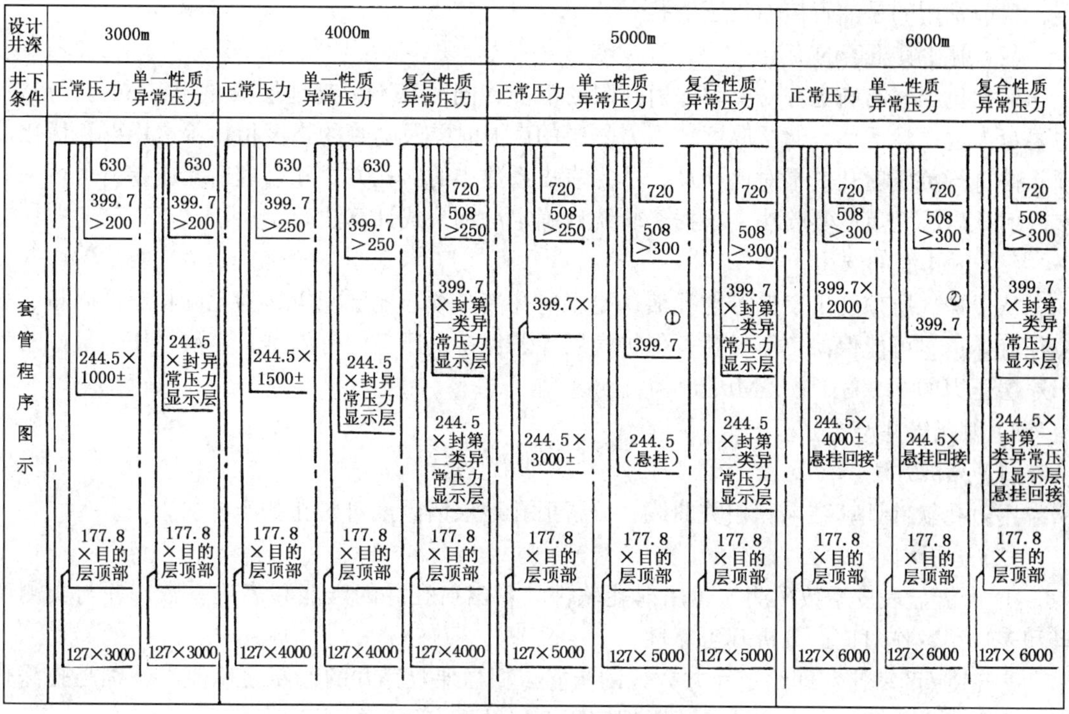

设计井深	3000m		4000m			5000m			6000m		
井下条件	正常压力	单一性质异常压力	正常压力	单一性质异常压力	复合性质异常压力	正常压力	单一性质异常压力	复合性质异常压力	正常压力	单一性质异常压力	复合性质异常压力
套管程序图示	630 / 399.7 >200 / 244.5×1000± / 177.8×目的层顶部 / 127×3000	630 / 399.7 >200 / 244.5×封异常压力显示层 / 177.8×目的层顶部 / 127×3000	630 / 399.7 >250 / 244.5×1500± / 177.8×目的层顶部 / 127×4000	630 / 399.7 >250 / 244.5×封异常压力显示层 / 177.8×目的层顶部 / 127×4000	720 / 508 >250 / 399.7封第一类异常压力显示层 / 244.5×封第二类异常压力显示层 / 177.8×目的层顶部 / 127×4000	720 / 508 >300 / 399.7 ① / 244.5×3000± / 177.8×目的层顶部 / 127×5000	720 / 508 >300 / 244.5（悬挂）/ 177.8×目的层顶部 / 127×5000	720 / 508 >300 / 399.7 / 244.5×封第二类异常压力显示层 / 177.8×目的层顶部 / 127×5000	720 / 508 >300 / 399.7×2000 / 244.5×4000±悬挂回接 / 177.8×目的层顶部 / 127×6000	720 / 508 >300 / 399.7 ② / 244.5×悬挂回接 / 177.8×目的层顶部 / 127×6000	720 / 508 >300 / 399.7×封第一类异常压力显示层 / 244.5×封第二类异常压力显示层悬挂回接 / 177.8×目的层顶部 / 127×6000

图8—4 套管程序设计示意图

①、②—调整339.7mm或244.5mm套管下深，就近封隔异常
压力显示层，另一层套管下深则作相应调整

（9）固井后用声波或变密度法检查固井质量，不合格者需采取补救措施。

4．射孔设计

射孔是完井工程中重要的组成部分。它是在固井后，根据取气井的录井和电测资料，重新打开目的层，沟通气层与井筒的一项工艺技术，为了实现气井高产、稳产，必须选择最合理的射孔井段和有效的工艺技术来实现。

1）射孔完井参数的优化设计

（1）气井射孔完井参数优化设计所需的基础资料：

① 气层损害深度和损害程度。根据取得的地层测试资料并结合本地区现场经验确定损害深度和损害程度。

② 孔眼压实带厚度和压实程度。按试验数据一般取：孔眼压实程度为0.2~0.25，压实带厚度为12~15mm左右。

③ 孔密、孔径、孔深。孔密取值范围为10~20孔/m。孔径、孔深的取值由选用弹型决定。

④ 其它数据：井眼半径和渗透率等。

（2）射孔参数优化设计方法：使用西南石油学院的射孔优化设计软件，对影响气井射孔效果的孔径、孔密、相位角和布孔格式等因素进行敏感性计算，优选出该气藏使用的弹型、孔密、相位角、布孔格式等参数。

2）射孔工艺方案选择

（1）射孔方式。

一般有电缆输送射孔（正压射孔）、过油管射孔和油管传输射孔三种方式。为了保护气层，目前常用的是油管传输负压射孔。

（2）射孔负压值的确定。

射孔负压值的确定首先要确保射孔眼的清洁，同时又不引起地层大量出砂及套管挤毁。主要考虑地层渗透率、储层厚度、泥岩隔层的声波时差及套管的强度指标等。用射孔优化设计软件进行负压射孔效果对比计算，选择表皮系数小的射孔方式和合理射孔压差。也可采用室内射孔岩心靶负压实验法、根据经验统计确定法和公式计算法。

（3）射孔液的选用。

从保护气层角度出发选择射孔液，要求射孔液必须与地层配伍，为无固相或低固相、小粒径液体；尽可能保持负压射孔，保护气层。若保持负压条件有困难，其液柱压力最好略大于地层压力的 0.303~3.03MPa。

3）射孔气井产能分析

（1）分析方法。

用射孔软件计算结果和相关曲线，分析射孔地层诸因素对射孔井产能的影响。

（2）分析内容。

① 产能与表皮系数预测。运用射孔软件计算出射孔井的产能和表皮系数，并与实测产量和表皮系数作对比，分析其可靠性。

② PR（产率比，即给定完井方式的产能与相当裸眼完井的产能之比值）分别与孔深孔密、孔眼直径、相位角、布孔格式、损害程度以及压实程度的关系。

4）推荐的射孔参数及工艺

（1）射孔参数。

参数有射孔弹型、射孔密度、相位角、布孔格式。推荐根据 SY 5065—85《过油管射孔枪》选用射孔枪及射孔弹，目前气田常采用 4 种类型的射孔枪（表 8—1）和相应的 4 种类型射孔弹（表 8—2）。

表 8—1 SYD 系列射孔弹性能表

射孔弹 型号	API、PR43 混凝土靶 穿透，mm	孔径，mm	适用套管直径 mm	耐温条件 ℃/48h
SYD—73	≥350	≥10	127~140	150
SYD—89	≥400	≥10	140~178	150
SYD—102	≥500	≥10	178	150
SYD—127	≥700	≥10	178	150

表 8—2 SYD 系列射孔枪参数表

枪型	最大外径 mm	相位度	孔密 孔/m	适用套管直径 mm
73	73	60/90	12/16/20	127~140
89	89	60/90	12/16/20	140~178
102	102	60/90	12/6	178
127	127	60/90	12/6	178

(2) 射孔工艺。

射孔方式、选定的负压值范围及使用的射孔液。采用抽汲或混气水洗井的方法，使液面降到需要的位置，一般负压程度可降液面 1000～1500m。

(3) 确定丢枪口袋长度。

实际丢枪口袋长度应由人工井底距产层底界的距离、生产测井及过油管作业要求生产油管应下到产层顶界长度加上产层顶界至油管下入深度的距离确定，这样才能确定生产全过程中，各项工艺对人工口袋的特殊要求，为使气井长期稳定生产创造有利的条件。

5. 开发全过程的气层系统保护技术

气层系统保护技术是关系气田开发效果好坏的大事。在钻井、完井、增产作业、采气、修井作业等开发全过程中，实现系统的有效保护气层措施，是减轻产层损害、充分发挥产层潜能、提高气田开发效益的重要手段之一。

1) 气层损害评价方法

气层损害评价方法有矿场试井定量评价，室内岩心流动实验方法和毛细管曲线分析方法。一般采用前两种方法。其评价指标很多，以表皮系数和产率比最为常用。

井底周围气层受损害以后使气井产能下降的现象称为表皮效应。一般用表皮系数作为定量指标来评价气层损害程度大小。一般用 M·F·霍金斯（Hawkins）的表达式：

$$S = \left(\frac{K_e}{K_s} - 1\right)\ln\left(\frac{r_s}{r_w}\right) \tag{8-1}$$

式中 S——表皮系数，无量纲；

K_e——气层原始渗透率，μm^2；

K_s——气层受损害地带渗透率，μm^2；

r_s——气层受损害地带半径，m；

r_w——井眼半径，m。

现场检测出的表皮系数常是钻井、完井等各方面引起的综合表皮系数，至于是哪种因素引起的，要对实际井层作具体分析后才能得出结论。根据四川盆地气田多年的实践和大量试井资料的处理、解释和分析，得出一个经验性的损害指标的标准（表8—3）。

表8—3 气层损害评价指标及标准表

介质类型		评价指标	代表符号	评价标准		
				损害	未损害	激化
均质介质	1	表皮系数	S	>0	=0	<0
	2	流动效率	FE	<1	=1	>1
	3	堵塞比	D	<1	=1	>1
	4	附加压力损失	Δp	>0	=0	<0
	5	平均损害半径	r_s	>r_w	=r_w	<r_w
双重介质		表皮系数	S	>-3	=-3	<-3
		流动效率	FE	<1.2	=1.2	>1.2

为了正确选择损害后的工艺措施，要对损害程度进行分类和判别。通常应用流动效率来判别气井的损害程度。根据四川盆地气田的实践和经验，按表8—4标准进行判别。

表 8—4　判别气层损害程度标准表

项目 分类	流动效率 FE	产能损失 Q_s, % $Q_s = (1-FE) \times 100\%$	损害程度分级
严重损害	<0.2	>80	Ⅳ
较严重损害	≥0.2~<0.5	≤80~>50	Ⅲ
中等损害	≥0.5~<0.8	≤50~>20	Ⅱ
轻度损害	≥0.8~<1.0	≤20~>0	Ⅰ
无损害	≥1.0	0	

2) 气层损害评价依据、指标及标准

各种工作液的适应性评价,要以储集层特征为依据,通过岩心实验分析其水敏、速敏、酸敏、盐敏等损害情况。

3) 钻井、完井过程中的损害评价及保护措施

(1) 损害评价。

钻井完井过程对储集层的损害,由所采用的工艺措施和使用的钻井完井液两者共同作用造成。可从以下几方面进行评价分析:

① 钻井完井液的类型及对储层的损害程度和深度;

② 采用的钻井压差,并与平衡钻井压差相比较;

③ 钻井完井液的浸泡时间及损害情况;

④ 泥浆中的固相颗粒分布及损害情况;

⑤ 加重剂等的使用及损害情况。

(2) 保护措施。

根据上述评价分析,提出适应保护气藏的钻井完井方案,包括:

① 推荐采用优质的钻井完井液;

② 控制固相颗粒粒径范围和比例;

③ 选用合适的加重剂;

④ 选用合适的钻井完井液密度,控制钻井压差,尽量实现近平衡钻井。控制起下钻速度,减少泥浆的浸泡时间等;

⑤ 对存在水敏或酸敏、速敏等损害的储集层,应采用相应的工艺技术。

4) 射孔过程对储集层的损害评价及保护措施

(1) 损害评价。

射孔完井对储集层造成的损害与射孔后的表皮效应和堵塞等有关,可归纳为以下几方面:

① 射孔参数的评价:孔径、孔深、孔密的大小与损害程度之关系;

② 射孔方法:正负压射孔方式对产层压碎、压实等的影响;

③ 射孔液:使用的射孔液与地层的配伍性、固相颗粒引起的堵塞等情况。

(2) 保护措施。

① 最大限度地减少钻井损害,防止形成深穿透损害;

② 选用尽量能穿透损害带的深穿透射孔和尽可能高的孔密;

③ 使用干净、优质射孔液,并避免二次损害;

④ 推荐采用的射孔方式及负压值选用范围。

5) 增产措施、修井等作业过程中的损害评价及保护措施

(1) 损害评价。

① 酸液及酸化施工工艺的损害评价；

② 修井作业及修井液的损害评价。

(2) 保护措施。

① 采用合适的酸化工艺；

② 选用低损害的压裂液及添加剂；

③ 修井作业采用无固相或低固相、低损害工作液及相应的施工工艺。

6) 生产过程中可能产生的损害及保护措施

生产过程中可能产生的损害，从以下几方面考虑：

(1) 大流量生产可能引起粘土及游泥的运移、堵塞；

(2) 大压差生产可能引起地层压实及孔隙度急剧降低，产量下降；

(3) 气井含硫较高引起井下管串腐蚀、脏物堵塞，使气井产能明显下降。

保护措施：确保合适的采气速度和合理的生产压差，注重生产过程中的防腐、防垢等。

五、采气工艺方式选择

采气工艺方式选择的基本原则是少井、高产、经济、实用。其设计的依据是气藏地质研究、气藏工程设计及气田生产的地面条件，所选择的采气工艺方式应对气井的生产状况有较强的适应性，能够安全可靠地充分发挥气井的生产能力，能减少井下作业工作量，并适合气田野外工作环境和动力供应条件。

1. 气井生产系统节点分析及主要数学模型

1) 气井生产系统节点分析

气井生产系统节点分析是采气工程方案设计中一项十分重要的基础研究工作，它以气藏流入条件为基础，把气井从气藏经过完井井段、井底、油管、人工举升装置、井口、地面管线至分离器的各个生产环节作为一个完整的压力系统来考虑，就其各个部分在生产过程中的压力损耗进行综合分析，以气藏能量及其预测在生产过程中各节点的压力变化为依据，优化设计出最大发挥气藏能量利用率的油管直径、井身结构、生产管柱、投产方式，为采气工艺及地面工程设计提供可靠的技术决策依据。根据气藏开发的实际需要，一般对油管尺寸、井口压力和地层压力进行分析。

2) 主要数学模型

节点分析中使用的主要数学模型包括：

(1) 天然气的物性参数：天然气的假临界特性、天然气的偏差系数和天然气的粘度。

(2) 气井的 IPR 曲线方程：

① 二项式：$p_r^2 - p_{wf}^2 = Aq_{sc} + Bq_{sc}^2$ (8—2)

② 指数式：$q_{sc} = C(p_r^2 - p_{wf}^2)^n$ (8—3)

式中　$A = 0.01278 \mu_g T_{wf} Z [\ln(r_e/r_w) - 0.75 + S]/(hK)$；　(8—4)

　　　$B = 2.3 \times 10^{-9} \gamma_g \beta T_{wf} Z (1/r_w - 1/r_e)/(h^2 K)$；　(8—5)

　　　p_r——地层压力，MPa；

　　　p_{wf}——井底流动压力，MPa；

q_{sc}——产气量，m^3/d；

T_{wf}——地层井底温度，K；

h——地层有效厚度，m；

r_e——气井供给边界半径，m；

r_w——井底半径，m；

S——视表皮系数；

β——湍流影响的惯性阻力系数；

K——有效渗透率，μm^2；

μ_g——地层气体的粘度，$mPa·s$；

Z——天然气的偏差系数。

(3) 气井油管流出动态关系式：

$$p_{wf} = [p_{tf}^2 e^S + \beta(e^S - 1)]^{0.5} \tag{8—6}$$

式中
$$\beta = 1.405 \times 10^{-18} \lambda (q_{sc}TZ)^2/d^5 \tag{8—7}$$

$$S = 0.0683 \gamma_g H / (T_{wf}Z) \tag{8—8}$$

$$\lambda = [1.14 - 2\lg(E/d) + 21.25 N_{Re}^{0.9}]^{-2} \tag{8—9}$$

$$N_{Re} = 0.0178 \gamma_g q_{sc} / (\mu_g d) \tag{8—10}$$

p_{tf}——井口流动压力，MPa；

p_{wf}——井底流动压力，MPa；

q_{sc}——气体产量，m^3/d；

d——油管直径，m；

H——井的深度，m；

T——平均温度，K；

E——油管粗糙度，m。

(4) 气体的节流：

$$q_{sc} = 555 C_d A p_1 [2gK(\varepsilon^{2/K} - \varepsilon^{(K+1)/K})/(K-1)]^{0.5}/(T_1 Z_1 \gamma_g)^{0.5} \tag{8—11}$$

若 $\varepsilon = p_2/p_1 < 0.55$，并取 $K = 1.27$，$C_d = 0.865$，则有：

$$q_{sc} = 2420 A p_1 (T_1 Z_1 \gamma_g)^{-0.5} \tag{8—12}$$

如 $\varepsilon = p_2/p_1 \geqslant 0.55$，则有：

$$q_{sc} = \frac{4.066 \times 10^3 p_1 d^2}{\sqrt{\gamma_g T_1 Z_2}} \sqrt{\left(\frac{K}{K-1}\right)\left(\varepsilon^{2/K} - \varepsilon^{\frac{K+1}{K}}\right)} \tag{8—13}$$

式中 p_1——上流压力，MPa；

p_2——下流压力，MPa；

q_{sc}——气体流量，m^3/d；

K——天然气绝热指数，无量纲；

g——重力加速度，$9.81 m/s^2$；

Z_1——气嘴入口状态下的天然气偏差系数；

T_1——上流温度，K；

A——嘴子面积，mm^2；

d——嘴子开口直径，mm。

2．自喷采气方式的优选

1) 采气井口装置

根据地层最高压力和地层流体中硫化氢和二氧化碳的含量，选择采气井口装置型号、压力等级和尺寸系列，并要能满足进一步采取增产措施和后期修井等生产工艺的要求。

2) 油管尺寸敏感性分析

(1) 分析方法及目的。

应用节点分析方法并取井口为计算节点，求出在一定井口压力下，各类气井采用不同尺寸油管时的产量，通过对比分析，优选出合适大小的油管。

(2) 计算依据。

计算中采用的基本参数：气井的 γ_g、IPR 参数（A、B、q_{AOF}、p_r）、井深、油管直径等。

(3) 结论。

① 对各类产能的井选出能满足设计部署配产的油管；

② 综合考虑经济性、井下作业及生产测试等工艺技术方面的要求，确定出选用的气井生产管柱的大小。

3) 采气管柱的强度校核与评价

井下管柱在起下过程中主要承受轴向载荷，包括管柱在液体中的质量、起下时的惯性载荷以及管柱与套管内壁之间的摩擦力。对封隔器管柱，需附加封隔器的解封或释放载荷。

4) 预防水合物形成

在天然气生产过程中，当温度低于水合物生成温度时，就会在管道或节流装置中形成天然气水合物，严重时会堵塞油管，影响气井生产与测试作业。

(1) 水合物生成条件的预测。

预测水合物生成条件的方法通常可归纳为统计热力学方法、水合物 $p—T$ 图（或回归公式）法、实验法。前两种方法在许多文献中都有详细介绍，本章着重推荐预测计算较前两种更为简捷的波诺马列夫方法。

波诺马列夫对实验数据进行整理，得出不同气体相对密度下计算天然气水合物生成条件的公式：

① 当气体温度 $T>273K$ 时，有：

$$\lg p = -1.0055 + 0.0541(B + T - 273) \tag{8—14}$$

② 当气体温度 $T \leqslant 273K$ 时，有：

$$\lg p = -1.0055 + 0.0171(B_1 + T - 273) \tag{8—15}$$

式中 T——在压力 p 条件下水合物生成的最高温度，K；

p——在温度 T 条件下水合物生成的最低压力，MPa。

温度系数 B、B_1 可根据气体相对密度从表 8—5 查得。

(2) 水合物的防治。

为了预防水合物形成，可采用以下方法：

表 8—5 不同相对密度气体温度系数表

γ_g	B	B_1	γ_g	B	B_1
0.56	24.25	77.4	0.70	14.00	44.4
0.58	20.00	64.2	0.75	13.32	42.0
0.60	17.67	56.1	0.8	12.74	39.9
0.62	16.45	51.6	0.85	12.18	27.9
0.64	15.47	48.6	0.9	11.66	36.2
0.66	14.76	16.9	0.95	11.17	34.5
0.68	14.34	45.6	1.0	10.77	33.1

① 采用投捞式井下气嘴节流，降低流动管线中的压力；
② 若发生了水合物堵塞，可注入甲醇、乙醇、二甘醇等水合物抑制剂。

5）预防硫化氢和二氧化碳气体的腐蚀

对含硫化氢、二氧化碳的气井，酸性气体腐蚀井下管材，严重时会堵塞、损害套管，影响气井生产。为了保护套管，首先采用防腐套管并推荐采用封隔器封隔油套环空的含硫气井一次性完井管柱。在未下封隔器的井中定期加注缓蚀剂。

带封隔器的一次性完井管柱，可以封闭油套环形空间，不仅对套管起保护作用，而且能降低完井费用，缩短作业周期，有利于减轻对气层的损害，与定型井下工具容易配套等优点。目前四川盆地气田研究试验了 2 种类型带封隔器的一次性丢枪试油完井管柱（图 8—5）。带封隔器的 Y344 一次性完井管柱结构适用于固井质量好、具备丢枪条件、抗硫套管完成井，Y241 一次性完井管柱可用于固井质量差，或抗内压强度较低，具备丢枪条件的套管完成井。Y344 井下管柱结构与试油完井的工艺程序如下。

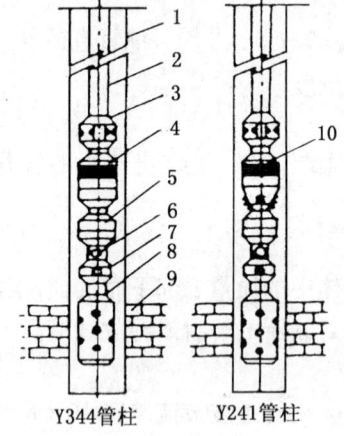

图 8—5 M 气田一次性试油完井管柱示意图

1—套管；2—油管；3—水力锚；4—Y344 封隔器；5—射孔枪脱手器；6—筛管短节；7—引爆器；8—射孔枪；9—气层；10—Y241 封隔器

Y344 管柱由四川石油管理局研制的 Y344 封隔器为主的酸化系统、油管传输射孔系统、射孔脱手系统组成。

结构组合：油管柱+水力锚+Y344 封隔器+射孔枪脱手器+筛管+引爆器+射孔枪。

试油完井工艺流程，见图 8—6，其程序为：

（1）射孔。射孔前，管柱一次下入井内，气举降液面至 1000m 左右，投棒撞击，引爆射孔。

（2）丢枪、酸化。酸化施工时，投丢枪堵心，丢射孔枪于井底口袋内，同时酸液通过射孔枪脱手器侧孔的节流作用，启动封隔器，完成酸化施工。

（3）排液、捕心。开井排残酸液，丢枪堵心被混液气流带至采气井口，井口捕心器抓住堵心，关闭总闸门，取出捕心器和捕心。

（4）生产动态测井。生产动态测井仪通过射孔枪脱手器，下到生产层段，进行生产动态测井。

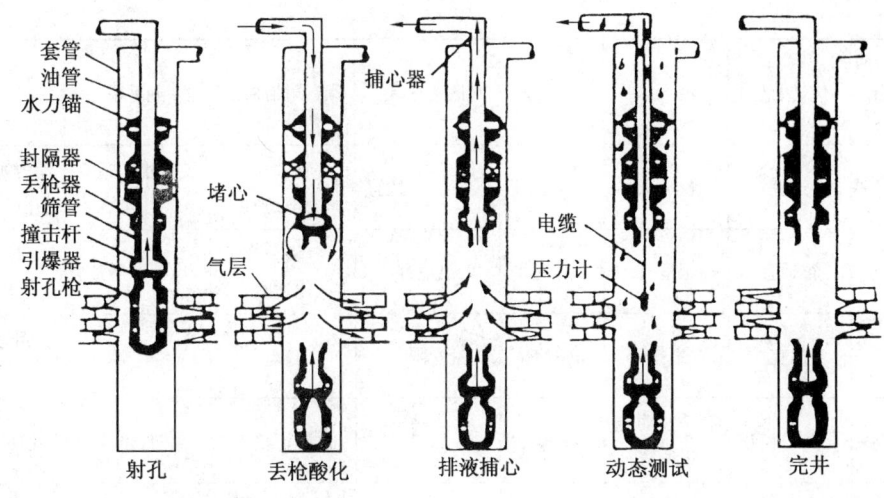

图8—6 M气田一次性完井管柱试油工艺流程图

（5）完井。若具备投产条件，该管柱就作为生产管柱使用，气井投入生产。若不具备投产条件，需要进行低渗透改造，则重复（2）～（5）工艺过程。此时投的堵心结构稍有不同，其节流孔为 $\phi 30mm$ 的直孔。

3．后续采气工艺方式的选择

随着气田的不断开发，气井的产能、地层压力、井口压力的递减是不可避免的，气井还可能出水。因此，后续采气工艺技术可从以下几方面考虑：

（1）定压降产、增压、高低压分输采气工艺。

（2）堵水工艺技术：对异层水，可打水泥塞封堵产水层。对同层水，可积极开展化学堵水的研究试验工作。

（3）排水采气工艺技术：气田的排水采气工艺技术主要有泡排、优选管柱、气举、机抽、电潜泵、射流泵六套工艺技术，可用于单井或气藏排水采气。气藏见水初期，在搞清了气水关系之后，从气藏整体出发，通过数值模拟，制定出气藏的排水井位和排水量，进行综合治水，提高气藏开发规模效益。各项工艺选择的基本原则是：工艺成熟、设备经济、对气藏（井）生产状况的变化有较好的适应性，能充分发挥气藏（井）的生产能力。工艺设计的依据、要点与综合评价因素见表8—6。

表8—6 四川盆地气田气井排水采气工艺的适应性及目前达到的工艺水平

对比项目＼举升方法	优选管柱	泡沫	气举	活塞气举	游梁抽油机	电潜泵	射流泵
目前最大排液量，m^3/d	100（小油管）	120	400	50	70	500	300
目前最大井（泵）深，m	3000	3500	3000	2800	2200	2700	2800
井身情况（斜井或弯曲井）	较适宜	适宜	适宜	受限	受限	受限	适宜

续表

对比项目\举升方法		优选管柱	泡沫	气举	活塞气举	游梁抽油机	电潜泵	射流泵
地面及环境条件		适宜	装置小,适宜	适宜	装置小,适宜	装置大且重一般适宜	装置小,适宜高压电源	动力源可远离井口,适宜
开采条件	高气液比	很适宜	很适宜	适宜	很适宜	气液分离较适宜	较敏感一般适宜	较敏感一般适宜
	含砂	适宜	适宜	适宜	受限	较差	<0.5%	无运动件很适宜
	地层水结垢	化防,较好	有洗井功能很适宜	化防,较好	较差	化防,较差	化防,较好	化防,较好
	腐蚀性 H_2S、CO_2	缓蚀,适宜	缓蚀,适宜	适宜	适宜	高含H_2S受限较差	较差	适宜
设计难易		简单	简单	较易	较易	较易	较复杂	较复杂
维修管理		很方便	方便	方便	方便	较方便	方便	方便
投资成本		低	低	较低	较低	较低	较高	较高
运转效率,%			较低	较低		<30	<65	最高 34
灵活性		工作制度可调	注入量,周期可调	可调	好	产量可调	变频可调,很好	喷嘴可调,很好
免修期		>2年		>1年	一般结垢:3个月通井		半年~1年半	

六、增产措施

针对低渗透气藏的地质、开发特征,气层不同损害程度和类型,为改善产层流动条件,充分提高气井单井产能和开发效果,须对该类气藏实施整体增产改造技术。

1．设计原则

(1) 增产措施后产能最大;

(2) 获取最优的穿透深度;

(3) 注入参数最优;

(4) 确定出低损害、价廉的工作液;

(5) 施工简便,费用少,经济性好。

2．设计依据及基础资料

气层增产改造的设计要以该气层的孔隙度、渗透率、储层厚度等地质特征为依据,首先确认其可改造程度,进而分析低产、减产的原因,提出对整个气藏有针对性的总体改造措施。其设计过程中所需的基础数据主要有：地层温度、地层压力、地层闭合应力、射孔孔密、孔径、杨氏模量、地层破裂压力等。

3．增产措施解决的主要问题

(1) 解除地层损害,恢复气井产能;

(2) 对有效厚度大的区域或气井,应强化改造,增大产能;

(3) 对某些有代表性的区域或气井，进行可改造试验，为该区域的开发提供依据。

针对不同的问题，选定相应的改造方式进行优化设计和施工。

4．优化设计过程及所用的主要数学模型

气层增产改造措施的优化设计过程，因不同目的所选定的相应改造工艺而有所不同。但总体上讲，一般包含以下几个方面：

(1) 计算水力裂缝长度和酸蚀裂缝有效长度；
(2) 计算不同泵注参数下的酸蚀裂缝导流能力；
(3) 选用已成功用于该地层的胶凝酸、降阻酸、前置液等工作液，并确定其质量指标；
(4) 优选泵注速度范围；
(5) 确定最大施工压力；
(6) 计算气层或单井施工费用；
(7) 将优选结果作图，作为综合优化设计依据。

5．优化设计结果与改造方案

储层按产能可分为三类，一、二类为易采储集层，三类为难采储集层。不同类型的储层改造，根据优化设计结果选用相应的工艺，设计出施工规模、增产倍比和费用等。

七、生产动态监测

1．目的与任务

生产动态监测的目的与任务是：认识气藏的生产能力，了解生产动态和开发过程中地下气、水的变化规律，从而科学地选择气藏采气工艺技术和分析工艺技术措施效果。对气藏科学开发提出相应的配套工艺技术。

2．测试要求

根据气藏工程方案和采气工艺要求，编制具体的动态监测方案，并应在不动管柱及不压井的条件下实施。其测试资料合格率、全准率及仪表定期标定率应达100％。

3．监测内容

1) 气藏动态监测

(1) 常规试井测温测压。选择20％～30％有代表性的气井作为定点测试井，每半年测试一次地层压力、流动压力、井底温度、井温梯度等。

(2) 全气藏试井及特殊试井。每年进行一次全气藏关井试井，或分区、分井轮流关井试井。单井每年进行一次稳定和不稳定试井，两者最好配合进行。若生产中出现异常情况，可根据需要随时进行其它特殊试井。气藏开采进入递减期后，2～3年进行一次全气藏关井试井。单井试井视具体情况在部分重点气井上不定期进行。

(3) 产出剖面监测。每年对15％～30％的气井进行一次产出剖面测试。

(4) 观察井监测。在构造的边、翼部选择15％～30％的井作观察井，每半年测压、测产出剖面一次。

(5) 气水分析（PVT）。每半年对全气藏10％以上的井进行一次PVT取样分析。

2) 措施井对比测试

要求对重点措施井实行测试。对压裂酸化施工井，在施工前进行就地压力测试，措施前后进行产出剖面和压力恢复曲线测试，以判断效果。

3) 完井质量监测

(1) 水泥胶结质量。应在所有井完井投产前进行检测。选用声幅测井仪、变密度测井仪或水泥评价测井仪测试。

(2) 射孔及套管质量。检测时需压井和动管柱，一般不作测试。根据需要只对个别井进行检测。

4) 井下技术状况监测

检测时需压井和动管柱。因此，应在区域内选择1～2口有代表性的气井作为固定点，进行时间推移测试，每3～5年测1次。

八、井下作业配套

新气田井下作业队伍及装备等配套参照部颁SY 5176—87和有关定额标准执行，主要井下作业有：新井投产，一井两层投产，措施作业，气井小修、大修作业，新工艺新技术试验及其它作业。

九、其它配套工艺技术

其它配套工艺技术主要指气井防砂、防垢、防腐等工艺技术。根据储集层岩性、流体特性和生产工艺及试气、试采资料，配套相应的综合治理工艺技术并进行工艺参数的优选。

十、经济分析

采气工程经济分析的基本原则，就是采用动态评价和静态评价的方法，结合气田开发生产实际，对采气工程有关的各项技术的投资、操作费用和采气生产成本等多项指标进行综合经济分析与评价，并对影响采气工程方案经济指标的重要技术措施进行敏感性分析，是气藏开发方案经济评价指标和优化方案的重要决策依据。

气田采气工程中投入费用主要包括气层保护、试油工程和增产措施、采气工艺及配套技术、生产动态监测和井下作业五大部分，其计算原则和方法如下。

1) 气层保护费用

生产全过程的气层保护费用已分别在完井、射孔、增产措施、采气工艺等相应部分进行了计算，在费用计算中不另单列。

2) 试气工程费用

试气工程投资包括射孔、酸化压裂、采气工艺方式等的投资。试气工程包括射孔、压裂酸化、替喷、压井、洗井、注水泥塞、测试、排液、试压等全过程。其涉及的面广，施工过程中使用的设备也多，详见有关定额配套。试气工程的投资由采气井口装置和油管费、材料消耗费、试气队工资及附加费、试气设备折旧费、施工作业费、管理费及其它费用等组成。

(1) 单井试气费。

当一口井完钻后，根据完钻井井深，地质设计提出的试油层数以及采用的试油机型，按该井采用的试油机型及施工工序从有关费用定额中查出各细项费用进行叠加，算出每一试油层的费用，再累加所有试油层费用得出该井的试油预算总费用。

(2) 气藏试气总投资。

$$气藏试气总投资 = 气藏单井平均试气投资 \times 试气井数 \qquad (8—16)$$

(3) 单项作业费用。

① 射孔费用：射孔费用包括射孔队施工费用和试气队在射孔前下管柱至射孔后排液求产起出油管柱所发生的费用。其中各费用均可折算为标准炮数来计算。射孔方式不同，其折算标准炮数也不相同。三种不同射孔方式下的射孔施工费用见表8—7。

② 酸化、压裂费用：酸化、压裂所使用的主要设备，因不同的工艺而有所差异，大致包括常规酸化的成套设备，酸压、加砂压裂的专用设备等，如管汇车、仪表车、压裂主机、

液氮泵车、砂罐车、混砂车、输砂器、砂浓缩器、压裂井口等。其费用包括酸化、压裂队施工费用和试气队在酸化、压裂施工前下管柱及施工后求产起管柱所发生的费用。

以下各细项费用，均可视实际作业井况在有关定额标准中查到进行叠加，得出该井酸化、压裂费用。

表8—7 射孔用的主要设备及费用预算表

项 目		费 用，元/井次		
射孔方式		正压射孔	过油管射孔	油管传输射孔
主要设备		常规射孔仪器及配套工具	绞车、仪器车和专用供脂泵车及配套工具。	常规射孔仪器和绞车及配套工具
射孔井深 m	0~2000	228×炮数+A	456×炮数+B	1595×炮数+B
	2001~2500	285×炮数+A	570×炮数+B	1993×炮数+B
	2501~3000	342×炮数+A	683×炮数+B	2393×炮数+B
	3001~3500	456×炮数+A	911×炮数+B	3189×炮数+B
	3501~4000	570×炮数+A	911×炮数+B	3987×炮数+B
	4001~4500	683×炮数+A	1367×炮数+B	4784×炮数+B
	4501~5000	911×炮数+A	1827×炮数+B	6378×炮数+B
	5000以上	1139×炮数+A	2278×炮数+B	7973×炮数+B

注：炮数为路程折算标准炮、等候折算标准炮、安装折算标准炮、施工项目折算标准炮，遇阻折算标准炮五项之和，它为单井射孔、取心爆炸工作量的折算。据（1992）中油钻字第128号文颁发。
A代表137+路费；B代表273+路费。

3) 增产措施费用

储层增产改造即压裂酸化的费用计算见试油工程中的压裂酸化部分。

4) 采气工艺及配套技术

新气藏采气工艺方式及工作量，由采气井口、油管、节流嘴等材料成本加作业费用组成（表8—8）。若不作特别要求，一般一并计算于试油工程部分。

$$单井总费用 = 井口费用 + 油管费用 + 节流器费用 + 作业费用 \qquad (8—17)$$

根据实际需要，井口、油管及起下油管作业费用一般都计算于试油部分。若此，该部分就不再单独计算投资。

5) 生产气井动态监测

表8—8 新气藏采气工艺方式部分主要材料及费用表

名 称	型 号	单 价	费 用
井 口	KQ—25 KQ—35 KQ—70 KQ—100	元/套	套数×元/套
油 管	各种规格及材质	元/m	Σ用量，m×元/m

续表

名 称	型 号	单 价	费 用
节流嘴	可投捞式井下油嘴 Odis—B型	元/只	
作业费用		元/井次	

气井动态监测采用的主要设备为：地面直读试井系统和DDL—Ⅲ多参数组合数控系统，适当配备了少量仪器。主要设备及投资预算见表8—9。

表8—9　气井生产动态监测主要设备及投资预算表

监测内容		井 下 仪 器	投资，元/井次
气藏动态监测	常规试井测温测压	RPG—3 RPG—4	Q_{CG}
	气藏试井和特殊试井	EMS—700	Q_{GT}
	观察井监测	EPG—520 RT—7A	Q_G
	测产出剖面	流量计+温度计+γ仪+CCL	Q_{CC}
	PVT取样分析	Kuster（或江汉）150，500，1000	Q_{PVT}
措施前后对比	压裂酸化及地及力	组合下井仪	CS
完井质量检测	水泥胶结质量检测	CBL或水泥评价仪（CEL）	WJ
	射孔套管质量检测	井下电视+CET+多臂井径仪	
	井下套管技术状况检测	多臂井径仪+井下电视+γ仪+CCL	JT
试井配套装备：全液压双滚筒的Flopetrol试井车，最大测深7000～10000m，计算机数据处理系统，试井井口耐压70MPa，读卡仪、增重杆、加重杆、录井钢丝和单心电缆			
测井地面配套装备：DDL—Ⅰ仪器、吊车、井口密封装置、电缆等，内装A—900计算机，卡式磁带机、驱动磁带机、驱动装置、实时显示器、HP—150终端、单心电缆			

气藏年动态监测费用＝Q_{CG}×测试井数/年＋Q_{GT}×测试井数/年＋Q_G×监测井数/年＋
Q_{CC}×测试井数/年＋Q_{PVT}×测试井数/年　　　　　　　　　　　　　　　　(8—18)

气藏年措施前后对比费用＝CS×措施井数/年　　　　　　　　　　　　　　　(8—19)

气藏年完井质量检测费用＝WJ×完井井数/年　　　　　　　　　　　　　　　(8—20)

气藏年井下套管技术状况监测费用＝JT×监测井数/年　　　　　　　　　　　(8—21)

气藏生产气井年动态监测总费用＝气藏年动态监测费用＋气藏年
措施前后对比费用＋气藏年完井
质量检测费用＋气藏年井下套管
技术状况检测费用　　　　　　　　　　　　　　　　　　　　　　　　　　(8—22)

6）井下作业费用

气藏井下作业费用包括七大部分：新井投产费用、一井两层投产费用、措施作业费用、小修作业费用、大修作业费用、新工艺新技术试验费用和其它作业费用。其中新井投产费用已一并算入试油工程费用中，措施作业费用算入增产措施费用中。

各方案费用计算结果，提供开发总体方案作优化方案决策依据。

第五节 采气工程方案设计应用气藏实例

M气田T_{r1}^1气藏的开发总体方案设计研究包含了气藏工程、采气工程和地面建设工程三个系统工程的9个方案。本节将给出M气田T_{r1}^1采气工程方案设计作为采气工程方案设计程序的一个应用实例。鉴于本书第2~7章对每个工艺环节的具体设计已作详细介绍，具体的实例也不能作为设计不变的模式和限于篇幅，本节在工艺环节设计时只给出结果，对节点分析的设计方法、经济分析和经济分析的计算软件和计算过程不做详细介绍，对多个方案的计算，只给出优化决策过程和决策方案的采气工程方案计算概念表。

一、设计原则

(1) 以M气田T_{r1}^1气藏地质和气藏工程方案为依据；

(2) 方案应体现经济、高效和高采收率的开发原则；

(3) 方案编制应符合原中华人民共和国石油天然气行业标准《采气工程方案设计编写规范》和原中国石油天然气总公司(90)字第40号文关于编制"采油工艺技术设计方案"的要求。

二、设计依据

1. 气藏类型及储层参数

1) 气藏类型

气藏工程方案研究证实，M气田T_{r1}^1气藏为受构造圈闭控制的具有统一水动力系统受地层水影响不大、含硫、裂缝—孔隙型气驱气藏。

2) 储层参数要点

由室内岩心实验和电测解释确定的储层物性参数见表8—10。天然气相对密度为0.5647~0.5969；H_2S体积含量为1.35%~2.4%，平均1.8%（$27g/m^3$）；微含CO_2。

表8—10 T_{r1}^1储层物性参数表

项　　　目	区　间　值	算术平均值	面积加权平均值
孔隙度，%	3.71　18.72	8.45	7.26
渗透率，$10^{-3}\mu m^2$	0.02　1.82	0.43	0.259
含水饱和度，%	21.3　50.0	44.0	44.0
有效厚度，m	4.64　20.86	11.47	7.94

地层水性质：水型$CaCl_2$，总矿化度$250g/L$，Cl^-含量：$150000mg/L$，地层水密度$1.2004g/cm^3$。

2. 气藏开发方案

1) 开发方案要点

开发单元为M气田，开发层系T_{r1}^1。9个开发方案的要点见表8—11，气水界面见表8—12。

表 8—11　T_{r1}^1 气藏 9 个开发方案的要点一览表

方案	面积 km²	地质储量 10⁸m³	开发储量 10⁸m³	开采规模 10⁴m³/d	现产能井	调节井	新产能井	接替井	配产井	总井数	开发方案提要
1	121.25	202	143.8	130	64	5	7	0	71	76	只开发东部区
2	188.00	252	172.8	130	64	5	7	20	96	102	先开发东部区，西部区作为接替
3	121.25	202	143.8	130	64	5	7	0	71	76	只开发东部区，以增产措施延长稳产
4	121.25	202	143.8	130	64	5	7	0	71	76	只开发东部区，以增压措施延长稳产
5	121.00	202	143.8	130	64	75	7	0	71	76	开发东部区，以增产、增压措施延长稳产
6	121.35	202	143.8	110	64	5	0	0	64	69	钻井到 1993 年，不再打井
7	188.00	252	172.0	165	64	5	35	0	99	105	全气藏一次投产
8	188.00	252	172.0	165	64	5	35	0	99	105	气藏一次投产，以增产措施延长稳产
9	188.00	252	172.0	165	64	5	35	0	99	105	气藏一次投产，以增压措施延长稳产

表 8—12　气水界面确定数据表

构造位置		北翼	东端	南翼	西端	32 井区			
井号		98	104	69	80	19	31	32	25
气水界面	井深，m	2739.03	2746.9	2740	2738.80	2718.42	2730.00	2746.00	2709.58
	海拔，m	-2431.20	-2435.40	-2434.34	-2436.34	-2445.00	-2434.48	-2406.12	2416.80
	试油结果	气水井	气水井	气井	气井	干井	气井	气井	水井
	评价	较可靠		较可靠		可靠	较可靠		较复杂

2）试采结果分析

经两年试井生产证实，试采井普遍见水，但出水甚微。气层的渗透率、孔隙度较低，41% 的已钻获气井的产能为 $2.5 \times 10^4 \sim 4.0 \times 10^4 m^3/d$，51% ~ 59% 的气井产能低于 $2.5 \times 10^4 m^3/d$，原始地层压力加权平均值为 32.56MPa，压力梯度为 0.1~0.2；静水压力系数平均值为 1.3。气藏的低渗透和气质的含硫较高，决定了采气工程的难度大，是气藏开发的主要矛盾之一。

三、主体工艺的分析论证

依据气藏工程提供的开发方式，经分析论证，方案设计的主体方案由完井工程及开发全过程的气层保护、增产措施、采气工艺及其配套技术、气井生产动态监测、气藏防腐、井下作业配套、经济分析七部分组成，其配套技术在相应的方案设计部分给出，并针对气层低渗、含硫、低产能特点，开展提高单井产能开采新技术、井下管柱腐蚀调查与防腐方案等导向技术研究，并重点推广应用先导性试验已获显著成效的水力深穿透新型射孔、定方位新型射孔、加砂压裂、含硫气井一次性完井管柱等新工艺新技术。

四、完井工程及开发全过程的气层保护技术

1．完井工程

1) 完井方式

根据 M 气田 T_{r1}^1 气藏的储渗特征和低渗、低产，储集层增产改造工作量大等特点及砂岩地层裸眼生产的严重沉砂问题，推荐开发井采用套管或尾管射孔完井方式。

2) 套管程序

可采用 $\phi339.72mm \times 244.47mm \times 177.8mm$ 与 $\phi399.72mm \times 244.7mm \times 189.7mm$ 两种套管程序。鉴于一次性完井和压裂酸化施工需要采用外径为 $\phi88.9mm$ 的外加厚油管。为有利于低渗透储集层改造，推荐采用 $\phi339.72mm \times 244.47mm \times 177.8mm$ 套管程序、射孔完井。

3) 完井套管柱的强度计算与校核

引用中华人民共和国行业标准 SY 5322—88《套管柱强度设计推荐方法》进行套管柱强度计算与校核。

4) 射孔工艺技术

(1) 确定射孔方式。采用能减少产层损害的油管传输负压射孔，射孔枪结构与丢枪工序分别见图 8—7 与图 8—8。油管传输射孔油管下入到设计深度并装好井口，建立射孔负压值，由井口投棒引爆射孔枪进行射孔。射孔后在井口投入 $\phi58mm$ 钢球，将丢枪接头销钉剪断，使射孔枪、钢球落入丢枪口袋内，留下直径为 $\phi62mm$ 的油管柱。可进行增产、测试作业和采气。

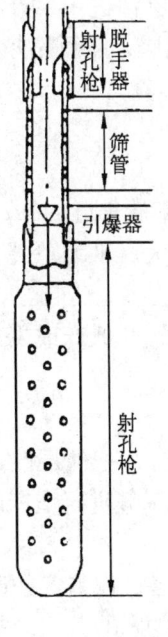

图 8—7 射孔枪总承图

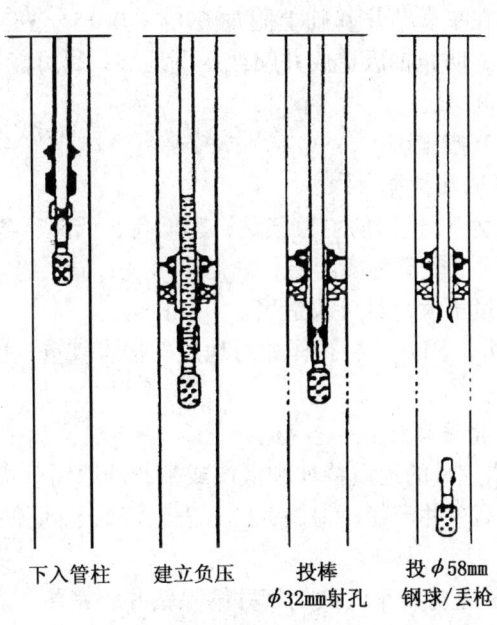

图 8—8 油管传输射孔丢枪工序图

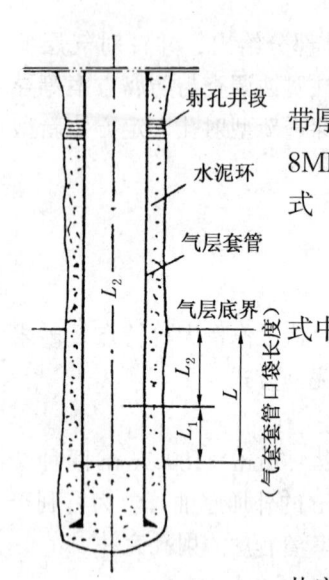

图 8—9 丢枪口袋示意图

(2) 确定射孔参数。

(3) 确定丢枪口袋长度。推荐孔眼压实程度取 0.2~0.25，压实带厚度为 12~15mm，孔密 10~20 孔/m，负压值选择范围 5~8MPa，并采用轻损害射孔液；如图 8—9 所示，丢枪口袋长度可用式（8—23）确定：

$$L = L_1 + L_2 \qquad (8-23)$$

式中 L ——丢枪口袋长度，m；

L_1——丢枪装置要求口袋长度，m：

$L_1 =$ 丢枪脱手器（0.6m）+ 筛管（0.5m）+ 引爆器（0.3m）+ 枪身（20m）+ 枪尾（0.2m）= 21.6（m）；

L_2——正常完井要求的口袋长，m。

根据 1995 年 1 月原石油工业部颁《固井技术条例》，要求人工井底距产层底界的距离不小于 15m；而生产测井及过油管作业要求生产油管应下到产层顶界以上 10~15m。所以，正常产层套管口袋长度还应考虑产层顶界至油管下入深度的距离，一般可取正常油层套管口袋为 $L_2 = 25~30$m。由 L_1 与 L_2 可取丢枪口袋长度 $L = 50$m。

2．保护气层的钻井完井液方案

推荐采用磺化或聚磺钻井工作液体系，加重剂推荐用石灰石和钛铁矿粉，尽量避免使用重晶石，以提高泥饼酸化率，石灰粉控制比例为 10%~20%，粒径 90~145μm；将钻井实钻液固相颗粒控制在 10μm 以上；并选用合适的钻井液密度，控制钻井压差，尽量实现近平衡钻井，将钻压差控制在 8MPa 以下。密度设计原则，以地质设计的地层压力为依据，以压稳为前提，在平衡钻井基础上附加 0.07~0.15g/cm³（3~5MPa）；气层钻进中，严格控制起下钻速度，防止抽汲造成井喷或压漏地层；尽可能在短时间内钻过气层，缩短完井液对产层的浸泡时间。

五、增产措施

1．气藏地层特征

(1) T_{1l}^1 为 M 气田的主力气藏，为低孔、低渗、含硫、裂缝—孔隙型储集层。

(2) 纵向上表现为多产层，总储量可观，储层稳定，但厚度差异较大。平均单井自然产能低，产气量不大，具可改造度。

(3) 钻井、固井、射孔作业对地层的损害较重，也是该气藏大多数气井低产或少产的重要原因之一。

2．增产措施目标

根据 T_{1l}^1 气藏的地质特征和低产或少产的原因分析，采气工程方案必须把储层改造增产措施列为提高单井产能，提高气藏开发经济效益的关键技术之一。对该气藏进行增产改造主要解决：

(1) 首先是对整个气藏的气井解除钻井、完井、射孔过程带来的损害，恢复气井产能。

(2) 对有效厚度大的区域，强化改造措施，推荐采用深穿透新型射孔工艺，并采用 SCYC—127 型深穿透射孔弹，以在解除表皮损害的同时，对地层深度进行改造，发挥气藏的潜在产能，达到增加气井产量的目的。根据在该地区两年的先导性试验证实，深穿透射孔工艺可提高单井产能15%～20%以上。

(3) 对个别有代表性的区域或气井，可作先导性改造。

T_{r1}^1气藏储集层可分为三类，一类、二类为易采储集层，三类为难采储集层。其中对一类储集层，推荐选用能普遍解堵的常规、降阻酸酸化工艺；对二类储集层的改造，推荐选用先导性试验中施工18口井，平均单井增产84%以上的胶凝酸酸化工艺；对三类储集层的改造，推荐选用增产效果显著的前置液酸压、加砂压裂等工艺，进行高强度的深穿透改造。

3．工艺措施两个"一次性"推荐建议

(1) 推荐采用满足射孔、丢枪酸化、排液补心、生产动态测试、完井生产需要的Y344、Y453深井防硫一次性管柱；

(2) 推荐采用同时达到解堵与改造目的的一次性增产作业。

六、采气工艺方案选择

根据气藏工程方案和气井生产系统节点分析，确定了采气工艺及其配套技术方案。

1．生产管柱

1) 生产管柱尺寸

气井生产管柱系统节点分析表明：对T_{r1}^1气藏，采用外径$\phi60.3$mm的油管均能满足气藏开发方案配产的要求。鉴于气藏水体不活跃并考虑到井下作业及生产测试等工艺技术方案的要求，推荐采用外径为$\phi73.0$mm的外加厚、抗硫油管，钢级KO—80S、SM90S，一次性完井或采用外径为$\phi88.9$mm的外加厚、抗硫油管柱，钢级NT—80S。

2) 生产管柱结构组合

为保护套管免受硫化氢损害和利于气层增产改造，推荐采用先导性试验已获成功的带封隔器的含硫气井Y344（图8—10）、Y453（图8—11）一次性管柱，管柱结构组合为：

油管柱＋水力锚＋Y344（或Y241）封隔器＋射孔枪脱手器＋筛管＋引爆器＋射孔枪

3) 人工井底

人工井底进入产层下界50m，以存放射孔丢枪。

2．采气井口

鉴于T_{r1}^1为高压含硫气藏，并根据气藏原始地层压力，采气井口选用KQ70型防硫井口。

3．气井生产制度

气井的生产制度推荐采用"内放外控"有利提高产能和治水的生产制度。

(1) 对气藏内部构造高点、产气量大于$2.5\times10^4\text{m}^3/\text{d}$的气井和增产措施有效井，可以适当放大压差生产，以提高气井单井产能。

(2) 对产气量小于$2.5\times10^4\text{m}^3/\text{d}$和位于气藏外围边部周围的气井，采用先定产后定压、控制生产压差，以防气井早期出水或出大水的生产制度。

4．增压输气工艺

当气井生产井口压力低于集气干线输气压力时，表8—13中第4、8、9方案推荐了采用增压输气工艺。

5．气藏气井废弃条件

根据气藏低渗、低产和含硫的特点，气井的废弃条件定为井口产量$0.1\times10^4\text{m}^3/\text{d}$，井口流动压力定为5.5MPa或2.5MPa（考虑增压条件）。气藏最低产量定为$20\times10^4\text{m}^3/\text{d}$。

6．后续采气工艺技术

T_{r1}^1气藏为底水气藏，气井普遍产少量地层水。尽管气井产水量小，对含硫气井来说，却是小水量,大危害。推荐气井产水不多的初期可采用优选管柱、含硫气井泡沫排水采气工艺技术;产水较大的中后期可采用气举、机抽排水采气工艺技术。气藏见水初期,在搞清了气水关系之后,从气藏整体出发,通过数值模拟,制定出气藏的排水井井位和排水量方案,进行气藏综合治水,防止气藏水淹,并提高治水效果。

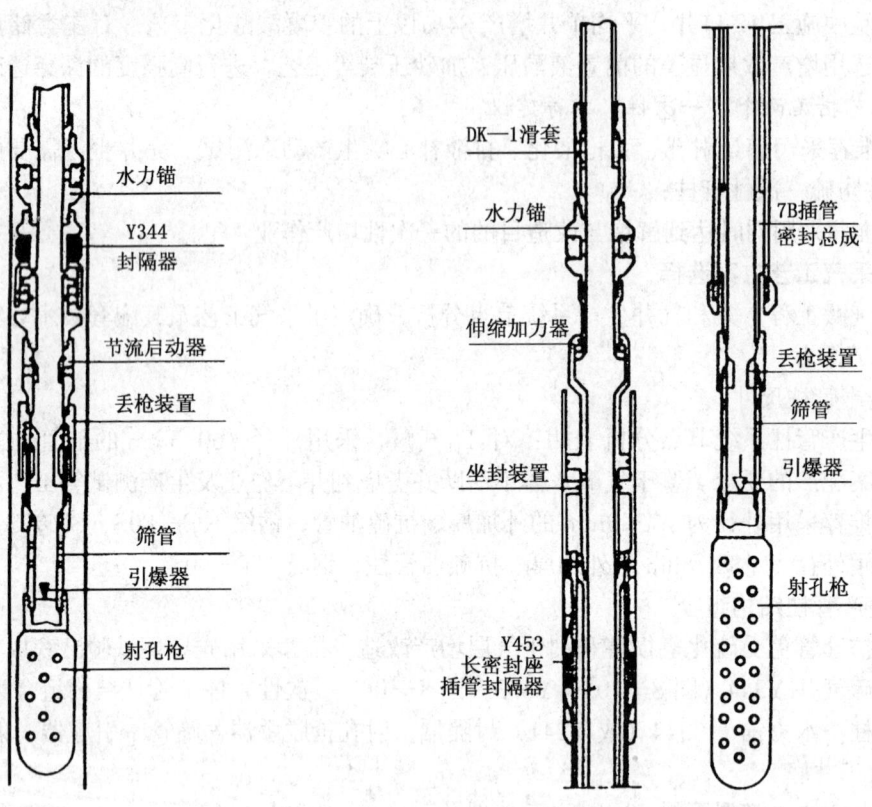

图 8—10　Y344 封隔器一次性完井管柱结构示意图

图 8—11　Y453 插管封隔器一次性完井管柱结构示意图

表 8—13　各方案上增压机时间及井次

方案\时间,年份	1996	1997	1998	1999	2000	2001	2002	2003	2004	2005	2006	2007	2008
4	1		1	5	11	20	23	7	2	2	1		
8	2	6	7	22	20	19	9	4					
9						9	17	23	12	5	3	1	1

七、生产动态监测

1. 气藏动态监测

1) 常规试井

选择 20%～30% 有代表性的气井作为定点测试井,每半年测试一次地层压力、流动压力、井底温度、井温梯度等。

2）全气藏试井及特殊试井

要求每年进行一次全气藏关井试井，或分区、分井轮流关井试井。单井每年进行一次稳定和不稳定试井，二者最好配合进行。若生产中出现异常情况，可根据需要随时进行其它特殊试井。气藏开采进入递减期后，2～3年进行一次全气藏关井试井。单井试井视具体情况在部分重点气井上不定期进行。

3）产出剖面监测

每年对15%～30%的气井进行一次产出剖面测试。

4）观察井监测

在构造的边、翼部选择15%～30%的井作为观察井，每半年测压、测产出剖面一次。

5）气水分析

要求气藏总井数10%以上的井每半年进行一次PVT取样分析。

2．措施井对比测试

要求对重点措施井实行测试。对压裂酸化施工井，在施工前进行地应力测试，措施前后进行产出剖面和压裂恢复曲线测试，以判断施工效果。

3．完井质量检测

1）水泥胶结质量

应在所有井完井投产前进行检测。选用声幅测井仪、变密度测井仪或水泥评价测井仪测试。

2）射孔及套管质量

因检测时需压井和动管柱，一般不作测试。根据需要可对个别井进行检查。

4．井下技术情况监测

此项测试需压井和动管柱，因此应在区域内选择1～2口有代表性的气井作为固定点，进行时间推移测试。每3～5年测试一次。

八、气藏的防腐

由于气藏含硫化氢、二氧化碳，加之气井产少量高矿化度的地层水，在三者综合作用下，气藏井下管柱的腐蚀十分严重，T_1^l气藏防腐工作是一个系统工程，涉及钻、试、采、油建各个环节。因此，必须加强防腐的技术管理工作，并采取综合治理措施。

(1) 井口、油套管等选用抗腐材质，并按防腐要求，采取三向载荷解析设计方法进行套管强度设计。

(2) 对气井生产管理结构采用了三年不动井下管柱的带封隔器一次性完井管柱。

(3) 加注缓蚀剂。按规定、按时、按量，均匀连续对气井井下管柱、输气管线注入缓蚀剂，目前可采用注入CZ3—1和CZ3—3复合型缓蚀剂效果最好。加液方式可采用套管注入的球形罐滴注工艺。

(4) 排除井底积液。对新钻井、试油井和旧井大修井，宜采用小油管，生产井宜适当提高采气速度，以有利于排出井下积液。也可对生产井定时大压差放喷排出井下积液。

(5) 对站场地面流程设备定时清洗保养，对管线按时清管，清除积液，防止盐水在设备和管线中长期积沉。

(6) 开展针对同时存在硫化氢、二氧化碳和高矿化度地层水的腐蚀环境的防腐综合研究，包括防腐缓蚀剂的筛选、试验、推广工作，防腐材料的选择，采输工艺和设备的配套。

九、井下作业配套

井下作业队伍及装备配套，参照中华人民共和国行业标准SY/T 5176—93、SY/T

5896—93 和有关标准执行。

十、经济分析

1. 费用计算

M气田T_{1l}^1气藏采气工程方案设计，从1990年到2012年止，整个方案的计算期为24年。按本章第五节采气工程方案设计程序经济分析计算方法，分别对9个方案的气层保护费用、试油工程费用、增产措施费用、采气工艺方式及工程费用、生产气井动态监测费用、井下作业费用进行计算，将所得结果分析列入方案1～方案9的M气田T_{1l}^1气藏开发建设方案费用概算表，并提供气藏开发整体方案作为经济评价的依据之一。

2. 经济评价

用四川气田开发建设项目经济评价软件对M气田T_{1l}^1气藏的9个开发方案的项目全部投资、自有资金的内部收益率、净现值、盈亏平衡点、投资回收期、借款偿还期、投资利润率、投资利税率、各年资产负债率、流动比率、速动比率、平均成本、最低价格等指标分别进行了计算和多因素的敏感性分析、国民经济盈利能力分析和比选。分析表明，本项目盈亏平衡点（生产能力利用率）为61.01%，即本项目天然气产量只要达到设计生产能力的61.01%、年产气量达到$2.617\times10^8m^3$时，企业就能实现盈亏平衡，超过此产量即有盈利；9个方案的全部投资内部收益率为29.99%，大于社会折现率12%，全部投资净现值为76844万元，表明国家为该项目投资后，除了得到符合社会折现率的社会盈利外，还可以获得76844万元的超额社会盈利，国民经济评价是好的，本工程项目可行；9个方案的比选结果见各开发方案经济评价指标汇总表（表8—14）。

表8—14 各开发方案经济评价指标汇总表

	内部收益率，%	财务净现值（$i_c=12\%$），万元
方案1	7.81	-17603
方案2	7.59	-13623
方案3	8.30	-10686
方案4	7.97	-11425
方案5	8.16	-11632
方案6	6.63	-14212
方案7	7.68	-17132
方案8	8.34	-13695
方案9	7.81	-17603

注：所有指标均为全部投资所得税后计算值。

3. 方案比选与决策

从表8—14的方案对比选结果可看出，方案3、5、8为三个较优方案。按财务内部收益率排序，方案8为最优方案，但其固定资产总额比方案3高2.881亿元，在决策时方案8所需投资无法解决，且方案3与方案8的内部收益率相差并不太大，因此本项目工程选择方案3为正确决策方案。正确决策方案3的相应采气工程方案费用概算表见表8—15。

表 8—15 方案 3M 气田 T_{r1} 气藏开发建设采气工程费用概算表

费用单位:万元

项目			时间, 年份	1990	1991	1992	1993	1994	1995	1996	1997	1998	1999	2000	2001	2002	2003	2004	2005	2006	2007	2008	2009	2010	2011	2012
试油工程	井费		井次	16	17	9	9																			
			费用	1280	1360	720	720																				
增产措施	井费		井次			3	6	12	12	12	12	12															
			费用			60	120	240	240	240	240	240															
生产气藏动态监测	气藏动态监测	常规试井	井次	30	30	30	100	60	60	60	60	60	60	60	60	60	50	50	50	50	50	50	50	50	50	20
			费用	15	15	15	50	30	30	30	30	30	30	30	30	30	25	25	25	25	25	25	25	25	25	10
		气藏试井	井次	1	1	1	1	1	1	1	1	1	1	1	1	1	1		1	1			1			
			费用	10	10	10	10	15	15	15	15	15	15	15	15	15	15		15	15			15			
		出砂剖面监测	井次	1	1	1		2	14	14	14	14	14	14	14	14	14	14	14	14	14	14				
			费用	1	1			2	14	14	14	14	14	14	14	14	14	14	14	14	14					
		观察井监测	井次					4	4	4	4	4	4	4	4	4	4	4	4	4	4	4	4	4	4	2
			费用					5	5	5	5	5	5	5	5	5	5	5	5	5	5	5	5	5	5	2
		气水分析	井次	100	100	100	80	20	20	20	20	20	20	20	20	20	20	20	20	20	20	20	20	20	20	10
			费用	50	50	50	40	10	10	10	10	10	10	10	10	10	10	10	10	10	10	10	10	10	10	5
	措施井对比测试		井次			3	6	12	12	12	12	12															
			费用			6	12	24	24	24	24	24															
	井下技术状况监测		井次						2					2					2	3	2	1		1		
			费用						20					20					20	60	40	20		10		
井下作业	维修作业		井次	2	2	2	2	3	3	3	4	4	4	4	4	4	4	4	4	3	2	1				
			费用	40	40	40	40	60	60	60	80	80	80	80	80	80	80	80	80	60	40	20				
	大修作业		井次	1	1			1	2	2	2	4	4	4	4	4	4	4	4	3	2	1				
			费用	40	40	40	40	80	80	80	80	160	160	160	160	160	160	160	160	120	80	40				
	新工艺新技术试验		井次										1	1	1	1	1	1	1	1	1		1			
			费用										30	30	30	30	30	30	30	30	30		30			
	其它作业		井次	2	2	2	2	1	2	2	2	2	2	2	2	2	2	2	2	2	2	2	2	2	2	
			费用	40	40	40	40	20	40	40	40	40	40	40	40	40	40	40	40	40	40	40	40	40	40	
合 计				1436	1516	940	940	516	568	548	568	648	384	404	384	384	379	364	384	319	244	184	139	104	94	17

思考题

1. 试述采气工程方案设计的主要特点和基本任务。
2. 采气工程方案设计的主要内容是什么？为什么说采气工程方案设计已成为指导气田科学开发的重要原则之一？
3. 试述完井工程的设计原则。从这一原则出发，试述对井深 $H<3000\text{m}$ 的中深气井，怎样选择气井的完井套管程序、射孔枪、弹型号及射孔孔密。
4. 为什么对产层损害要进行分类和判别，怎样进行分类和判别？
5. 为什么含硫气井要采用带封隔器一次性完井管柱，试绘出其示意图并说明其试气完井程序。
6. 试述气井三稳定生产制度、优选管柱与合理产量的确定有什么联系和区别？
7. 什么叫水合物？为什么水合物不叫水化物？
8. 气井水合物是怎样生成的，怎样防止水合物的生成？
9. 已知某气井天然气的相对密度为 0.6，试求当温度为 15℃ 时不形成水合物的最低压力？
10. 试述采气井口对中深井可分几种主要类型及其表示方法，分类的依据是什么？
11. 已知某气井油管直径 $d=62\text{mm}$，油管下入深度 $H=3500\text{m}$，油管摩阻系数 $f=0.015$，天然气相对密度 $\gamma_g=0.6$，井口流动压力 $p_{tf}=15\text{MPa}$，井口温度 $T_{tf}=300\text{K}$，井底温度 $T_{wf}=350\text{K}$。气井产气方程为：

$$q_{sc} = 0.2679(30^2 - p_{wf}^2)^{0.7}$$

试用生产系统分析求气井合理产能？如在油管鞋处安装井下气嘴，井下气嘴的上流压力为 $p_1=24.2\text{MPa}$，井下节流压差为 $\Delta p=2\text{MPa}$，流量 q_{sc} 为 $15\times10^4\text{m}^3/\text{d}$，绝热指数 $K=1.299$ 时，求井下气嘴的开孔直径 d 与井口流压 p_{tf}？

参考文献

李肖光. 压裂酸化施工工艺优化设计. 钻采工艺. No1, 1995
曾时田等. 四川地区平衡钻井及井控技术研究. 天然气工业. No2, 1986
胡鉴周等. 磨溪气田一次性管柱试油完井工艺技术. 天然气工业, No4, 1993
C.U.Ikoku. Natural Gas Production Engineering. John Wiley & Sons, Inc.1984
杨川东主编. 采气工程. 北京：石油工业出版社，1997